机械工程图学

主　编　贾春玉　董志奎

副主编　朱　虹　张树存　梁瑛娜　单彦霞

主　审　姚春东

中国标准出版社

北京

-------------------- 内 容 简 介 --------------------

　　本书是根据国家教育部高等学校工程图学教学指导委员会制定的"普通高等院校工程图学
课程教学基本要求",在总结了多年的教学经验和改革成果的基础上,为适应社会需求和培养目
标,对教材内容体系进行了全新规划后编写而成的。

　　全书以"体"为主线介绍正投影基本理论,突出形体分析,注重看图训练和机件表达训练。
全书共分 15 章并另加附录。主要内容有:投影法,点、直线和平面的投影,立体的投影,平面与
立体相交,立体与立体相交,制图基本知识,组合体,机件的表达方法,标准件和常用件,零件图,
装配图,直线、平面投影及相贯线的扩展知识,换面法,轴测图,零、部件测绘等内容,以适应不同
学时的需求。

　　与本书配套使用的《机械工程图学习题集》也同时出版。

　　本书主要作为普通高等院校应用型本科机械类各专业机械制图课程的教材,也可作为其他
类型高校相关专业的教学用书,亦可供有关工程技术人员参考。

图书在版编目（CIP）数据

　　机械工程图学/贾春玉,董志奎主编. —北京：中国
标准出版社,2019.8 (2024.7 重印)
　　ISBN 978-7-5066-9246-5

　　Ⅰ.①机… 　Ⅱ.①贾… 　②董… 　Ⅲ.①机械制图-
教材 　Ⅳ.①TH126

　　中国版本图书馆 CIP 数据核字（2019）第 063458 号

中国标准出版社出版发行
北京市朝阳区和平里西街甲 2 号（100029）
北京市西城区三里河北街 16 号（100045）
网址 www.spc.net.cn
总编室：(010)68533533 　发行中心：(010)51780238
读者服务部：(010)68523946
中国标准出版社秦皇岛印刷厂印刷
各地新华书店经销

*

开本 787×1092 1/16 　印张 21 　字数 490 　千字
2019 年 8 月第一版 　2024 年 7 月第四次印刷

*

定价 55.00 元

前　　言

机械工程图学是工程类专业的一门基础性和实践性较强的课程。该课程最核心的任务是按照《技术制图》和《机械制图》国家标准正确绘制工程图样,这是一个运用技术规范进行绘图的操作过程,而学生对技术规范的理解与运用也只能通过大量的绘图训练来实现。

本书是为了适应高等教育的发展趋势,按照应用型本科教学的要求,结合应用型本科人才培养目标和要求,在总结多年的教学经验和改革成果的基础上,对教材内容体系进行了全新规划后编写而成的。本书编写时,主要考虑以下几个方面:

(1) 本书以"体"为主线介绍正投影基本理论,把抽象难懂的概念与形象真实的物体相结合,把绘图理论与绘图实践相结合。本书突出形体分析,加强看图能力的训练。通过对本书第1章到第11章的学习,使学生达到阅读和绘制中等难度机械图样的目的,以适应较少学时专业的使用。

(2) 本书第12章和第13章是对投影理论的加强和扩展,为提高学生空间构思能力、设计能力、图样表达能力和工程素养打下坚实理论基础,以适应较多学时专业的使用。

(3) 本书重视理论联系实际,第15章零部件测绘,旨在指导学生综合运用已学知识,独立地进行测量,徒手绘制零件草图。运用标准、手册和技术规范绘制零件图、装配图,是动手能力和绘图能力等的综合训练和提高。

(4) 为便于自学,本书文字叙述通俗、详尽,插图力求清晰、醒目,有较多的立体图。

(5) 全书采用我国最新颁布的《技术制图》和《机械制图》国家标准。

参加本书编写工作的有贾春玉(第1章、第6章、附录)、梁瑛娜(第2章、第12章中直线和平面投影的扩展知识、第13章)、单彦霞(第3章~第5章、第12章中相贯线的扩展知识、第14章)、张树存(第7章、第8章)、朱虹(第9章)、董志奎(第10章、第11章、第15章)。

本书由贾春玉、董志奎任主编,朱虹、张树存、梁瑛娜、单彦霞任副主编。

本书由姚春东教授审阅。审阅人对书稿提出了很多宝贵意见和建议,在此表示诚挚的感谢。

赵炳利、李兴东、董永刚、李大龙、郭长虹、宋剑锋参加了本书的审阅和校对工作，在此表示感谢。

本书在编写过程中，参阅了大量的书籍和资料，在此对原作者一并表示感谢。由于编者水平有限，不足之处在所难免，敬请读者批评指正。

编　者

2019 年 4 月于燕山大学

目　　　录

附　　录 ··· 272

参考文献 ··· 317

绪　　论

一、本课程的研究对象及作用

"机械制图"是一门研究图示空间物体、图解空间几何问题以及绘制与阅读机械工程图样的课程,是工科学校中一门实践性较强的工程技术基础课。

在工程技术中,根据投影原理并遵照国家标准的有关规定绘制的,能准确表达物体结构形状、大小及技术要求等内容的图,称为机械图样。

随着生产和科学技术的发展,图样的作用显得更为重要。设计人员通过它表达产品的设计思想,制造人员根据它加工制造,管理人员则通过它实现对生产过程的组织、管理与质量控制。图样是信息的载体,技术人员通过它实现科学技术方面的交流和信息的传输,因此,图样是产品制造最基本的技术文件和技术交流的重要工具,被喻为工程界共同的"技术语言"。作为工程技术人员,必须掌握这种"语言",否则就无法从事工程实践。

机械图样包含了机械制造过程中的技术要求及有关图样绘制的国家标准信息,与工科院校后续专业课程的学习密切相关。因此,机械制图是学生应该牢固掌握的重要工程技术基础课程。

二、本课程的主要任务和要求

本课程的特点是实践性强,且又有相应的基本理论,主要任务是培养学生具有一定的图示能力、识图能力和绘图技能,贯彻制图及公差等有关国家标准的基本规定,并在空间想象和思维能力方面得到培养。通过本课程的学习,应达到如下要求:

1) 学习正投影法的基本理论,培养空间想象能力和形象思维能力,以及空间几何问题的图示、图解能力。培养绘制和阅读机械图样的能力。

2) 培养徒手绘图和尺规绘图的综合能力。

3) 学习、贯彻国家标准及其他有关规定,具有查阅有关标准及手册的能力。

4) 学习零、部件的表达方法,培养熟练绘制和阅读机械图样的能力。

5) 培养学生认真负责的工作态度和严谨的工作作风,使学生的动手能力、工程意识、创新能力、设计概念等得以全面提高。

三、本课程的学习方法

1) 认真学好正投影法的基本理论和方法,并运用这些理论和方法图示和图解空间几何问题,由浅入深,逐步提高空间想象能力和空间分析能力。

2) 在学习本课程时,必须按规定完成一系列制图作业,并按正确的方法和步骤进行,通过大量的作业练习,加深理解并巩固理论知识,加速培养自己的图示能力及表达能力,掌握绘图的技巧,不断提高绘图质量。

3) 注意将徒手绘图和尺规绘图等各种技能与投影理论密切结合,能准确、快速地绘制机械图样。

4) 多联系工程实际与生产实践,熟悉和遵守有关制图的国家标准,了解并学会查阅附录中的各种标准和有关资料。

由于机械图样在生产和施工中起着重要的作用,绘图和读图的差错都会给生产带来损失,甚至负有法律责任,所以在完成习题作业的过程中,要做到一丝不苟、精益求精。学好本课程可为后续课程及生产实习、课程设计和毕业设计打下良好的基础,同时也可以在以上各环节中使绘图和读图能力得到进一步的巩固和提高。

第1章 投影法

1.1 投影法的概念

当灯光或日光照射物体时,在地面上或墙壁上就出现了物体的影子,这就是日常生活中经常遇到的一种投射现象。这种投射现象经过人们的科学抽象和逐步总结归纳,形成了投影方法。

在图 1-1 中,把光源抽象为一点 S,将点 S 称为投射中心。把 S 与物体上任一点之间的连线(如 SA、SB、……)称为投射线。平面 P 称为投影面。延长 SA、SB、SC 与投影面 P 相交,其交点 a、b、c 称为点 A、B、C 在 P 面上的投影。$\triangle abc$ 就是 $\triangle ABC$ 在 P 面上的投影。这种用投射线投射物体,在选定投影面上得到物体投影的方法称为投影法。

1.2 投影法的分类

根据投射线是否平行,可将投影法分为中心投影法和平行投影法两种。

1.2.1 中心投影法

投射线汇交一点的投影法称为中心投影法,如图 1-1 所示。用这种方法得到的投影称为中心投影。

在中心投影法的条件下,物体投影的大小,随投射中心 S 距离物体的远近,或者物体距离投影面 P 的远近而变化(图 1-1)。因此,中心投影不能反映原物体的真实形状和大小。

1.2.2 平行投影法

投射线相互平行的投影法称为平行投影法,如图 1-2 所示。用平行投影法得到的投影称为平行投影。

根据投射方向与投影面所成角度的不同,平行投影法分为斜投影法和正投影法两种。

1)斜投影法:投射线与投影面倾斜的平行投影法[图 1-2(a)]。
2)正投影法:投射线与投影面垂直的平行投影法[图 1-2(b)]。

在平行投影中,物体投影的大小与物体离投影面的远近无关。

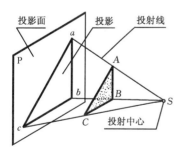

图 1-1 中心投影法

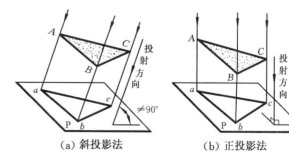

(a)斜投影法　　　　(b)正投影法

图 1-2 平行投影法

1.3 正投影法的投影特性

投影特性是指投影法中空间形状与平面图形之间具有规律性的关系。要运用投影法在平面上表示空间形状和根据平面图形想象空间形状,就必须掌握投影特性,并以此作为指导画图和看图的基本依据。

无论对空间形体施以哪一种投影法,形体的形状与形体的投影之间必然都保持拓扑关系不变,即形体边界元素之间的连接或邻接关系在投射过程中保持不变。以下用平面体的边界元素为例,讨论正投影法的投影特性都是指几何特性。

1.3.1　形体的单个边界元素与投影面处于不同位置时的投影特性

1) 类似性:如图 1-3 所示,倾斜于投影面的形体边界面 U、边界线 AB 的投影 u、ab 必是小于原形的类似形和缩短了的直线段。注意,类似形不是相似形,因为在 N 边形中只有同方向各边界线的投影与原长之比相等,所以只保持边数、平行关系、凸凹形状、直线曲线性质不变。

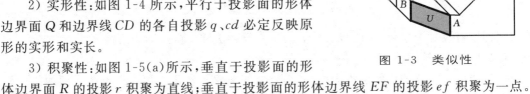

图 1-3　类似性

2) 实形性:如图 1-4 所示,平行于投影面的形体边界面 Q 和边界线 CD 的各自投影 q、cd 必定反映原形的实形和实长。

3) 积聚性:如图 1-5(a)所示,垂直于投影面的形体边界面 R 的投影 r 积聚为直线;垂直于投影面的形体边界线 EF 的投影 ef 积聚为一点。

1.3.2　形体的两个边界元素处于不同相对位置时的投影特性

1) 平行性:如图 1-5(b)所示,两个平行的边界面(S∥T)的投影仍保持平行(s∥t);两条平行的边界线(GH∥IJ)的投影仍保持平行(gh∥ij)。

2) 从属性:如图 1-5(b)所示,点 K 属于边界线 JL,点 K 的投影 k 必定属于直线的投影 jl。

3) 等比性:如图 1-5(b)所示,两条平行线的长度之比和属于直线段的点分线段之比,在它们的投射过程中均保持不变,即

$$gh : ij = GH : IJ ; jk : kl = JK : KL$$

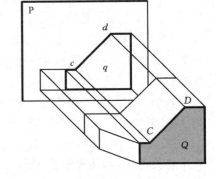

图 1-4　实形性

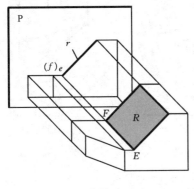

(a) 积聚性

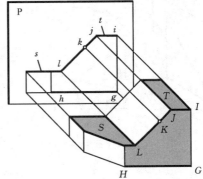

(b) 平行性、从属性和等比性

图 1-5　形体边界元素的投影特性

1.4 工程上常用的投影图

1.4.1 正投影图

正投影图是用两个或两个以上互相垂直的投影面上的投影来表达物体。在每个投影面上分别用正投影法得到物体的投影[图 1-6(a)]，然后再将投影面按一定规律展平到一个平面上[图 1-6(b)]，这种多面正投影图可以确切地表达物体的形状和大小，且作图简便，度量性好，所以在工程中广泛使用。本书在后文阐述中如无特殊说明，均系正投影图，"投影"二字均指"正投影"。

1.4.2 轴测图

用平行投影法，将物体及其直角坐标系 $O_1-X_1Y_1Z_1$ 沿不平行于任一坐标平面的方向，投射到单一投影面上，所得到的图形称为轴测图，如图 1-7 所示。轴测图的特点是立体感强，但作图较复杂，因此常作为工程上的辅助图样。

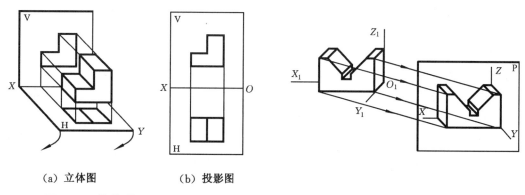

（a）立体图　　（b）投影图

图 1-6　物体的两面正投影图　　　　　图 1-7　轴测图

1.4.3 透视图

透视图是利用中心投影法绘制。由于它符合人的视觉规律，因此形象逼真，极富立体感，常用于建筑、桥梁及各种土木工程的绘制。缺点是作图复杂、度量性差，如图 1-8 所示。

1.4.4 标高投影图

标高投影图是利用正投影法绘制，将不同高度的点或平面曲线向水平投影面投射，然后在投影图中标出点或曲线的高度坐标。如图 1-9 所示，投影图中标有数字的曲线称为等高线。这种图主要用于土建、水利及地形测绘。机器中的不规则曲面，如汽车车身、船体、飞行器外壳等也可应用这一原理进行绘制。

（a）透视投影法　　（b）建筑物的透视图　　（a）曲面标高投影的形成　（b）曲面的标高投影图

图 1-8　透视图　　　　　　　　　图 1-9　标高投影图

第2章 点、直线和平面的投影

2.1 点的投影

2.1.1 点在两投影面体系中的投影

点是构成空间物体最基本的几何元素。点的投影是以下各章节学习的基础,所以必须熟练掌握点的投影规律及作投影图的方法。

（1）两投影面体系的建立

设立两个相互正交的投影面,正立投影面（V 面）和水平投影面（H 面）,构成两投影面体系。这个两投影面体系将空间分为四个分角,如图 2-1 所示。我国技术制图标准规定优先采用第一角画法,必要时（如按合同规定等）才允许使用第三角画法。俄罗斯、英国、德国和法国等国家也采用第一角画法,而美国、日本、加拿大和澳大利亚等国家采用第三角画法。本书主要介绍第一角画法。

（2）点在两投影面体系中的投影

假设空间有一点 A,过点 A 分别向 H 和 V 面作垂线,得垂足 a 和 a',则 a 称为点 A 的水平投影,a' 称为点 A 的正面投影。在这里规定用大写字母（如 A）表示空间点,它的水平投影和正面投影分别用相应的小写字母（如 a 和 a'）表示。

为使图 2-2(a)中点 A 的两个投影 a 和 a' 画在同一个平面（图纸）内,规定 V 面不动,H 面绕 OX 轴向下旋转 90°与 V 面重合,如图 2-2(b)所示的投影图。由于投影面可认为无限大,故不画其边框,如图 2-2(c)所示。

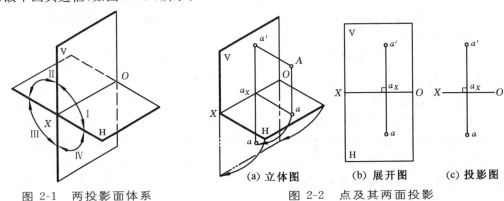

图 2-1　两投影面体系　　　　　　图 2-2　点及其两面投影　　（a）立体图　（b）展开图　（c）投影图

（3）点在两投影面体系中的投影规律

从图 2-2(a)中可以看出,因为 $Aa \perp$ H 面,$Aa' \perp$ V 面,所以由 Aa 和 Aa' 决定的平面 Aaa_xa' 既垂直于 H 面又垂直于 V 面,从而也就垂直于它们的交线 OX 轴。因此,该平面与 H 面的交线 aa_x 及与 V 面的交线 $a'a_x$ 都分别垂直于 OX 轴,点 a_x 是这两条交线和 OX 轴的交点。所以,在展开后的投影图上,a、a_x、a' 三点必在同一直线上,且 $aa' \perp OX$ 轴。又点 A 到 V 面的距离为 Aa',到 H 面的距离为 Aa,而 Aaa_xa' 是个矩形,所以 $aa_x = Aa'$,$a'a_x = Aa$。由此可得出点在两投影面体系中的投影规律:

1）点的正面投影和水平投影的连线垂直于 OX 轴,即 $a'a \perp OX$ 轴;

2）点的正面投影到 OX 轴的距离，反映空间点到 H 面的距离；点的水平投影到 OX 轴的距离，反映空间点到 V 面的距离，即 $a'a_X = Aa$，$aa_X = Aa'$。

（4）点在其他分角中的投影

如图 2-3（a）所示，空间点 B、C、D 分别处于第二、三、四分角中，各点分别向相应的投影面投射，即可得到各点的正面投影和水平投影。

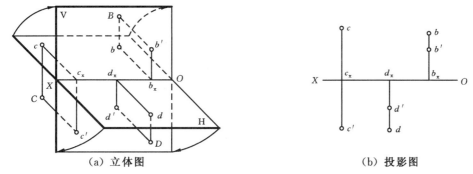

| （a）立体图 | （b）投影图 |

图 2-3　点在其他分角中的投影

在作投影图时，投影面的展开规定不变。即 V 面不动，H 面按图 2-3（a）所示绕 OX 轴前一半向下旋转 90°、后一半向上旋转 90°，使 H 面与 V 面重合。

各点的两面投影图，如图 2-3（b）所示。显然这些点的投影也必定符合点的投影规律，而各点在投影图上的位置有如下特点：

1）第二分角中的 B 点，其 V 面投影 b' 和 H 面投影 b 都在 OX 轴上方；

2）第三分角中的 C 点，其 V 面投影 c' 在 OX 轴下方，H 面投影 c 在 OX 轴的上方；

3）第四分角中的 D 点，其 V 面投影 d' 和 H 面投影 d 都在 OX 轴下方。

2.1.2　点在三投影面体系中的投影

（1）三投影面体系的建立

三投影面体系是在两投影面体系的基础上建立起来的。假设两投影面体系是由互相垂直的 H 面与 V 面构成，再设一与 H 面、V 面均垂直的侧立投影面（W 面）即构成三投影面体系。此时，H、V、W 三个投影面将空间分为八个部分，每个部分为一个分角，共八个分角，其顺序如图 2-4（a）所示。由于我国标准规定采用第一角画法，因此，三投影面体系的立体图在后文中出现时，都画成图 2-4（b）的形式。

三个投影面两两垂直并相交，得到三个投影轴 OX、OY、OZ，三个投影轴交点 O 为原点。

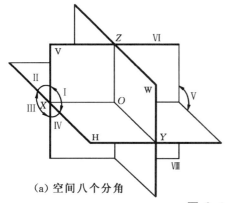
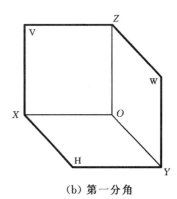

| （a）空间八个分角 | （b）第一分角 |

图 2-4　三投影面体系

7

（2）点在三投影面体系中的投影

设空间有一点 A，过 A 分别向 H、V、W 面作垂线得三个垂足 a、a'、a''，便是点 A 在三个投影面上的投影（规定点 A 的侧面投影用小写字母 a'' 表示）。

画投影图时需要把三个投影面展平到同一个平面上。展开的方法与前述一样，即 V 面不动，将 H 面和 W 面分别绕 OX 轴和 OZ 轴向下和向右旋转 $90°$ 并与 V 面重合，如图 2-5(a) 的箭头所示。这样得到点 A 的三面投影图，如图 2-5(b) 所示。去掉投影面边框，便成为图 2-5(c) 的形式。

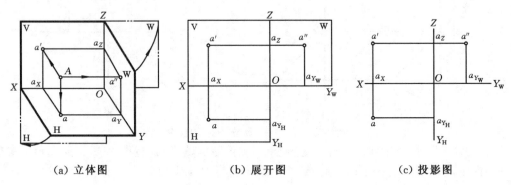

|(a) 立体图|(b) 展开图|(c) 投影图|

图 2-5　点及其三面投影

这里要特别注意的是，同一条 OY 轴旋转后出现了两个位置，因 OY 是 H 面和 W 面的交线，也就是两投影面的共有线，所以 OY 轴随着 H 面旋转到 OY_H 的位置，同时又随着 W 面旋转到 OY_W 的位置。

（3）点在三投影面体系中的投影规律

从图 2-5(a) 中可以看出，Aa、Aa'、Aa'' 分别为点 A 到 H、V、W 面的距离，即：

$Aa = a'a_X = a''a_Y$，反映空间点 A 到 H 面的距离；

$Aa' = aa_X = a''a_Z$，反映空间点 A 到 V 面的距离；

$Aa'' = a'a_Z = aa_Y$，反映空间点 A 到 W 面的距离。

上述即是点的投影与点的空间位置的关系。根据这个关系，若已知点的空间位置，就可画出点的投影。反之，若已知点的投影，就可完全确定点在空间的位置。由图 2-5 还可看出：$aa_{Y_H} = a'a_Z$，即 $a'a \perp OX$；$a'a_X = a''a_{Y_W}$，即 $a'a'' \perp OZ$；$aa_X = a''a_Z$。

这说明点的三个投影不是孤立的，而是彼此之间有一定的位置关系，而且这个关系不因空间点的位置改变而改变，因此可以把它概括为普遍性的投影规律：

1）点的正面投影和水平投影的连线垂直 OX 轴，即 $a'a \perp OX$；

2）点的正面投影和侧面投影的连线垂直 OZ 轴，即 $a'a'' \perp OZ$；

3）点的水平投影 a 到 OX 轴的距离等于侧面投影 a'' 到 OZ 轴的距离，即 $aa_X = a''a_Z$。

根据上述投影规律，若已知点的任何两个投影，就可求出它的第三个投影。

例 2-1　如图 2-6(a) 所示，已知点 A、B、C 的两面投影，求作各点的第三面投影。

作图步骤[图 2-6(b)]：

1）过 a' 作线 $\perp OZ$ 轴；

2）过 a 作线 $\perp OY_H$ 轴，与过 O 点的 $45°$ 辅助线相交，过交点作线 $\perp OY_W$ 轴，与 1）中作图线的交点即为点 A 的侧面投影 a''；

3) 过 b 作线 $\perp OX$ 轴；

4) 过 b'' 作线 $\perp OZ$ 轴，两作图线的交点即为点 B 的正面投影 b'；

5) 过 c' 作线 $\perp OX$ 轴；

6) 过 c'' 作线 $\perp OY_W$ 轴，与过 O 点的 45° 辅助线相交，过交点作线 $\perp OY_H$ 轴，与 5) 中作图线的交点即为点 C 的水平投影 c。

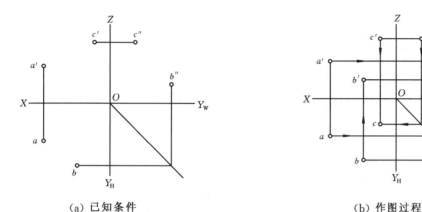

（a）已知条件   （b）作图过程

图 2-6 已知点的两面投影求作第三面投影

（4）点的三面投影与直角坐标

三投影面体系可以看成是一个空间直角坐标系，可用直角坐标确定点的空间位置。投影面 H、V、W 作为坐标面，三条投影轴 OX、OY、OZ 作为坐标轴，三轴的交点 O 作为坐标原点。

由图 2-7 可以看出，点 A 的直角坐标 x、y、z 与其三个投影的关系：

点 A 到 W 面的距离 $Aa'' = Oa_X = a'a_Z = aa_{Y_H} = x$；

点 A 到 V 面的距离 $Aa' = Oa_Y = aa_X = a''a_Z = y$；

点 A 到 H 面的距离 $Aa = Oa_Z = a'a_X = a''a_{Y_W} = z$。

用坐标来表明空间点位置比较简单，可以写成 $A(x_A, y_A, z_A)$ 的形式。

由图 2-7(a) 可知，坐标 x 和 z 决定点的正面投影 a'，坐标 x 和 y 决定点的水平投影 a，坐标 y 和 z 决定点的侧面投影 a''，若用坐标表示，则为 $a(x, y, 0)$、$a'(x, 0, z)$、$a''(0, y, z)$。

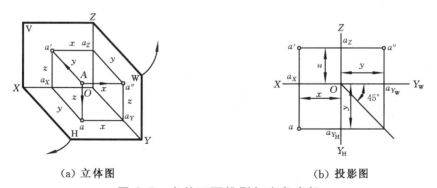

（a）立体图   （b）投影图

图 2-7 点的三面投影与直角坐标

从上述可知，点的两面投影反映该点的三个坐标。若已知点的任意两面投影，就可利用投影规律求出点的第三面投影。因此，已知一点的三个坐标，就可作出该点的三面投影

[图 2-7(b)]。

例 2-2　已知点 $A(15,8,12)$，求点 A 的三面投影。

作图步骤(图 2-8)：

1) 先画出投影轴及过原点 O 的 $45°$ 线,并标注各轴名称;再自原点 O 沿 OX 方向量取 $x=15$,得 a_X,如图 2-8(a)所示。

2) 过 a_X 作 OX 轴的垂线,由 a_X 沿垂线向上量取 $z=12$,得 a';向前量取 $y=8$,得 a;a 和 a' 分别为点 A 的水平投影和正面投影,如图 2-8(b)所示。

3) 由 a' 向 OZ 轴作垂线,与 OZ 轴交于 a_Z,沿此垂线向前量取 $y=8$,得 a'',即为点 A 的侧面投影;也可以根据 a、a',通过作图确定 a'',即自 a 作直线平行 OX 轴,交 OY 轴于 a_{Y_H},再延长此线与 $45°$斜线相交,过此交点作 OZ 轴的平行线,与过 a' 的 OX 轴平行线的交点就是点 A 的侧面投影 a'',如图 2-8(c)所示。

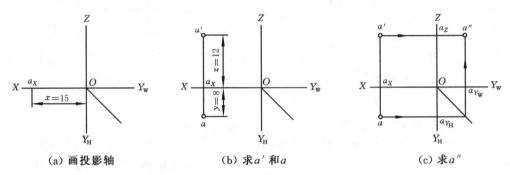

(a) 画投影轴　　　　　　(b) 求 a' 和 a　　　　　　(c) 求 a''

图 2-8　由点的坐标作点的三面投影

例 2-3　已知点 $A(20,10,18)$,作其立体图。

作图步骤(图 2-9)：

1) 画投影面,先画一矩形为 V 面,H、W 面画成顶角为 $45°$的平行四边形,见图 2-9(a);

2) 根据投影图的坐标值,按 $1:1$ 的比例沿各轴分别量取 x、y、z 尺寸得 a_X、a_Y、a_Z,见图 2-9(b);

3) 过 a_X、a_Y、a_Z 在各坐标面上分别引各轴的平行线,得点 A 的三个投影 a、a'、a'',见图 2-9(c);

4) 过 a 作 aA // OZ 轴,过 a' 作 $a'A$ // OY 轴,过 a'' 作 $a''A$ // OX 轴,所作三直线的交点即为空间点 A,见图 2-9(d)。

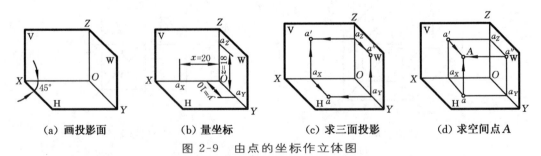

(a) 画投影面　　　(b) 量坐标　　　(c) 求三面投影　　　(d) 求空间点 A

图 2-9　由点的坐标作立体图

(5) 各种位置点的投影

1) 一般位置点:当空间点的三个坐标值 x、y、z 均不为零时,称该点为一般位置点。

图 2-5 中点 A 即为一般位置点。

2）特殊位置点：当空间点的坐标值有一个为零时，则该点位于投影面上。如图 2-10 所示，点 A 的 y 坐标为零，即点 A 距 V 面的距离为零，故点 A 位于 V 面上；点 B 的 z 坐标为零，即点 B 距 H 面的距离为零，故点 B 位于 H 面上。投影面上点的投影特点是：该点所在的投影面上的投影与该点的空间位置重合，而另外两个投影位于相应的投影轴上。

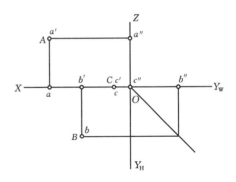

图 2-10　特殊位置点

当空间点的坐标值有两个为零时，则该点位于投影轴上。图 2-10 中点 C 的 y 坐标和 z 坐标均为零，即点 C 距 V 面和 H 面的距离均为零，故点 C 位于 OX 轴上。投影轴上点的投影特点是：两个投影均位于投影轴上，并与空间点重合，而另外一个投影则与原点 O 重合。

当空间点的三个坐标值皆为零时，则该点与原点 O 重合，其三个投影也重合在原点 O 处。

（6）两点的相对位置

1）两点相对位置的确定

在投影图中，空间两点的相对位置是用它们的坐标差来确定的。两点的正面投影反映出它们的上下、左右关系，两点的水平投影反映出它们的左右、前后关系，两点的侧面投影反映出它们的上下、前后关系。

例如，若已知空间两点 $A(x_A, y_A, z_A)$ 和 $B(x_B, y_B, z_B)$ 的投影，如图 2-11(a)所示。从它们的投影中根据其坐标，即能判断两点在空间的相对位置。由于 A、B 两点的左右位置是由 x 坐标差 $(x_A - x_B)$ 所确定，而从正面投影和水平投影可以看出 $x_A > x_B$，所以点 A 在左，点 B 在右。A、B 两点的前后位置是由 y 坐标差 $(y_B - y_A)$ 所确定，而从水平投影和侧面投影可以看出 $y_A < y_B$，所以点 B 在前，点 A 在后。同理，A、B 两点的上下位置是由 z 坐标差 $(z_B - z_A)$ 所确定，而从正面投影和侧面投影可以看出 $z_B > z_A$，所以点 B 在上，点 A 在下。其空间情况如图 2-11(b)所示。

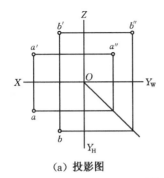

（a）投影图

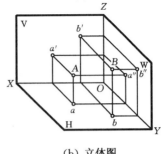

（b）立体图

图 2-11　两点的相对位置

例 2-4　如图 2-12(a)所示，已知点 A 的三面投影，另一点 B 在点 A 上方 8 mm，左方 12 mm，前方 10 mm 处，求作点 B 的三面投影。

作图步骤[图 2-12(b)]：

1) 在 a' 左方 12 mm、上方 8 mm 处确定 b'；

2) 作 $bb' \perp OX$ 轴，且在 a 前方 10 mm 处确定 b；

3) 根据投影关系确定 b''。

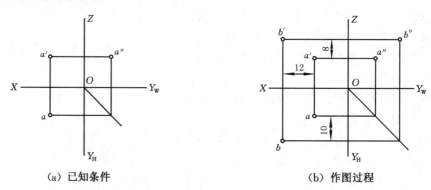

(a) 已知条件　　　　　　　　　(b) 作图过程

图 2-12　两点的相对位置

2) 重影点

当空间两点有一个投影重合时，称这两个点是对某投影面的重合点，简称重影点，其重合的投影称为重影。这表明两点的某两个坐标相同，而处于同一投射线上。有重影就需要判别其可见性，即判断两个点中哪个为可见，哪个为不可见。

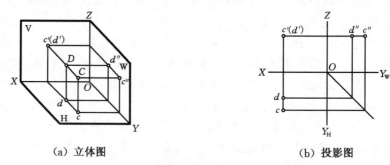

(a) 立体图　　　　　　　　　(b) 投影图

图 2-13　重影点及其可见性判别

如图 2-13 所示，C、D 两点的 x、z 坐标相同，处于 Y 轴方向的同一投射线上，其正面投影 c'、d' 重合。由于 $y_C > y_D$，所以从前向后看时，点 C 可见，点 D 被点 C 遮住为不可见。为了在图上表示可见性，对不可见点的投影另加括号表示，故写成 $c'(d')$。

总之，当空间两点的连线垂直于某个投影面时，它们在该投影面上的投影必然相重合，这时需要判别其可见性。判别的方法是从另外的投影上根据其坐标来判断，实际上就是判断该两点的空间位置的上下、左右、前后的关系。而未重合的投影，则不存在可见性的问题。

2.2　直线的投影

直线的投影应包括无限长直线的投影和直线段的投影，本节所研究的直线仅指后者。

两点确定一直线。因此，直线的投影是由该直线上两点的投影确定的。直线的投影问题仍可归结为点的投影，只要找出直线上两个点的投影，并将两点的同一投影面上的投影

(简称同面投影)连接起来,即得到该直线的同面投影。

2.2.1 直线的三面投影

(1)直线对一个投影面的投影

直线对一个投影面的相对位置有平行、垂直、倾斜三种情况,如图 2-14 所示。

1)直线平行于投影面:如图 2-14(a)所示,直线 AB 平行于投影面 P,则直线 AB 在投影面 P 上的投影 ab 反映实长,即 $ab=AB$;

2)直线垂直于投影面:如图 2-14(b)所示,直线 CD 垂直于投影面 P,则直线 CD 在投影面 P 上的投影 cd 积聚为一点;

3)直线倾斜于投影面:如图 2-14(c)所示,直线 EF 倾斜于投影面 P,则直线 EF 在投影面 P 上的投影 ef 小于实长,即 $ef<EF$。

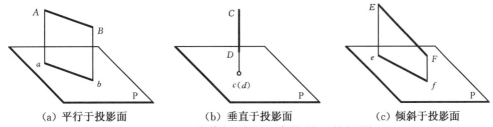

(a)平行于投影面　　　　(b)垂直于投影面　　　　(c)倾斜于投影面

图 2-14　直线相对于一个投影面的投影

(2)直线在三投影面体系中的投影

如图 2-15(a)所示,求作直线 AB 的三面投影时,可分别作出 A、B 两端点的三面投影,然后将同面投影连接起来,即得直线 AB 的三面投影(ab、$a'b'$、$a''b''$),直线的投影用粗实线绘制,如图 2-15(b)所示。

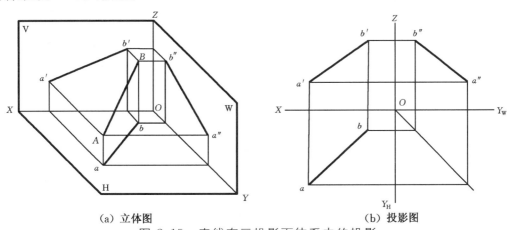

(a)立体图　　　　　　　　　(b)投影图

图 2-15　直线在三投影面体系中的投影

2.2.2 各种位置直线的投影

在三投影面体系中,直线按其与投影面的相对位置,可以分为三种:投影面平行线、投影面垂直线和一般位置直线。其中投影面平行线和投影面垂直线称为特殊位置直线。

(1)投影面平行线

平行于一个投影面而与另外两个投影面倾斜的直线称为投影面平行线。平行于 V 面的称为正平线;平行于 H 面的称为水平线;平行于 W 面的称为侧平线。

图 2-16(a)所示的物体的棱边 AB 即为正平线[图 2-16(b)],它平行于 V 面,而与另外

13

两个投影面呈倾斜位置,它的投影图如图 2-16(c)所示。

直线与其在三个投影面上的投影之间的夹角即为直线对相应投影面的倾角。规定直线对 H 面、V 面、W 面的倾角分别用 α、β、γ 表示。

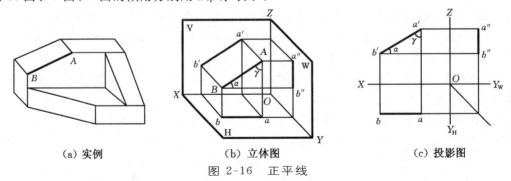

| （a）实例 | （b）立体图 | （c）投影图 |

图 2-16　正平线

根据正投影的基本性质,由图 2-16 可知正平线的投影特性为:

1) 正面投影 $a'b'$ 反映直线 AB 的实长,即 $a'b'=AB$。$a'b'$ 与 OX 轴的夹角反映直线对 H 面的倾角 α,$a'b'$ 与 OZ 轴的夹角反映直线对 W 面的倾角 γ。

2) 水平投影 $ab/\!/OX$ 轴,侧面投影 $a''b''/\!/OZ$ 轴,它们的投影长度均小于 AB 的实长,即 $ab=AB\cos\alpha$,$a''b''=AB\cos\gamma$。

表 2-1 中分别列出了正平线、水平线和侧平线的投影及其特性。

表 2-1　投影面平行线

名称	正平线（//V 面）	水平线（//H 面）	侧平线（//W 面）
实例			
立体图			
投影图			

14

名称	正平线(∥V 面)	水平线(∥H 面)	侧平线(∥W 面)
投影特性	1) 正面投影 $a'b'$ 反映实长; 2) 正面投影 $a'b'$ 与 OX 轴和 OZ 轴的夹角 α、γ 分别为 AB 对 H 面和 W 面的倾角; 3) 水平投影 ab∥OX 轴,侧面投影 $a''b''$∥OZ 轴,且都小于实长	1) 水平投影 ef 反映实长; 2) 水平投影 ef 与 OX 轴和 OY_H 轴的夹角 β、γ 分别为 EF 对 V 面和 W 面的倾角; 3) 正面投影 $e'f'$∥OX 轴,侧面投影 $e''f''$∥OY_W 轴,且都小于实长	1) 侧面投影 $i''j''$ 反映实长; 2) 侧面投影 $i''j''$ 与 OY_W 轴的夹角 β 和 α 分别为 IJ 对 V 面和 H 面的倾角; 3) 正面投影 $i'j'$∥OZ 轴,水平投影 ij∥OY_H 轴,且都小于实长
	小结: 1) 直线在所平行投影面上的投影,反映其实长和对另外两个投影面的倾角(具有实形性); 2) 直线在另外两个投影面上的投影,分别平行于相应的投影轴,且小于实长(具有类似性)		

例 2-5 过已知点 A 作线段 $AB = 20$ mm,使其平行于 W 面,而对 H 面的倾角 $\alpha = 45°$[图 2-17(a)]。

过点 A 作平行于 W 面的直线 AB 为侧平线,根据侧平线的投影特性和已知条件($a''b'' = AB$,$a''b''$ 与 OY_W 轴成 45°,ab∥OY_H 轴,$a'b'$∥OZ 轴),即可作出直线 AB 的投影图。

作图步骤[图 2-17(b)]:

1) 先作出点 A 的侧面投影 a'',再过

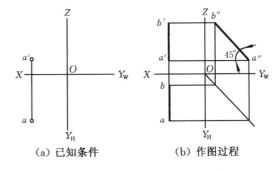

(a) 已知条件　　　(b) 作图过程

图 2-17　过点 A 作侧平线

a'' 作一条与 OY_W 轴夹角呈 45° 的直线,并在该直线上截取 $a''b'' = 20$ mm,$a''b''$ 即为直线 AB 的侧面投影;

2) 作另外两个投影,按投影规律分别过 a 作 ab∥OY_H 轴、过 a' 作 $a'b'$∥OZ 轴,即得直线 AB 的水平投影 ab 和正面投影 $a'b'$(此题有四解,另三解请读者自行分析)。

(2) 投影面垂直线

垂直于一个投影面必与另外两个投影面平行的直线称为投影面垂直线。垂直于 H 面的称为铅垂线;垂直于 V 面的称为正垂线;垂直于 W 面的称为侧垂线。

图 2-18(a)所示的物体棱边 BC 为一正垂线[图 2-18(b)],因为它垂直于 V 面,故必与 W 和 H 两个投影面平行。其投影图如图 2-18(c)所示。

由图 2-18 可知,正垂线的投影特性为:

1) 正面投影积聚成一点,即 $b'(c')$ 为一点;

2) 水平投影 bc⊥OX 轴,侧面投影 $b''c''$⊥OZ 轴,且 bc 和 $b''c''$ 均反映实长。

表 2-2 中分别列出了正垂线、铅垂线和侧垂线的投影及其特性。

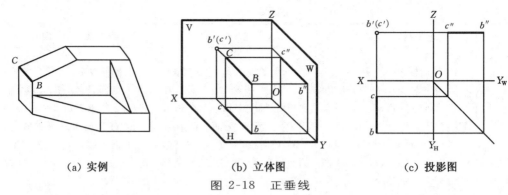

|（a）实例|（b）立体图|（c）投影图|

图 2-18 正垂线

例 2-6 试过已知点 A，作一长度为15 mm 的侧垂线 AB[图 2-19(a)]。

根据侧垂线的投影特性即可作出。作图步骤[图 2-19(b)]：

1）先作出积聚成一点的侧面投影 $a''(b'')$；

2）过 a、a' 分别作 $ab \perp OY_H$ 轴，$a'b' \perp OZ$ 轴，其长度均取为 15 mm，即得侧垂线 AB 的水平投影 ab 和正面投影 $a'b'$。

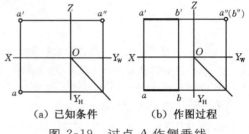

|（a）已知条件|（b）作图过程|

图 2-19 过点 A 作侧垂线

表 2-2 投影面垂直线

名称	正垂线（⊥V 面）	铅垂线（⊥H 面）	侧垂线（⊥W 面）
实例			
立体图			
投影图			

名称	正垂线（⊥V 面）	铅垂线（⊥H 面）	侧垂线（⊥W 面）
投影特性	1）正面投影 $b'(c')$ 积聚成一点； 2）水平投影 bc、侧面投影 $b''c''$ 都反映实长，且 $bc \perp OX$ 轴，$b''c'' \perp OZ$ 轴	1）水平投影 $b(g)$ 积聚成一点； 2）正面投影 $b'g'$、侧面投影 $b''g''$ 都反映实长，且 $b'g' \perp OX$ 轴，$b''g'' \perp OY_W$ 轴	1）侧面投影 $e''(k'')$ 积聚成一点； 2）正面投影 $e'k'$、水平投影 ek 都反映实长，且 $e'k' \perp OZ$ 轴，$ek \perp OY_H$ 轴
	小结： 1）直线在所垂直的投影面上的投影，积聚成一点（具有积聚性）； 2）直线在另外两个投影面上的投影，分别垂直于相应的投影轴，且反映其实长（具有实形性）		

（3）一般位置直线

与三个投影面都处于倾斜位置的直线称为一般位置直线。

图 2-20 所示为一般位置直线 AB 及其投影。一般位置直线的投影特性为：

1）ab、$a'b'$、$a''b''$ 都与投影轴倾斜，且都小于实长；

2）各个投影与投影轴的夹角都不反映该直线对各投影面的倾角。

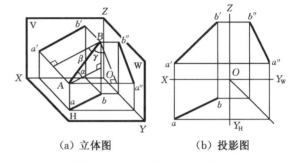

(a) 立体图　　　(b) 投影图

图 2-20　一般位置直线

2.2.3　点与直线的相对位置

点与直线的相对位置有两种情况，即点在直线上和点不在直线上。

（1）点在直线上

在三投影面体系中，点在直线上有以下投影特性：

1）点在直线上，则点的各投影必在该直线的同面投影上（具有从属性）。如图 2-21(a) 所示，点 K 在直线 AB 上，则水平投影 k 在 ab 上，正面投影 k' 在 $a'b'$ 上，侧面投影 k'' 在 $a''b''$ 上。

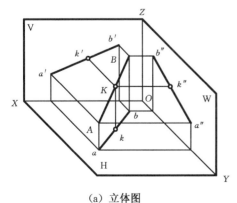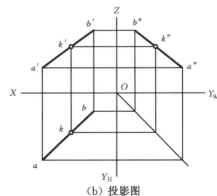

(a) 立体图　　　　　　　　　　(b) 投影图

图 2-21　点在直线上的投影

17

2）点在直线上，则点将该直线及其投影分割成相同的比例，即分割线段长度之比等于其同面投影长度之比（具有定比性）。如图 2-21（a）所示，点 K 在直线 AB 上，则 $AK:KB=ak:kb=a'k':k'b'=a''k'':k''b''$。

反之，若点的各投影分别在直线的同面投影上，且分割线段的各投影长度之比相等，则该点必在此直线上。如图 2-21（b）所示，点 K 的投影 k 在 ab 上，k' 在 $a'b'$ 上，k'' 在 $a''b''$ 上，且 $ak:kb=a'k':k'b'=a''k'':k''b''$，则点 K 必在直线 AB 上。

例 2-7 如图 2-22（a），在已知直线 AB 上取一点 C，使 $AC:CB=2:3$，求作点 C 的投影。

分析：如图 2-22（b），点 C 的投影必在直线 AB 的同面投影上，且 $ac:cb=a'c':c'b'=AC:CB=2:3$，可用比例法作图。

作图步骤［图 2-22（c）］：

1）过 a（或 b）任作一辅助直线；
2）以任意长在辅助线上截取相等的 5 段，取第 2 段端点为 C_0，第 5 段端点为 B_0；
3）连接 bB_0；
4）过 C_0 作 $cC_0 /\!/ bB_0$，与 ab 交于点 c；
5）过 c 作 OX 轴的垂线，与 $a'b'$ 交于 c'，则 c、c' 即为点 C 的两面投影。

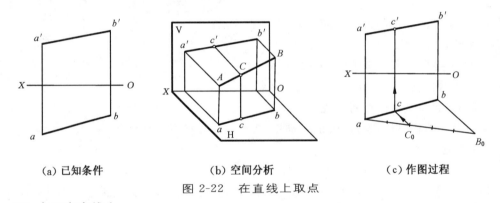

| （a）已知条件 | （b）空间分析 | （c）作图过程 |

图 2-22　在直线上取点

（2）点不在直线上

若点不在直线上，则点的各投影不符合点在直线上的投影特性；反之，点的各投影不符合点在直线上的投影特性，则该点不在直线上。如图 2-23 所示，点 M 不在直线 AB 上，虽然其正面投影 m' 在 $a'b'$ 上，但其水平投影 m 并不在 ab 上。

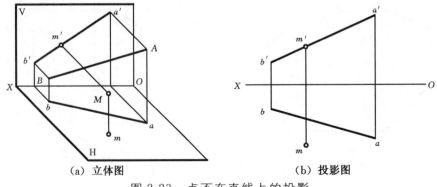

（a）立体图　　　　　　　　（b）投影图

图 2-23　点不在直线上的投影

由上述可知，一般情况下，根据两面投影即可判定点是否在直线上。但当直线为某一投影面平行线，而已知的两个投影为该直线所不平行的投影面的投影时，则不能直接判定。如图 2-24(a)所示，AB 为侧平线，而图中却只给出其正面投影 $a'b'$ 及水平投影 ab。此时，虽然点 K 和点 S 的正面投影 k'、s' 及水平投影 k、s 分别在 $a'b'$ 和 ab 上，但仍不能判定出点 K 和点 S 是否在直线 AB 上。其判别方法如下：

方法一（定比法）

如图 2-24(b)所示，自 a 任引直线 $aB_1 = a'b'$，连接 b、B_1，在 aB_1 上量取 $ak_0 = a'k'$，$s_0B_1 = s'b'$，过 k_0 作 bB_1 的平行线，发现该线不通过 k，则点 K 不在直线 AB 上。过 s_0 作 bB_1 的平行线，发现该线通过 s，则点 S 在直线 AB 上。

方法二（补投影法）

即补出已知投影面平行线在所平行的投影面上的投影及已知点的投影。如图 2-24(c)所示，直线为侧平线，应补出其侧面投影，补后发现 s'' 在 $a''b''$ 上，可判定点 S 在直线 AB 上；k'' 不在 $a''b''$ 上，可判定点 K 不在直线 AB 上。

从图 2-24(d)中可看出，点 S 在直线 AB 上，点 K 不在直线 AB 上的空间情况。

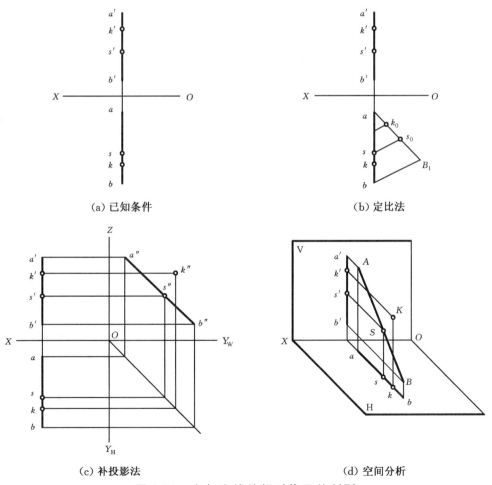

(a) 已知条件　　　　　　　　　　　(b) 定比法

(c) 补投影法　　　　　　　　　　　(d) 空间分析

图 2-24　点与直线的相对位置的判别

2.2.4 两直线的相对位置

两直线的相对位置可以分为三种情况:两直线平行、两直线相交和两直线交叉。前两种称为同面直线,后一种称为异面直线。下面分别说明其投影特性。

(1) 两直线平行

若空间两直线相互平行,则其同面投影必然相互平行;反之,如果两直线的各个同面投影相互平行,则此两直线在空间也一定相互平行。

如图 2-25(a)所示,设 $AB/\!/CD$,则由其投影线形成的平面 $ABba/\!/CDdc$,所以它们与 H 面的交线 $ab/\!/cd$,同理 $a'b'/\!/c'd'$、$a''b''/\!/c''d''$。

如果要从投影图上判断两一般位置直线是否平行,只要判断两个同面投影就能确定,如它们的正面投影和水平投影见图 2-25(b),因为 $ab/\!/cd$、$a'b'/\!/c'd'$,所以 $AB/\!/CD$。但遇到两侧平线时,则还应看它们的侧面投影是否平行才能判断。图 2-26 中,两直线 AB 和 CD 的投影 $ab/\!/cd$、$a'b'/\!/c'd'$,但 $a''b''/\!\!\!\not/c''d''$,所以 AB 和 CD 不平行。

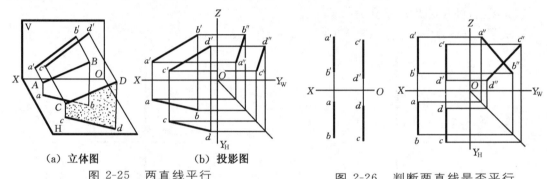

（a）立体图　　（b）投影图

图 2-25　两直线平行

图 2-26　判断两直线是否平行

(2) 两直线相交

当两直线相交时,它们在各投影面上的投影也必然相交,且其交点符合点的投影规律;反之,若两直线的各个同面投影都相交,且交点符合点的投影规律,则此两直线在空间必相交。

如图 2-27 所示,AB、CD 两直线相交于点 K,此点为两直线所共有,它们的投影 $a'b'$ 与 $c'd'$、ab 与 cd 必然相交,并且它们的交点 k' 与 k 的连线一定垂直于 OX 轴。

当两直线中有一条为侧平线时,通常需要画出侧面投影才能判断它们是否相交。如图 2-28所示的两直线 AB 和 CD 不相交。

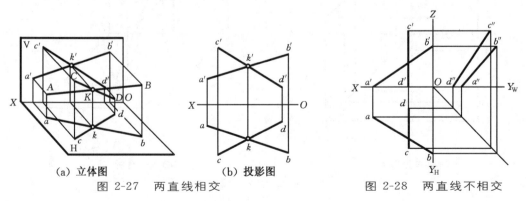

（a）立体图　　（b）投影图

图 2-27　两直线相交

图 2-28　两直线不相交

（3）两直线交叉

当空间两直线既不平行又不相交时,称为两直线交叉[图 2-29(a)]。一般情况下,在两面投影中,它们的同面投影可能相交或不相交,如果同面投影相交,其交点也不符合点的投影规律,如图 2-29(b)所示,其同面投影交点的连线不垂直于 OX 轴。

现在来研究交叉两直线同面投影交点的几何意义。由图 2-29(b)可以看出,两直线 AB 和 CD 的水平投影的交点,实际上是空间两点的投影重合,其中点 M 在 AB 上,点 N 在 CD 上。同样,正面投影的交点也是两直线上空间两点的投影重合,其中点 K 在 CD 上,点 L 在 AB 上。这种某一投影重合的两点,正是前述的重影点。

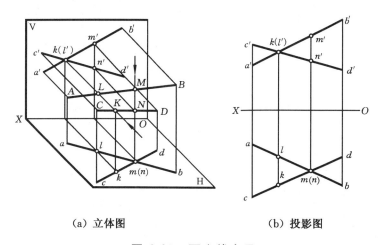

（a）立体图　　　　　　　（b）投影图

图 2-29　两直线交叉

利用重影点的可见性,可以很方便地判别两直线在空间的相对位置。例如图 2-29(b)中点 M、N 是 H 面的重影点,在判断其可见性时,M、N 两点的正面投影 m' 比 n' 的 z 坐标值大,所以当从上向下看时,属于 AB 上的点 M 为可见,属于 CD 上的点 N 为不可见,由此可以断定 AB 在 CD 的上方。判断 V 面重影点 $k'(l')$ 的可见性时,因 K、L 两点的水平投影 k 比 l 的 y 坐标值大,所以当从前向后看时,点 K 为可见,点 L 为不可见,由此可以断定 CD 在 AB 的前方。

例 2-8　如图 2-30(a)所示,判断两侧平线的相对位置。

图 2-30(b)、(c)、(d)分别列举了三种解法,由于两侧平线有左右距离差,它们不相交。

解法一:如图 2-30(b)所示,添加 W 面,将两面投影添加成三面投影,作出 $a''b''$ 和 $c''d''$。若 $a''b'' \mathbin{/\!/} c''d''$,则 $AB \mathbin{/\!/} CD$;若 $a''b'' \not\mathbin{/\!/} c''d''$,则 AB 和 CD 交叉。按作图结果可以判定 $AB \mathbin{/\!/} CD$。

解法二:如图 2-30(c)所示,分别连接 A 和 D、B 和 C,检查 $a'd'$ 与 $b'c'$ 的交点和 ad 与 bc 的交点是否在 OX 轴的同一条垂线上。若在同一条垂线上,则 AD 和 BC 相交,点 A、B、C、D 共面,$AB \mathbin{/\!/} CD$;若不在同一条垂线上,则 AD 和 BC 交叉,点 A、B、C、D 不共面,AB 和 CD 也交叉。按作图结果可以判定 $AB \mathbin{/\!/} CD$。

解法三:如图 2-30(d)所示,先检查 AB 和 CD 对向前或向后、向上或向下的指向是否一致。若不一致,则 AB 和 CD 交叉;若一致,则再检查 $a'b':ab$ 是否等于 $c'd':cd$。相等时,$AB \mathbin{/\!/} CD$;不相等时,AB 和 CD 交叉。从图中可看出:AB 和 CD 都是向前、向下;继续检查

$a'b'$: ab 是否等于 $c'd'$: cd,其作图过程是:在 $a'b'$ 上量 $a'1'=ab$,然后过 a' 任作一直线,在其上量取 $a'2'=cd$、$a'3'=c'd'$,连接 $1'$ 和 $2'$、b' 和 $3'$,因图中所作出的 $1'2'$ ∥ $b'3'$,也就是 $a'b'$: $ab=c'd'$: cd,所以由作图结果可以判定 AB ∥ CD。若指向不一致,或指向一致而 $1'2'$ ∦ $b'3'$,也就是 $a'b'$: $ab \neq c'd'$: cd,则 AB 和 CD 交叉。

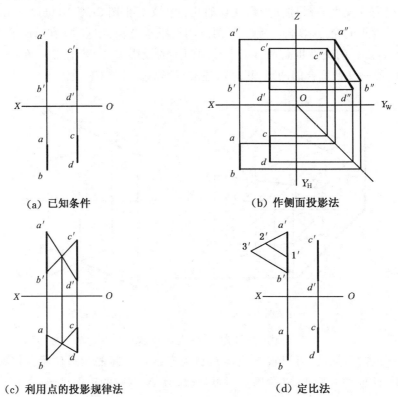

(a) 已知条件　　　　　　　　　(b) 作侧面投影法

(c) 利用点的投影规律法　　　　　(d) 定比法

图 2-30　判断 AB、CD 的相对位置

例 2-9　如图 2-31(a)所示,已知直线 AB、CD、EF。做水平线 MN,与 AB、CD、EF 分别交于点 M、S、T,点 N 在 V 面之前 6 mm。

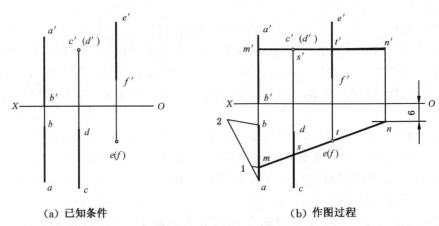

(a) 已知条件　　　　　　　　　(b) 作图过程

图 2-31　作水平线 MN

先按已知条件和题目要求作几何分析和投影分析:由于水平线 MN 与直线 AB、CD、

EF 的交点 M、S、T 都是 MN 上的点,且在图中已显示 AB、CD、EF 分别为侧平线、正垂线、铅垂线,于是就可由直线上的点的投影特性和特殊位置直线的投影特性确定水平线 MN 上的点 S 的正面投影 s' 和点 T 的水平投影 t、MN 的正面投影的高度位置,从而获得点 M 和 T 的正面投影 m' 和 t';然后按与投影面不垂直的直线段被其上的点分割成两直线段的长度比在投影图中保持不变的定比性求出点 M 的水平投影 m,与点 T 的水平投影 t 连得 MN 的水平投影的一段 mt,从而获得点 S 的水平投影 s;最后由点 N 在 V 面前 6 mm,按点的投影特性在 mt 的延长线上,作出点 N 的水平投影 n,再由 n 在 MN 的正面投影的高度位置上作出点 N 的正面投影 n'。于是就作出这条水平线 MN 的两面投影 mn 和 $m'n'$。

作图步骤[图 2-31(b)]:

1) s' 积聚在 $c'(d')$ 上,由 s' 作水平线,与 $a'b'$、$e'f'$ 分别交得 m'、t'。

2) t 积聚在 $e(f)$ 上。过 a 任作一直线,在其上量取 $a1=a'm'$、$12=m'b'$;连 b 和 2,作 $1m$ // $2b$,与 ab 交得 m。连 m 和 t,mt 与 cd 交得 s。

3) 从 OX 轴向下(即向前)6 mm 作水平线,与 mt 的延长线交得 n。由 n 向上作投影连线,与 $m't'$ 的延长线交得 n'。于是就作出了水平线 MN 的正面投影 $m'n'$ 和水平投影 mn。

2.3 平面的投影

2.3.1 平面的表示法

(1) 用几何元素表示平面

下面任一形式的几何元素都能够确定一个平面,因此它们的投影就表示一个平面的投影:

1) 不在同一直线上的三点[图 2-32(a)];

2) 一直线和直线外一点[图 2-32(b)];

3) 相交两直线[图 2-32(c)];

4) 平行两直线[图 2-32(d)];

5) 任意平面图形(如三角形、四边形、圆等)[图 2-32(e)]。

图 2-32 是用各组几何元素表示的同一平面及其投影,实际上各组几何元素之间是可以互相转化的。例如图 2-32(a)中的 A、B、C 三点,连接其中 A、B 两点,即可转变成图 2-32(b)中的一直线及直线外一点,连接 AB、AC 又可转变成图 2-32(c)中的相交两直线等。从图 2-32 中的转换关系可以看出,不在一直线上的三点是表示平面的最基本的几何元素。但在实际中,则以用平面图形表示平面最为常见。

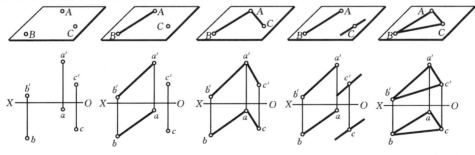

(a) 三点法　　(b) 点与直线法　　(c) 相交直线法　　(d) 平行直线法　　(e) 平面图形法

图 2-32　用几何元素表示平面

（2）用迹线表示平面

空间平面与投影面的交线称为平面的迹线。如图 2-33（a）所示，平面 P 与 V 面的交线称为正面迹线，用 P_V 表示；平面 P 与 H 面的交线称为水平迹线，用 P_H 表示；平面 P 与 W 面的交线称为侧面迹线，用 P_W 表示；P_V、P_H、P_W 与投影轴 X、Y、Z 的交点 P_X、P_Y、P_Z 称为迹线集合点。

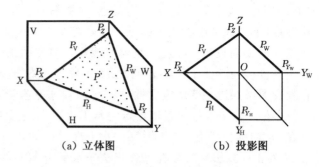

图 2-33　用迹线表示平面

迹线是平面与投影面的共有线，所以迹线在其所在投影面上的投影与本身重合，另两个投影面上的投影在相应的投影轴上，与投影轴重合的投影，在投影图上不画出来。如图 2-33（b）所示是用迹线表示平面 P 的投影图，用迹线表示的平面称为迹线平面。

2.3.2　各种位置平面的投影

根据平面与投影面的相对位置，可以分为三种：投影面垂直面、投影面平行面和一般位置平面。其中投影面垂直面和投影面平行面称为特殊位置平面。

（1）投影面垂直面

垂直于一个投影面，与另外两个投影面倾斜的平面称为投影面垂直面。

投影面垂直面有三种：垂直于 H 面的平面称为铅垂面；垂直于 V 面的平面称为正垂面；垂直于 W 面的平面称为侧垂面。

图 2-34 所示为一正垂面 $ABCD$。它垂直于 V 面，同时对 H 面和 W 面处于倾斜位置。规定平面对投影面 H、V、W 的倾角分别用 α、β、γ 表示。

从图 2-34 可以看出，正垂面的投影特性为：

1）平面 $ABCD$ 的正面投影积聚成为倾斜直线 $a'b'(c')(d')$。它与 OX 轴的夹角反映平面 P 对 H 面的倾角 α，与 OZ 轴的夹角反映平面 P 对 W 面的倾角 γ。

2）水平投影 $abcd$ 和侧面投影 $a''b''c''d''$ 都是类似原图形而又小于原图形的四边形线框。

各种投影面垂直面的投影特性如表 2-3 所示。

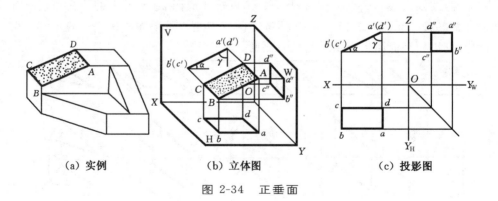

（a）实例　　　　　（b）立体图　　　　　（c）投影图

图 2-34　正垂面

表 2-3　投影面垂直面的投影特性

名称	正垂面(⊥V面)	铅垂面(⊥H面)	侧垂面(⊥W面)
实例			
立体图			
投影图			
投影特性	1) 正面投影积聚成一直线，它与 OX 轴和 OZ 轴的夹角分别为平面对 H 面和 W 面的倾角 α 及 γ； 2) 水平投影和侧面投影都是小于原图形的类似形	1) 水平投影积聚成一直线，它与 OX 轴和 OY_H 轴的夹角分别为平面对 V 面和 W 面的倾角 β 及 γ； 2) 正面投影和侧面投影都是小于原图形的类似形	1) 侧面投影积聚成一直线，它与 OZ 轴和 OY_W 轴的夹角分别为平面对 V 面和 H 面的倾角 β 及 α； 2) 正面投影和水平投影都是小于原图形的类似形

小结：
1) 平面在所垂直的投影面上的投影，积聚成倾斜于投影轴的直线(具有积聚性)，并反映该平面对另外两个投影面的倾角；
2) 平面的另外两个投影都是小于原图形的类似形(具有类似性)

例 2-10　四边形 $ABCD$ 垂直于 V 面，已知其 H 面的投影 $abcd$ 及 B 点的 V 面投影 b'，且对 H 面的倾角 $\alpha=45°$，求作该平面的正面投影和侧面投影[图 2-35(a)]。

因四边形 $ABCD$ 是正垂面，其正面投影积聚成一倾斜直线，作此倾斜直线与 OX 轴的夹角 $\alpha=45°$，再根据其水平投影求得正面投影 $a'b'c'd'$，然后根据两投影可求得侧面投影。

作图步骤：

1) 过 b' 作与 OX 轴呈 45°的斜线，使其与自 a、c、d 各点所作的 OX 轴垂线分别交于 a'、c'、d'[图 2-35(b)]；

2) 由四边形的正面投影 $a'b'c'd'$ 和水平投影 $abcd$，求侧面投影得 $a''b''c''d''$[图 2-35(c)]。

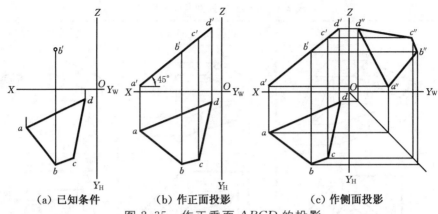

(a) 已知条件　　　　　　　(b) 作正面投影　　　　　　　(c) 作侧面投影

图 2-35　作正垂面 ABCD 的投影

例 2-11　如图 2-36(a)所示,平行四边形 ABCD 垂直于 H 面,已知其两边的正面投影 $a'b'$、$a'd'$,点 D 的水平投影 d,对 V 面的倾角 $\beta=30°$,试作该平面的三面投影。

因 ABCD 是一平行四边形,可根据其对边相互平行的关系完成它的正面投影 $a'b'c'd'$,又知平行四边形 ABCD 是一铅垂面,其水平投影积聚成一倾斜直线,作此倾斜直线与 OX 轴的夹角 $\beta=30°$,根据其正面投影得水平投影 $abcd$。再根据两个投影求得侧面投影 $a''b''c''d''$。

作图步骤:

1) 完成平行四边形 ABCD 的正面投影。分别自 b'、d' 作 $a'd'$ 和 $a'b'$ 的平行线相交于 c'[图 2-36(b)]。

2) 过 d 作与 OX 轴呈 30° 的斜线使其与自 a'、b'、c' 各点所作的 OX 轴垂线分别交于 a、b、c,得四边形积聚为一直线的水平投影 $abcd$[图 2-36(c)]。

3) 由平行四边形正面投影 $a'b'c'd'$ 和水平投影 $abcd$,求侧面投影得 $a''b''c''d''$[图 2-36(d)]。

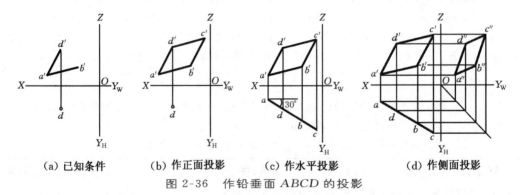

(a) 已知条件　　　　(b) 作正面投影　　　　(c) 作水平投影　　　　(d) 作侧面投影

图 2-36　作铅垂面 ABCD 的投影

（2）投影面平行面

平行于一个投影面,与另外两个投影面垂直的平面称为投影面平行面。

投影面平行面也有三种:平行于 H 面的平面称为水平面;平行于 V 面的平面称为正平面;平行于 W 面的平面称为侧平面。

图 2-37 所示为正平面 EKNH,由图可以看出,其投影特性为:

1) EKNH 面的正面投影 $e'k'n'h'$ 反映实形;

2) 水平投影和侧面投影均积聚成为一直线,且它们分别平行于 OX 轴和 OZ 轴。

26

各种投影面平行面的投影特性如表 2-4 所示。

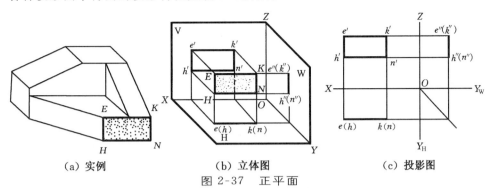

（a）实例 　　　　　　（b）立体图 　　　　　　（c）投影图

图 2-37　正平面

表 2-4　投影面平行面的投影特性

名称	正平面（∥V 面）	水平面（∥H 面）	侧平面（∥W 面）
实例			
立体图			
投影图			
投影特性	1）正面投影反映实形； 2）水平投影积聚成直线且平行 *OX* 轴； 3）侧面投影积聚成直线且平行 *OZ* 轴	1）水平投影反映实形； 2）正面投影积聚成直线且平行 *OX* 轴； 3）侧面投影积聚成直线且平行 *OY*$_W$ 轴	1）侧面投影反映实形； 2）正面投影积聚成直线且平行 *OZ* 轴； 3）水平投影积聚成直线且平行 *OY*$_H$ 轴
	小结： 1）在所平行的投影面上，平面的投影反映实形（具有实形性）； 2）在另外两个投影面上，平面的投影积聚成直线（具有积聚性），并平行于相应的投影轴		

27

（3）一般位置平面

对于三个投影面都处于倾斜位置的平面,称为一般位置平面。

图 2-38(a)所示为一个三棱锥的立体图,其中棱面△SAB 对于三个投影面都处于倾斜位置,是一个一般位置平面。如图 2-38(b)、图 2-38(c)所示,它在三个投影面上的投影都不反映实形,是形状相类似的三个三角形线框,也不反映该平面△SAB 对投影面的倾角α、β、γ。

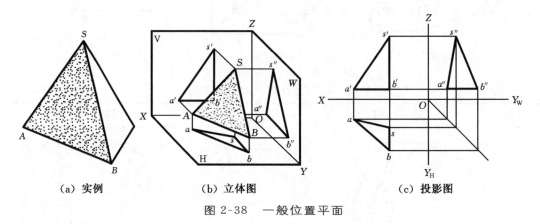

（a）实例　　　　　（b）立体图　　　　　（c）投影图

图 2-38　　一般位置平面

第3章 立体的投影

一般的机器零件或物体都可看成是由一些基本形体,如棱柱、棱锥、圆柱、圆锥、圆球等按某种方式组合而成。因此,在研究物体投影时,首先研究这些基本形体的投影。

立体是具有三维坐标的实心体,投影法中所研究的立体投影是研究立体表面的投影。由平面围成的立体称为平面立体,由曲面或曲面与平面围成的立体称为曲面立体。

3.1 平面立体的投影

由于平面立体是由平面围成,而平面又是由直线段围成,每条直线段皆可由两个端点确定。因此,绘制平面立体的投影,只需绘制组成它的各个平面的投影,即绘制其各表面的交线(棱线)及各顶点(棱线的交点)的投影。

常见的平面立体有棱柱、棱锥(包括棱台)等。在绘制平面立体投影时,可见的轮廓线画粗实线;不可见的轮廓线画虚线;当粗实线与虚线重合时,应画粗实线。

3.1.1 棱柱投影

图 3-1 表示一个正五棱柱的立体图和投影图,本书从这里开始不再画投影轴,但要遵循以下三条投影对应关系:

1)同一点的正面投影和水平投影位于竖直的投影连线上;

2)同一点的正面投影与侧面投影位于水平的投影连线上;

3)任意两点的水平投影和侧面投影保持宽度相等和前后对应关系。

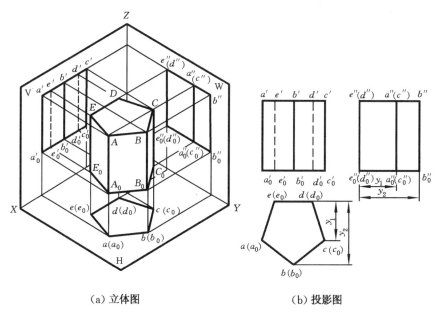

(a)立体图　　　　　　(b)投影图

图 3-1　正五棱柱

从图 3-1(a)可看出,正五棱柱的顶面和底面为水平面,它们的边分别是四条水平线和一条侧垂线;棱面为四个铅垂面和一个正平面,棱线为五条铅垂线。

正五棱柱的顶面和底面水平投影反映实形,且重合为一个正五边形。由棱柱的高可确定顶面和底面的正面投影和侧面投影,这些投影分别积聚成水平方向的直线段。五条棱线的水平投影积聚在五边形的五个顶点上,其正面投影和侧面投影为反映棱柱高的直线段。

注意,棱柱的水平投影与正面投影之间留有一定的间距,棱柱的正面投影和侧面投影之间也留下一定的间距,如图 3-1(b)所示直接用 y_1 和 y_2 量取,表示各点之间的宽度相等。

在正面投影中,棱线 EE_0、DD_0 被前面的棱面挡住为不可见,画虚线。在侧面投影中,棱线 DD_0、CC_0 被棱线 EE_0、AA_0 挡住,且投影重合,故不画虚线。

3.1.2 棱柱表面上的点和线

例 3-1 如图 3-2(a)、图 3-2(c)所示,已知五棱柱表面上点 F 和 G 的正面投影 $f'(g')$,折线 RST 的正面投影 $r's't'$,求作它们的水平投影和侧面投影。

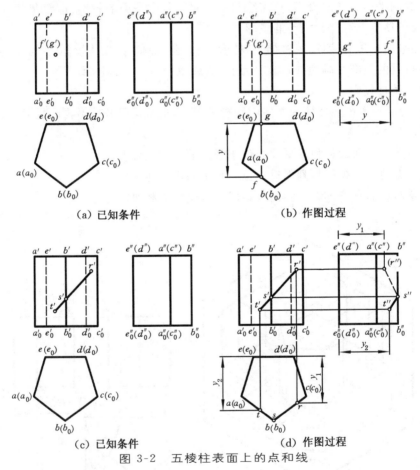

(a) 已知条件   (b) 作图过程

(c) 已知条件   (d) 作图过程

图 3-2 五棱柱表面上的点和线

由图 3-2(a)正面投影对照水平投影可看出,点 F 的正面投影可见,点 F 落在棱面 AA_0B_0B 上,此棱面为铅垂面;点 G 的正面投影不可见,点 G 落在棱面 DD_0E_0E 上,此棱面为正平面。两棱面的水平投影均有积聚性,因此点 F、G 的水平投影应在五棱柱水平投影的五边形上。

作图步骤：

1）过 $f'(g')$ 作竖直的投影连线,交五边形的边为 f、g,f 在前,g 在后。

2）过 $f'(g')$ 作水平连线,交后棱面的侧面投影于 g'';利用投影关系,量取 Y 坐标得 f''。

3）点 F 所在棱面 AA_0B_0B 侧面投影可见,故 f'' 可见,结果如图 3-2(b)所示。

对于折线 RST,对照图 3-2(c)的正面投影和水平投影关系可知,点 R 在棱面 BB_0C_0C 上,此棱面的侧面投影不可见,点 S 在棱线 BB_0 上,点 T 在棱面 AA_0B_0B 上。按上面求点的方法可分别求出这三点的水平投影 r、s、t 和侧面投影 (r'')、s''、t''。折线 RST 的水平投影 rst 重合在棱面有积聚性的水平投影上,RS 线段的侧面投影 $(r'')s''$ 不可见,画虚线;ST 的侧面投影 $s''t''$ 可见,画粗实线。结果如图 3-2(d)所示。

3.1.3 棱锥投影

图 3-3 为一个正三棱锥的立体图和投影图,从图中可以看到,底面 ABC 是水平面,其中 AB、AC 为水平线,BC 为正垂线;前后棱面 SAB、SAC 为一般位置平面;右棱面 SBC 为正垂面;棱线 SA 为正平线,SC、SB 为一般位置直线。

底面 ABC 的水平投影反映实形,正面及侧面投影积聚为水平方向的直线段。锥顶 S 的水平投影 s 在正三角形 abc 的中心位置上,根据三棱锥的高度,对应水平投影 s 可作出其正面投影 s' 及侧面投影 s''。最后将锥顶 S 与各顶点 A、B、C 的同面投影相连,即得该三棱锥的三面投影图。注意,水平投影和侧面投影的宽相等。

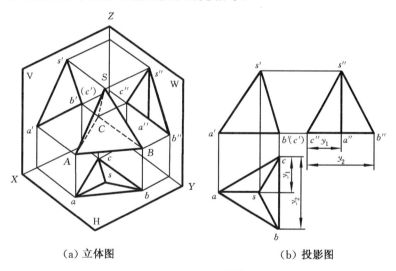

（a）立体图　　　　　　　　　　　（b）投影图

图 3-3　正三棱锥

如图 3-3 所示,三个棱面的水平投影都可见,底面的水平投影不可见;前棱面 SAB 的正面投影可见,后棱面 SAC 的正面投影不可见,右棱面 SBC 的正面投影积聚为一条直线;前、后棱面的侧面投影均可见,右棱面 SBC 的侧面投影不可见。

3.1.4 棱锥表面上的点和线

例 3-2 如图 3-4 所示,已知三棱锥表面上点 D 和 E 的正面投影 $d'(e')$,求它们的水平投影。

由于在正面投影中 d' 可见,(e') 不可见,因此可确定点 D 位于前棱面 SAB 上,点 E 位

于后棱面 SAC 上,正面投影重合,利用已知平面上点的一个投影求其他投影的方法作图。

作图步骤:

1) 过锥顶和点作辅助线。如图 3-4(a)所示,在正面投影中,连 $s'd'$,并延长交 $a'b'$ 于 $1'$,连 $s'(e')$,并延长交 $a'c'$ 于 $(2')$,S Ⅰ、S Ⅱ 的正面投影重合。由 $1'$、$(2')$ 作竖直投影连线,交 ab 于 1,交 ac 于 2,即作出 S Ⅰ、S Ⅱ 的水平投影 $s1$、$s2$。

2) 点 D、E 在 S Ⅰ、S Ⅱ 上,过 d'、(e') 分别作投影连线,与 $s1$ 交于 d,与 $s2$ 交于 e。点 D、E 的水平投影 d、e 均可见。

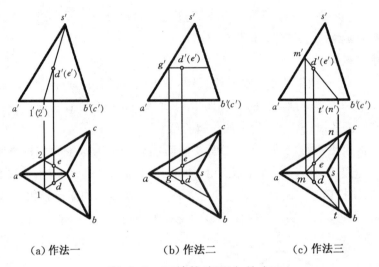

(a) 作法一　　　　　(b) 作法二　　　　　(c) 作法三

图 3-4　三棱锥表面上的点

在锥面上取点,除上面过锥顶和点作辅助线外,还可以过点在锥面上作底边或棱线的平行线,如图 3-4(b)所示,过点 D、E 分别在 $\triangle SAB$、$\triangle SAC$ 上作 AB、AC 的平行线 DG、EG,在 dg、eg 上找出 d、e;或者过点作任意直线,如图 3-4(c)所示,过点 D、E 分别在 $\triangle SAB$、$\triangle SAC$ 上作任意直线 MT、MN,在 mt、mn 上找出 d、e。

例 3-3　如图 3-5(a)所示,已知正三棱锥表面上一折线 RMN 的正面投影 $r'm'n'$,求折线的另两个投影。

对照三个投影图可知,底面 ABC 为水平面,后棱面 SAC 为侧垂面,前棱面 SAB 和 SBC 为一般位置平面。后棱面 SAC 的正面投影不可见,右棱面 SBC 的侧面投影不可见。

作图步骤:

1) 点 N 在棱面 SAB 上,按照图 3-4(b)的方法,过点 N 作底边 AB 的平行线 TN,由 n' 作投影连线,在 tn 上求出其水平投影 n,然后在侧面投影中量取 y_1 求出 n''。

2) 点 M 在棱线 SB 上,因 SB 为侧平线,应由 m' 先求出侧面投影 m'',然后按 y 坐标相等关系,作出 m。

3) 点 R 在棱面 SBC 上,在正面投影上过 r' 作辅助线 S Ⅰ 的正面投影 $s'1'$,求出 S Ⅰ 的水平投影 $s1$,由 r' 作投影连线得 r,量取 y_2 作出 r''。由于三棱锥的三个棱面水平投影均可见,所以水平投影 rmn 可见,画粗实线,RM 位于右棱面 SBC 上,侧面投影不可见,所以 $r''m''$ 画虚线,MN 位于左棱面 SAB 上,侧面投影可见,$m''n''$ 画粗实线。结果如图 3-5(b)所示。

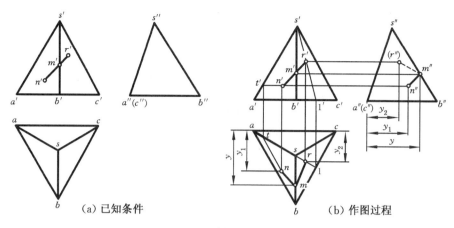

（a）已知条件　　　　　　　　　（b）作图过程

图 3-5　三棱锥表面上的折线

3.2　曲面立体的投影

　　曲面立体由曲面或曲面和平面组成,常见的曲面立体为回转体,如圆柱、圆锥、圆球、圆环以及由它们组合而成的复合回转体。绘制回转体的投影,就是绘制围成回转体表面的回转面和平面的投影。在回转面上取点、线与在平面上取点、线的作图原理相同。在回转面上取点,一般过此点在该曲面上作简单易画的辅助圆或直线。在回转面上取线,通常在该曲面上作出确定此曲线的多个点投影,然后将其光滑相连,并判别其可见性,可见的线段画粗实线,不可见的线段画虚线。

　　回转面是由一线段绕轴线旋转而形成的曲面。这条运动的线段称为母线,在回转面上任一位置的母线称为素线,母线上任意点绕轴旋转,形成回转面上垂直于轴线的纬圆。

3.2.1　圆柱投影

　　圆柱由圆柱面、顶面、底面所围成。圆柱面由直线段绕与它平行的轴线旋转而成。

　　如图 3-6 所示,当圆柱轴线为铅垂线时,圆柱面上所有的素线都是铅垂线,圆柱面的水平投影积聚为一圆,圆柱面上所有点、线段的水平投影都积聚在这个圆上。圆柱的顶面和底面是水平面,水平投影为反映实形的圆,画图时用垂直相交的点画线表示圆的中心线,中心线超出图形轮廓 2～5 mm,它们的交点为轴线的水平投影。

　　圆柱的正面及侧面投影为相同形状的矩形,矩形上、下两边为圆柱顶面、底面的积聚投影,长度等于圆的直径。图中的点画线表示圆柱轴线的投影,轴线的投影超过矩形轮廓 2～5 mm。正面投影矩形的左、右两边 $a'a_0'$、$c'c_0'$ 分别是圆柱面最左、最右素线 AA_0、CC_0 的正面投影。这两条素线把圆柱面分为前、后两半,前半圆柱面在正面投影中可见,后半圆柱面在正面投影中不可见,因此 $a'a_0'$、$c'c_0'$ 称为圆柱面正面投影的转向轮廓线。这两条素线的水平投影积聚在圆周上左、右两点 a、c,侧面投影 $a''a_0''$、$c''c_0''$ 与点画线重合,由于圆柱面是光滑过渡的,因此 $a''a_0''$、$c''c_0''$ 不需要画线。

　　圆柱侧面投影矩形的两边 $b''b_0''$、$d''d_0''$ 是圆柱面上最前、最后素线 BB_0、DD_0 的侧面投影,这两素线把圆柱面分为左、右两半,在侧面投影中左半面可见,右半面不可见,因此 $b''b_0''$、$d''d_0''$ 称为圆柱面侧面投影的转向轮廓线。这两素线的水平投影积聚在圆周上前、后两点 b、d,正面投影 $b'b_0'$、$d'd_0'$ 与点画线重合,由于圆柱面是光滑过渡的,画图

时 $b'b'_0$、$d'd'_0$ 不需要画线。

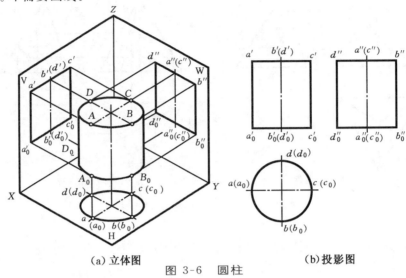

(a) 立体图   (b) 投影图

图 3-6   圆柱

3.2.2   圆柱表面上的点和线

例 3-4   如图 3-7(a) 所示，已知点 A、B、C、D 的一个投影，求它们的另外两个投影。

作图步骤 [图 3-7(b)]：

1) 求点 A、B 的另外两个投影：从图中可知，A、B 为圆柱面上的点，它们的水平投影应在圆柱面有积聚性的圆周上。从正面投影 a' 可见，(b') 不可见得知，点 A 在前半圆柱面上，点 B 在后半圆柱面上，过 $a'(b')$ 引铅垂的投影连线，交圆周于 a 和 b。由 $a'(b')$ 引水平投影连线，由 A、B 两点按宽 y_1 距离和前后对应关系，求出 a''、b''。由于 A、B 两点在左半圆柱面上，侧面投影 a''、b'' 可见。

2) 求 c、c'：由 c'' 可知点 C 在圆柱面侧面投影的转向轮廓线上，即在圆柱面最前素线上，过 c'' 作投影连线，在正面和水平投影上可得 c'、c。

3) 求 d'、d''：由 (d) 可知点 D 在圆柱底平面上，其正面、侧面投影必在底平面所积聚的直线段上，故 d' 可直接求出，将水平投影的 y_2 距离量取到侧面投影可得 d''。

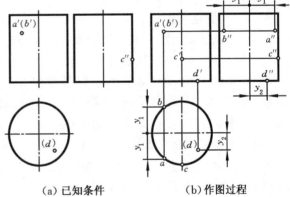

(a) 已知条件   (b) 作图过程

图 3-7   圆柱表面上取点

例 3-5   如图 3-8(a) 所示，已知侧垂圆柱表面上曲线 ACB 的正面投影，求其另外两投影。

从图 3-8(a) 中可知，圆柱表面上的曲线 AC 在下半圆柱面上，其水平投影不可见，曲线 BC 在上半圆柱面上，其水平投影可见。曲线 ACB 的侧面投影积聚在圆上。作图时求出特殊点和若干一般点的投影，判别可见性并光滑连接。

作图步骤 [图 3-8(b)]：

1) 求曲线端点 A 和 B 的投影：A、B 两点的侧面投影 a''、b'' 积聚在圆上，通过画投影连线可直接求出。再根据水平、侧面两投影都反映 y 坐标，将侧面投影的 y_1、y_2 量取到水平投影即可求得(a)和b。

2）求曲线在转向轮廓线上点C的投影：点C在水平投影的转向轮廓线上，过c'作投影连线可直接求出点C的侧面投影c"和水平投影c。

3）求适当数量的一般点Ⅰ、Ⅱ：在已知曲线的正面投影中取点1'、2'，然后求其侧面投影1"、2"和水平投影(1)、2，作法与求A、B相同。

4）判别可见性并连线：以转向轮廓线上的点C为分界点，曲线AC位于下半圆柱面上，其水平投影不可见，画虚线。曲线BC位于上半圆柱面上，其水平投影可见，画实线。曲线ACB的侧面投影积聚在圆上。

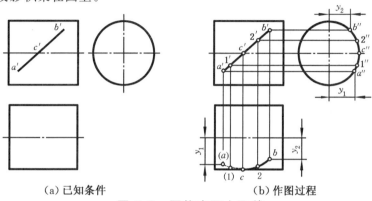

（a）已知条件	（b）作图过程

图 3-8　圆柱表面上取线

3.2.3　圆锥投影

圆锥是由圆锥面和底圆平面围成。圆锥面由直线段绕与它相交的轴线旋转而成。

如图 3-9 所示，当圆锥的轴线为铅垂线时，圆锥的水平投影为一圆，这是圆锥底面的投影，也是圆锥面的投影。画图时用垂直相交的点画线表示圆的中心线，交点为锥顶的水平投影，中心线超出圆周 2～5 mm。

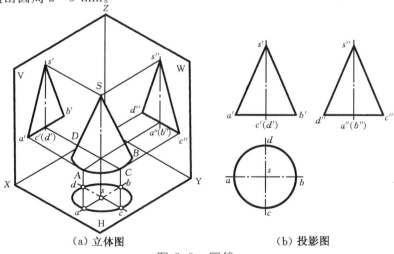

（a）立体图	（b）投影图

图 3-9　圆锥

圆锥的正面及侧面投影为相等的等腰三角形，三角形的底边是圆锥底圆的积聚投影，边长等于圆的直径。正面投影中三角形的两腰是圆锥最左、最右两条素线 SA、SB 的投影。此两条素线是圆锥前半锥面和后半锥面的分界线，为正平线。它们的正面投影 s'a'、s'b'反映素线实长，为圆锥面正面投影的转向轮廓线。侧面投影上三角形的两腰是圆锥最前、最后

两条素线 SC、SD 的投影。此两条素线是圆锥左半锥面和右半锥面的分界线,为侧平线。它们的侧面投影 $s''c''$、$s''d''$ 也反映素线实长,为圆锥面侧面投影的转向轮廓线。圆锥面在三个投影面上的投影都没有积聚性。

3.2.4 圆锥表面上的点和线

圆锥表面上取点的作图原理与在平面上取点的作图原理相同,即过圆锥面上的点作一辅助线,点的投影必在辅助线的同面投影上。在圆锥面上可以作两种简单易画的辅助线,一种是过锥顶的素线,另一种是垂直于轴线的纬圆。

例 3-6　如图 3-10 所示,已知圆锥面上点 A 的正面投影 a',求作其另外两个投影。

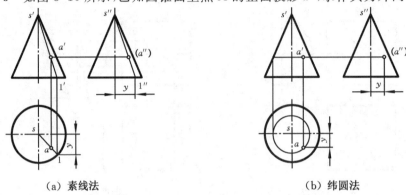

（a）素线法　　　　　　　　　　　　（b）纬圆法

图 3-10　圆锥表面上取点

方法一(素线法):如图 3-10(a)所示,以过锥顶的素线为辅助线。过 a' 作素线 $s'1'$,即圆锥表面素线 $S\,I$ 的正面投影,再求出 $S\,I$ 的水平投影 $s1$ 和侧面投影 $s''1''$,点 a 和 (a'') 必分别在 $s1$ 和 $s''1''$ 上。过 a' 引投影连线,投影连线与辅助素线的交点即为所求。

方法二(纬圆法):如图 3-10(b)所示,以垂直于轴线的纬圆为辅助线。过 a' 作垂直于轴线的直线,与正面转向轮廓线相交,两交点间的长度即为纬圆的直径。根据直径可画出这个辅助圆的水平投影。因点 A 在前半锥面上,由 a' 向下引投影连线交前半圆周一点即为 a,再由 a 和 a' 求出 (a'')。

由于圆锥面的水平投影可见,故点 A 的水平投影 a 可见。因点 A 在圆锥的右半面上,所以点 A 的侧面投影 (a'') 不可见。

例 3-7　如图 3-11(a)所示,已知圆锥表面上曲线 ACB 的水平投影,求其另两投影。

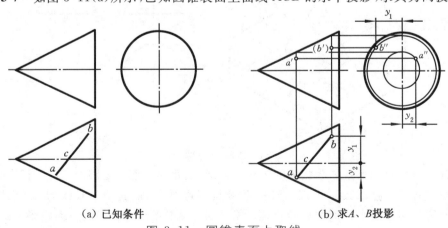

（a）已知条件　　　　　　　　　　　（b）求A、B投影

图 3-11　圆锥表面上取线

36

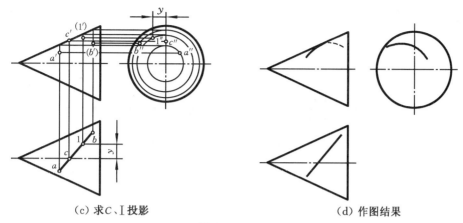

（c）求C、I投影　　　　　　　　　　　　（d）作图结果

续图 3-11

从图 3-11（a）中可知，曲线 AC 位于前半圆锥面上，曲线 BC 位于后半圆锥面上。欲求它们的正面投影和侧面投影，必先求出属于该曲线上特殊位置点和若干一般点的投影，然后判别可见性并光滑连线。作图过程见图 3-11（b）、图 3-11（c），结果见图 3-11（d）。

3．2．5　圆球投影

圆球是由球面围成。球面是由圆绕其直径旋转而成。

如图 3-12（a）所示，球的三面投影均为大小相等的圆，其直径等于球的直径。它们分别是这个球面的三个投影的转向轮廓线。正面投影的转向轮廓线 a' 是球面上平行于 V 面的最大圆 A 的正面投影，此圆 A 将球面分成前、后两半，其水平投影和侧面投影 a、a'' 分别与水平方向和垂直方向的点画线重合，因球面是光滑过渡，画图时不需要表示 a、a''。水平投影的转向轮廓线 b 是球面上平行于 H 面的最大圆 B 的水平投影，侧面投影的转向轮廓线 c'' 是球面上平行于 W 面的最大圆 C 的侧面投影，其投影情况类同。作图时应分别用点画线画出对称中心线，再画出球的三面投影，球面的三个投影都没有积聚性，如图 3-12（b）所示。

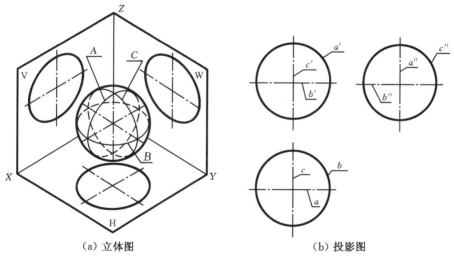

（a）立体图　　　　　　　　　　　　　　（b）投影图

图 3-12　圆球

3．2．6　圆球表面上的点和线

由于圆球表面上不存在直线，求属于圆球表面上的点，可利用过该点并与各投影面平行的圆为辅助线，先求这条辅助线的投影，然后再求辅助线上点的投影。

例 3-8 如图 3-13(a)所示,已知圆球表面上点 A、B、C、D、E 的一个投影,求作另两投影。

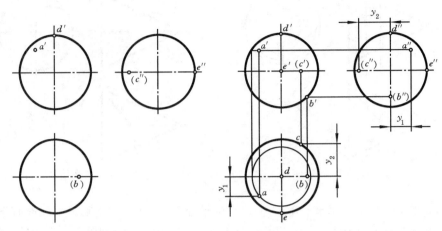

(a) 已知条件   (b) 作图过程

图 3-13 圆球表面上取点

作图步骤[图 3-13(b)]:

1) 求点 A 的投影:过 a' 作球面上水平圆的正面投影,与正面投影的转向轮廓线相交于两点,其长度等于水平圆的直径,作出这个水平圆的水平投影和侧面投影,其水平投影反映实形。然后根据点在这个水平圆上,由 a' 引铅垂的投影连线,求出 a,在侧面投影上度量宽 y_1 得 a''。由于点 A 在左半、上半球面上,所以 a、a'' 都可见。

2) 求点 B 的投影:从图中可知,点 B 在右半、下半球面上,且点 B 在球面正面投影的转向轮廓线上,根据点的投影关系,由(b)可直接作出 b'、(b''),点 B 的侧面投影不可见。

3) 求点 C 的投影:从图中可知,点 C 在右半、后半球面上,且点 C 在球面水平投影的转向轮廓线上,根据点的投影关系,由 c'' 通过宽 y_2,先求出 c,再过点 c 作投影连线求出 (c')。由于点 C 在后半球面上,正面投影不可见。

4) 求点 D 的投影:从图中可知 D 为球面上最高点,在球面正面投影的转向轮廓线上,过 d' 作投影连线得 d、d'',水平投影 d 在点画线的交点处。

5) 求点 E 的投影:从图中可知 E 为球面上最前点,在球面水平投影的转向轮廓线上,可直接标出其正面投影 e' 和水平投影 e,正面投影 e' 在点画线的交点处。

过点作辅助线有三种,即平行于 V 面的圆、平行于 H 面的圆、平行于 W 面的圆,这三种方法得到的结果是相同的。

例 3-9 如图 3-14(a)所示,已知半球表面上一曲线 ACB 的正面投影,求其余两投影。

曲线 AC 位于左半球面上,曲线 BC 位于右半球面上。作出曲线 ACB 上特殊点和若干一般点的投影,判别可见性并光滑连接。

作图步骤[图 3-14(b)]:

1) 求端点 A、B 投影:过点 A 作球面上的水平纬圆,在此纬圆上求水平投影 a,利用 y 相等求侧面投影 a''。点 B 在正面投影的转向轮廓线上,根据投影关系可直接作出 b、(b'')。

2) 求转向轮廓线上点 C 投影:点 C 在侧面投影转向轮廓线上,根据投影关系,先求出 c'',然后根据宽相等或过 C 作水平纬圆,求得 c。

3) 在正面投影中取一般点 Ⅰ、Ⅱ 的正面投影 $1'$、$2'$,过点 Ⅰ、Ⅱ 作球面上的水平纬圆,根

38

据投影关系,可求其水平投影和侧面投影,方法与求点 A 相同。

4)判别可见性并光滑连接:因曲线 AB 在上半球中,水平投影全部可见,画实线。曲线 AC 在左半球面上,曲线 BC 在右半球面上,侧面投影以 c'' 分界,曲线 $a''c''$ 可见,画实线,曲线 $c''(b'')$ 不可见,画虚线。

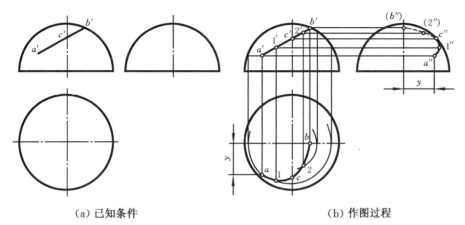

（a）已知条件　　　　　　　　（b）作图过程

图 3-14　圆球表面上取线

第4章 平面与立体相交

平面与立体相交,可设想为立体被平面所截,这个平面称为截平面,截平面与立体表面的交线称为截交线,由截交线所围成的平面图形称为截断面,如图 4-1 所示。

图 4-2 为立体被平面截切的例子。由此可见,截交线的形状取决于立体的形状及截平面与立体的相对位置。

截交线是既在截平面上,又在立体表面上点的集合。由于立体是有界的,所以,平面与立体相交所产生的截交线一定是一个封闭的平面图形。

截交线的求法归结为求截平面与立体表面共有点的问题。为此,根据立体表面的性质、截平面与立体的相对位置及它们与投影面的相对位置,选取一系列的线(棱线、直素线或圆),求这些线与截平面的交点,然后按其可见与不可见用实线或虚线依次连成封闭的平面图形。

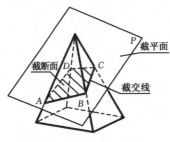

图 4-1　截交线与截断面

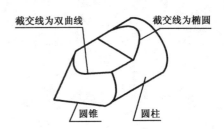

图 4-2　立体上的截交线

4.1　平面与平面立体相交

平面与平面立体相交,截交线是由直线段围成的平面多边形。多边形的顶点为平面立体的棱线与截平面的交点或两条截交线的交点,多边形的边为截平面与立体表面的交线,如图 4-1 中 *ABCD* 即为截交线围成的四边形。由此可知,求平面与平面立体的截交线可归结为求线面交点或两面交线的问题。

例 4-1　求四棱锥被正垂面 *P* 切割后的水平和侧面投影(图 4-3)。

截平面 *P* 的正面投影具有积聚性,可直接求出各棱线与截平面 *P* 交点的正面投影,从而求得其水平和侧面投影。依次连接各顶点的同面投影(连点原则是:属于立体同一表面的两点才能相连),即为所求。

作图步骤:

1) 求四棱锥各棱线与截平面 *P* 的交点:在正面投影中可直接求得这些点的投影 1′、2′、3′、4′,由此可求出其水平和侧面投影 1、2、3、4,1″、2″、3″、4″。

2) 判别可见性并连线:截交线的各个投影均可见,

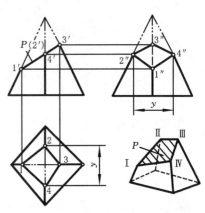

图 4-3　四棱锥被切割后的投影

40

故用实线将属于立体同一表面上点的同面投影相连,如连接 12、1'2'、1"2"等,即得到平面 P 与立体的截交线——四边形ⅠⅡⅢⅣ的投影 1234、1'2'3'4'、1"2"3"4"。

3）整理完成作图:因为各交点以上的棱线不存在了,所以,在各个投影中,应加粗各交点以下的棱线。在侧面投影中,最右棱线不可见,1"3"之间应画成虚线。

例 4-2 求四棱柱被切割后的侧面投影[图 4-4(a)]。

该四棱柱可看作是被侧平面 P 和正垂面 Q 所截,见图 4-4(a);它们的正面投影都有积聚性。由于四棱柱侧面的水平投影也都有积聚性,可利用其积聚性,求截平面与立体表面间交线的方法,直接求得截交线。

作图步骤[图 4-4(b)]:

1）求平面 P 与四棱柱的截交线:平面 P 所产生的截交线ⅣⅠⅡⅢ的水平和正面投影 4123、4'1'2'3'可直接得到,由此求出其侧面投影 4"1"2"3"。

2）求 Q 面与四棱柱的截交线:由于 Q 面与四棱柱侧面交线的水平和正面投影均已知,利用直线的投影特性,求出每段交线的侧面投影即可。

3）画出平面 P 与 Q 之间的交线(结合点间的连线,下同)ⅢⅣ的投影 34、3'4'、3"4"。

4）检查 Q 面的类似性,并将截交线的侧面投影画成粗实线。因为四棱柱的最右棱线的侧面投影不可见,所以自 6"以上应画成虚线;其余均可见,画成粗实线。

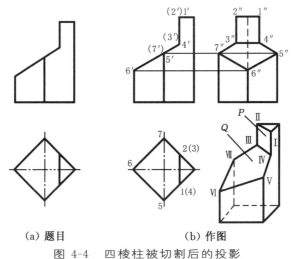

(a) 题目 (b) 作图

图 4-4 四棱柱被切割后的投影

4.2 平面与曲面立体相交

平面与曲面立体相交,截交线的形状一般情况为封闭的平面曲线,也可能为直线段与曲线的组合,特殊情况下可完全由直线段所组成。求作截交线的基本原理,是求截平面与立体表面的共有点,取点的方法常利用积聚性投影法、素线法或纬圆法。求截交线的方法步骤:

1）分析立体的性质、立体与截平面的相对位置及它们与投影面的相对位置;

2）求特殊点:特殊点一般包括轮廓线上的点和虚实分界点、结合点、极限点(即最上、最下,最左、最右,最前、最后点);

3）求出一些一般点:为了作图更精确,求一定数量的一般点;

41

4) 判别可见性:按照截交线的可见与不可见分别用粗实线和虚线画出截交线;

5) 检查、整理,完成作图:如轮廓线被切割掉的部分不应画出,余下的部分画成规定的线型。

4.2.1 平面与圆柱相交

根据截平面与圆柱相对位置的不同,截交线有三种,见表 4-1。

表 4-1 平面与圆柱面的交线

平面与轴线的相对位置	平行于轴线	垂直于轴线	倾斜于轴线
交线的形状	两平行直线	圆	椭圆
立体图	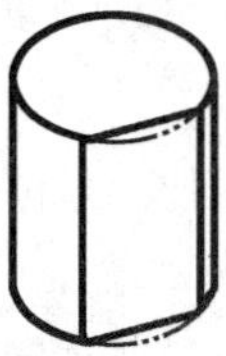	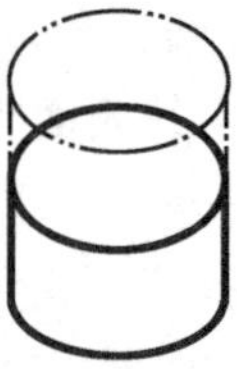	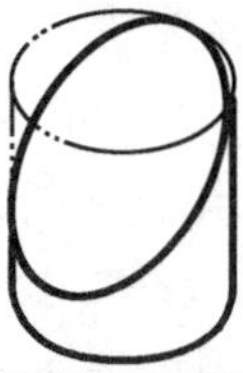
投影图	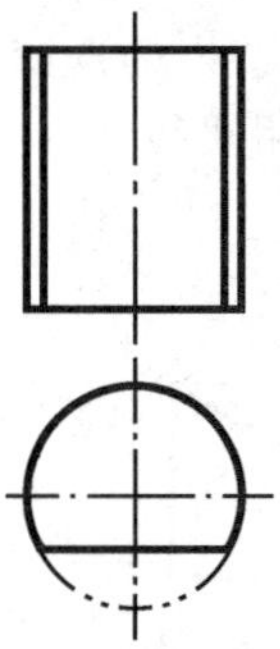	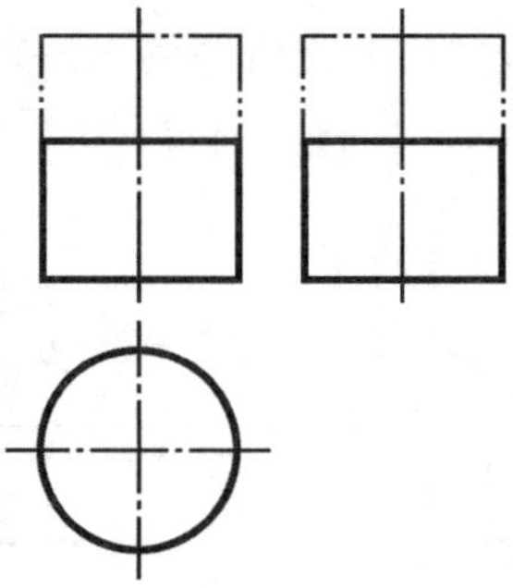	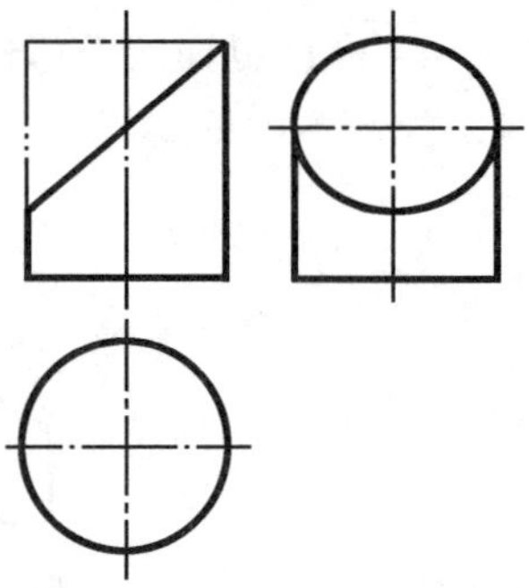

求截交线时,可利用平行于圆柱轴线的素线或垂直于圆柱轴线的圆,求它们与截平面的交点,然后按照上述步骤完成作图。

例 4-3 求作圆柱被截切后的投影(图 4-5)。

由题意知,截平面与圆柱的轴线倾斜,截交线为椭圆,且前后对称。由于椭圆位于正垂面 P 内,它的正面投影为一线段,水平投影与圆柱面的投影重合,因此,只需求出其侧面投影(前后对称)。由图 4-5(a)可知,点Ⅰ、Ⅲ、Ⅱ、Ⅳ分别是空间椭圆长短轴的端点。

作图步骤:

1) 求特殊点:点Ⅰ、Ⅱ、Ⅲ、Ⅳ的正面投影 1′、2′、3′、4′可以直接得到[图 4-5(b)]。点Ⅰ、Ⅲ分别在圆柱面的最左和最右素线上,是截交线上的最左点和最右点,也是最低点和最高点。点Ⅱ、Ⅳ分别在圆柱面的最前和最后素线上,是截交线上的最前点和最后点。由上述分析,可求出它们的水平和侧面投影分别为 1、2、3、4 和 1″、2″、3″、4″。

2) 求一般点:利用截交线的正面投影和水平投影,并利用投影的对称性,在圆柱面上求出截交线上的一些一般点(如点Ⅴ、Ⅵ、Ⅶ、Ⅷ),其投影求法如图 4-5(b)所示。还可以求出截交线上更多的点。

3) 判别可见性、连线并整理:由于截交线的侧面投影可见,故用粗实线依次光滑地连接各点的侧面投影。侧面投影的轮廓线应画到 2″、4″为止,如图 4-5(c)所示。

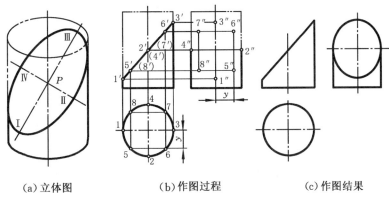

(a)立体图   (b)作图过程   (c)作图结果

图 4-5 圆柱被切割后的投影

例 4-4 如图 4-6(a)所示,完成被截切圆柱的水平投影和侧面投影。

分析:由正面投影可知,圆柱是被一个侧平面 P 和一个正垂面 Q 切割,截交线是一段椭圆弧和一个矩形。它们的正面投影和水平投影都有积聚性,利用"二补三"作图可以求得侧面投影。

作图步骤[图 4-6(b)]:

1)在正面投影上,取椭圆长轴和短轴端点 $1'$、$2'$、$(3')$,椭圆与矩形结合点 $4'$、$(5')$,矩形端点 $6'$、$(7')$,然后选取一般点 $8'$、$(9')$。

2)由这几个点的正面投影向 H 面引投射线,在圆周上找到它们的水平投影。

3)用"二补三"作图,求它们的侧面投影。

4)依次光滑连接 $1''$、$8''$、$2''$、$4''$、$5''$、$3''$、$9''$这几个点的侧面投影,即得椭圆的侧面投影。连接 $4''$、$5''$、$7''$、$6''$得矩形的侧面投影。

5)整理轮廓线,侧面转向轮廓线应补画到点 $2''$、$3''$,完成圆柱切割体的投影。

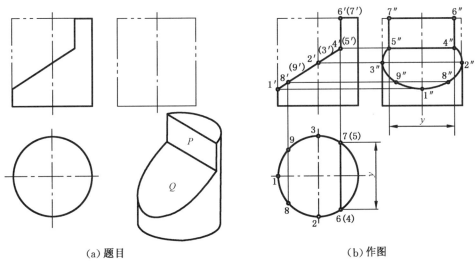

(a)题目   (b)作图

图 4-6 圆柱切割体

例 4-5　求圆柱切口后的投影[图 4-7(a)]。

分析:圆柱上方切口左右对称,每一个切口分别由一侧平面和一水平面截切而成。以左切口为例,侧平面与圆柱面相交的交线为素线Ⅰ Ⅱ、Ⅲ Ⅳ;水平面与圆柱面的交线为圆弧$\overset{\frown}{Ⅱ Ⅳ}$;两截平面的交线为直线Ⅱ Ⅳ。这些交线的正面投影都重合在截平面的正面投影上。

作图步骤[图 4-7(b)]:

1) 作点Ⅰ、Ⅱ、Ⅲ、Ⅳ的水平投影 1、2、3、4,点 1(2)、3(4)分别是交线Ⅰ Ⅱ、Ⅲ Ⅳ的积聚性投影,弧$\overset{\frown}{24}$和连线(2)(4)反映交线$\overset{\frown}{Ⅱ Ⅳ}$和交线Ⅱ Ⅳ的实形;

2) 作点Ⅰ、Ⅱ、Ⅲ、Ⅳ的侧面投影 1″、2″、3″、4″,连线 1″2″、3″4″和 2″4″,即得所求交线的侧面投影;

3) 利用对称性可画出右切口,其侧面投影与左切口的侧面投影完全重合。

图 4-8(a)所示为圆筒切口,它是在例 4-5 切口的圆柱上又挖去一个小圆柱孔而形成的。仍以左切口为例,原切口截平面与小圆柱孔面的交线也是两条素线Ⅴ Ⅵ、Ⅶ Ⅷ和一段圆弧$\overset{\frown}{Ⅵ Ⅷ}$,其水平投影、侧面投影如图 4-8(b)所示。注意侧面投影在 5″与 7″之间的线段应擦去。

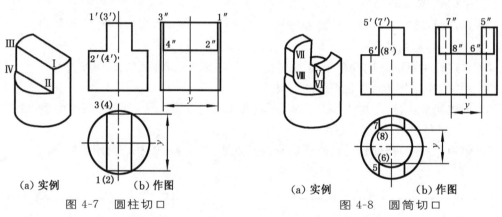

(a) 实例　　(b) 作图　　　　　　　　(a) 实例　　(b) 作图

图 4-7　圆柱切口　　　　　　　　　　　图 4-8　圆筒切口

图 4-9 与图 4-10 所示为圆柱开槽和圆筒开槽。它们的作图方法与例 4-5 相同。但应注意,槽口部分圆柱面的前、后轮廓素线被切去,故侧面投影上,圆柱的前、后应画出缺口。具体作图请读者自行分析。

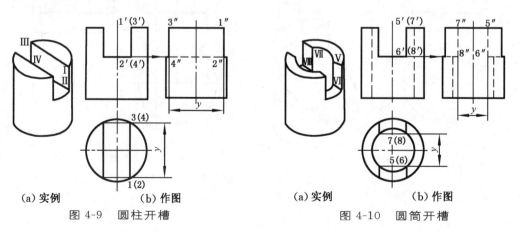

(a) 实例　　　　(b) 作图　　　　　　(a) 实例　　　　(b) 作图

图 4-9　圆柱开槽　　　　　　　　　　　图 4-10　圆筒开槽

44

4.2.2 平面与圆锥相交

平面与圆锥相交,由于截平面与圆锥的位置不同,截交线有五种情况,见表 4-2。

表 4-2 平面与圆锥的交线

截平面的位置	过锥顶	与轴线垂直	与轴线倾斜	平行于一条素线	与轴线平行
截交线的形状	等腰三角形	圆	椭圆	抛物线加直线	双曲线加直线
立体图					
投影图					

因为圆锥的各个投影均无积聚性,所以,求此类截交线上的点可在圆锥面上作辅助素线或辅助纬圆,求它们与截平面的交点,连线即可。

例 4-6 求圆锥被切割后的水平和侧面投影(图 4-11)。

本题中的截交线是椭圆。因为截平面为正垂面,所以截交线的正面投影为一线段,需求的是水平和侧面投影,它们的投影为椭圆。可利用辅助线法(素线法或纬圆法)作图。此物体前后对称,截交线也应前后对称。

作图步骤:

1)求特殊点:点 Ⅰ、Ⅱ 是空间椭圆长轴的端点,也是最高、最低点和最右、最左点,分别在正面投影的轮廓线上,故其水平和侧面投影 1、2 和 $1''$、$2''$ 可由正面投影 $1'$、$2'$ 求得。点 Ⅲ、Ⅳ 是空间椭圆短轴的端点,也是最前和最后点,可用辅助线求得。其作法是:经过 $1'2'$ 的中点 $3'$、$(4')$ 作一水平的辅助圆,其水平投影反映实形,半径为 r。根据 $3'$、$(4')$ 在此圆上求出点 3、4,由此求出点 $3''$、$4''$。点 Ⅴ、Ⅵ 是侧面投影轮廓线上的点,由 $5'$、$6'$ 可直接求得它们的侧面投影 $5''$、$6''$,据此便可求出其水平投影 5、6。

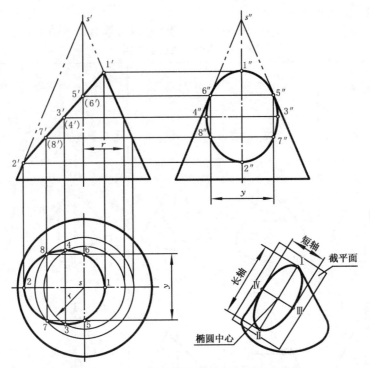

图 4-11　圆锥被平面斜切后的投影

2）求一般点：用上述求点Ⅲ、Ⅳ的方法，可求出一系列一般点，如点Ⅶ、Ⅷ。

3）判别可见性并连线：截交线的水平和侧面投影均可见。依次光滑地连接各点的同面投影。圆锥侧面投影的轮廓线应画到 5″、6″ 为止。

由于所求投影为椭圆，也可以在找到长短轴的端点后，利用长短轴绘制椭圆。

例 4-7 已知圆锥被切割后的正面投影，求其水平和侧面投影（图 4-12）。

该圆锥被水平面 P 和两个正垂面 Q 与 R 切割。由于圆锥轴线为铅垂线，所以 P 面与圆锥的截交线为水平圆弧；由于 Q 面过锥顶，所以，它与圆锥的截交线为素线；R 面与圆锥的截交线为椭圆，它的水平和侧面投影均为椭圆。将以上各段截交线组合即为所求。

作图步骤：

1）利用素线法求出 Q 面与圆锥的交线 ⅠⅢ 及 ⅡⅣ（Ⅰ、Ⅲ，Ⅱ、Ⅳ为结合点）的各投影 13、$1'3'$、$1''3''$ 和 24、$2'4'$、$2''4''$。

2）画出截平面之间的交线 ⅠⅡ，ⅢⅣ 的各投影，它们的侧面投影均可见，画成粗实线；水平投影均不可见，画成虚线。

3）画出 P 面与圆锥的截交线，即水平圆弧的水平和侧面投影。

4）求 R 面与圆锥的交线，即椭圆的投影。利用例 4-6 的方法求出该部分椭圆的投影。

5）判别可见性并连线：截交线的水平和侧面投影均可见。用粗实线画出各段截交线。

6）整理完成作图：圆锥侧面投影的轮廓线被切掉的部分不应画出。完成作图后，应想象出立体的形状。

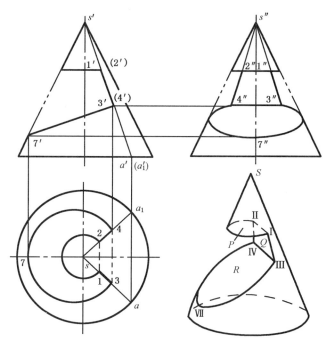

图 4-12 圆锥被切割后的投影

4.2.3 平面与圆球相交

平面与圆球相交,不论截平面位置如何,其截交线都是圆。圆的直径随截平面距球心的距离不同而改变:当截平面通过球心时,截交线圆的直径最大,等于球的直径,截平面距球心越远,截交线圆的直径越小。截平面相对于投影面的位置不同时,截交线圆的投影可能是圆、直线或椭圆。

图 4-13 所示为一水平面截切圆球,截交线的水平投影反映圆的实形,正面投影和侧面投影都积聚为直线段,且长度等于该圆的直径。

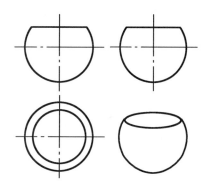

图 4-13　水平面截切圆球

例 4-8　如图 4-14(a)所示,已知带切口的半圆球的正面投影,补全水平投影和侧面投影。

分析:由图可知,半圆球被侧平面 P、Q 和水平面 S 所截切,截交线均为圆弧的一部分。由于截平面正面投影积聚,截交线的正面投影与之重合。截平面 P、Q 上截交线的侧面投影均为一段反映实形的圆弧并且重合,其水平投影与截平面的 P、Q 的水平投影重合。截平面 S 的侧面投影积聚为一直线段并且中间一段不可见,截交线水平投影为两段同心的圆弧。

作图步骤(图 4-14):

1) 作平面 P、Q 与半圆球的截交线,其侧面投影的半径为 R_1,积聚的水平投影的长度与侧面投影的宽度相等。

2) 作平面 S 与半圆球的截交线,其水平投影直径为 ϕ,取平面 P、Q 之间的两段,侧面投影积聚。

3）检查并连线,完成投影。由正面投影可知,圆球最大侧平纬圆被平面 S 截切去上方,画侧面投影时,以圆球半径 R 为半径从平面 S 往下画侧面转向轮廓线。

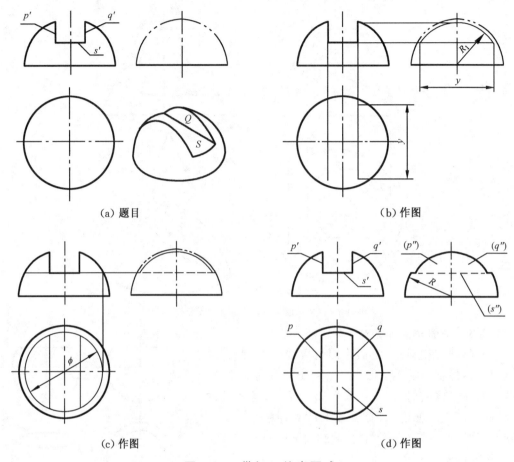

(a) 题目　　　　　　　　　　　　(b) 作图

(c) 作图　　　　　　　　　　　　(d) 作图

图 4-14　带切口的半圆球

4.3　平面与组合立体相交

平面与组合立体截交线的画法如下:

1）首先分析立体是由几部分组成,各部分立体的表面性质如何;

2）分析截平面与每一部分立体的截交线的性质及投影特征;

3）求各部分截交线,每段截交线间的连接点叫做截交线的结合点;

4）判别可见性,并画成规定线型。

例 4-9　求顶尖头部的水平投影[图 4-15(a)]。

分析:顶尖头部的圆锥、圆柱为同轴回转体,且圆锥底圆的直径与圆柱的直径相等。左边的圆锥和右边圆柱同时被水平面 Q 截切,而右边的圆柱不仅被 Q 截切,还被侧平面 P 截切。Q 与圆锥面的截交线是双曲线,与圆柱的截交线是与其轴线平行的两条直线;截平面 Q 的正面、侧面投影均积聚成直线,故只需求出截交线的水平投影。侧平面 P 只截切一部分圆柱,其截交线是一段圆弧;截平面 P 的正面和水平投影积聚成直线,侧面投影积聚在圆上。两截平面的交线是正垂线。

作图步骤[图 4-15(b)]：

1）作出截切前顶尖头部的水平投影，求截交线上特殊点的投影。在正面投影上标出 $1'$、$2'$、$3'$、$4'$、$5'$、$6'$，利用积聚性和表面取点的方法求出其侧面投影 $1''$、$2''$、$3''$、$4''$、$5''$、$6''$ 和水平投影 1、2、3、4、5、6。

2）求截交线上一般位置点的投影。根据连线的需要，在 $1'2'$、$1'3'$ 之间确定两个一般位置点 $7'$、$8'$，利用辅助圆法求出其侧面投影 $7''$、$8''$ 和水平投影 7、8。

3）判别可见性，光滑连线。截交线的水平投影可见，画成粗实线。P、Q 交线的水平投影与截平面 Q 的水平投影重影。

4）整理轮廓线。顶尖头部水平投影的轮廓线不受影响，画成粗实线。锥、柱的交线圆在水平投影上为直线，注意：下半个顶尖上的交线在 2、3 之间的部分被 Q 面遮住，应画成虚线。

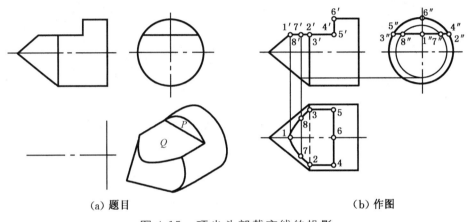

(a) 题目　　　　　　　　　　　　(b) 作图

图 4-15　顶尖头部截交线的投影

第5章　立体与立体相交

5.1　相贯线的基本知识

5.1.1　相贯线的概念

立体与立体相交其表面的交线称为相贯线。根据相交体表面几何形状不同,可分为平面立体与平面立体相交[图 5-1(a)]、平面立体与曲面立体相交[图 5-1(b)]、曲面立体与曲面立体相交[图 5-1(c)]三种情况。

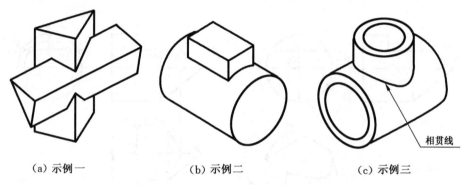

（a）示例一　　　　　　　（b）示例二　　　　　　　（c）示例三

图 5-1　立体与立体相交的三种情况

平面立体与平面立体相交,其相贯线一般为封闭的空间折线或平面折线。平面立体与曲面立体相交,其相贯线一般为由若干平面曲线或平面曲线和直线结合而成的封闭的空间的几何图形。应该指出,由于平面立体与平面立体相交或平面立体与曲面立体相交,都可以理解为平面与平面立体或平面与曲面立体的截交,因此,相贯的主要表现形式是曲面立体与曲面立体相交。本章重点讨论曲面立体与曲面立体相交的问题。

5.1.2　相贯线的性质

由于组成相贯体的立体形状、大小及相对位置的不同,相贯线的表现形式也有所不同,但任何相交立体的相贯线都具有以下基本性质:

1) 封闭性:由于立体表面是封闭的,因此相贯线一般是封闭的空间曲线。

2) 共有性:相贯线是相交立体表面的共有线,也是相交立体表面的分界线。相贯线上的所有点一定是相交立体表面的共有点。

5.2　相贯线的作图方法

既然相贯线是相交立体表面的共有线,那么求相贯线的实质是求相交立体表面的一系列共有点,然后依次光滑连线。为了更确切表示相贯线,需求出其上的特殊点(极限位置点、转向点等)和若干一般点的投影,最后将相交立体看做一个整体,按投影关系整理轮廓线,即完成全图。求曲面立体与曲面立体表面共有点的方法有积聚性法、辅助平面法和辅助球面法等。本章主要介绍积聚性法,辅助平面法和辅助球面法等知识请参考第12章。

5.2.1 利用积聚性法求相贯线

当参与相贯的两立体表面的某一投影具有积聚性时,相贯线的一个投影必积聚在这个有积聚性的投影上。因此,相贯线的另外投影便可通过投影关系或采用在立体表面取点的方法求出。

例5-1 求两圆柱体的相贯线(图5-2)。

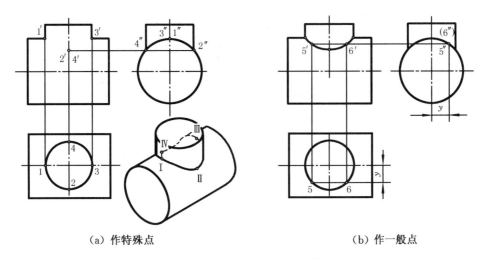

(a) 作特殊点　　　　　　　　　　　　(b) 作一般点

图5-2　两圆柱正交的相贯线画法

先进行形体分析和线面分析。由视图可知,这是两个直径不同、轴线垂直相交的圆柱体构成的物体;小圆柱面全部(即所有素线)与大圆柱面相交,相贯线为一条封闭的、前后、左右对称的空间曲线。由于两个圆柱面的轴线所决定的平面为正平面,它们的正视转向轮廓线位于这个正平面内,因此这些转向轮廓线彼此相交。

再进行投影分析。由于大圆柱的轴线垂直于侧立投影面,小圆柱的轴线垂直于水平投影面,所以相贯线的侧面投影为圆弧,水平投影为圆,只有其正面投影需要作出。

作图步骤:

1) 作特殊点[图5-2(a)]:和平面与回转面的交线类似,两回转面交线上的特殊点主要是转向轮廓线上的共有点和极限点。在本例中,转向轮廓线上的共有点Ⅰ、Ⅱ、Ⅲ、Ⅳ又是极限点。正面投影中,轮廓线的交点 $1'$、$3'$ 就是Ⅰ、Ⅲ的投影。利用线上取点法,由 $2''$ 和 $4''$ 求得 $2'$ 和 $4'$。

2) 作一般点:如图5-2(b)为作一般点 $5'$ 和 $6'$ 的方法,即先在交线的已知投影(侧面投影)上任取一个重影点的投影 $5''$、$(6'')$,找出水平投影 5、6,然后作出 $5'$、$6'$。

3) 光滑连接各共有点的正面投影,即完成作图。

由于圆柱面可以是圆柱体的外表面,也可以是圆柱孔,因此两圆柱轴线垂直相交可以有三种形式:两圆柱外表面相交[图5-3(a)]、外表面与内表面相交[图5-3(b)]、两内表面相交[图5-3(c)]。

图5-4为轴线正交两圆柱面相贯,其相贯线的综合示例,读者可自行分析。

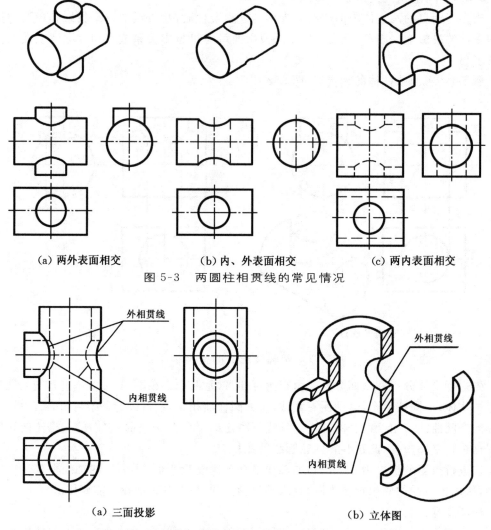

(a) 两外表面相交　　　　　（b) 内、外表面相交　　　　　（c) 两内表面相交

图 5-3　两圆柱相贯线的常见情况

外相贯线

内相贯线

外相贯线

内相贯线

（a）三面投影　　　　　　　　（b）立体图

图 5-4　两圆柱（或圆柱孔）轴线正交相贯线的示例

例 5-2　求偏交两圆柱的相贯线(图 5-5)。

作图步骤：

1) 求特殊点：小圆柱正视转向轮廓线上的点Ⅰ、Ⅴ在Ⅴ面投影 1′、5′，由 1″、5″向左作投影连线得到；大圆柱正视转向线上的点Ⅵ、Ⅷ的Ⅴ面投影(6′)、(8′)，由 6、8 向上作投影连线得到；由侧面投影中小圆柱转向线上的点 3″、7″向左作投影连线得 3′、(7′)。点Ⅰ、点Ⅴ为最左、最右点；点Ⅲ、点Ⅶ为最前、最后点；点Ⅵ、点Ⅷ为最高点；点Ⅲ为最低点，如图 5-5(b)所示。

2) 求一般点：在水平投影中，由小圆柱的投影圆上确定一般点Ⅱ、Ⅳ，根据投影规律可求得 2″、(4″)和 2′、4′，如图 5-5(c)所示。

3) 判别可见性，并光滑连接各点：由水平投影可知，点Ⅰ、Ⅱ、Ⅲ、Ⅳ、Ⅴ在前半个小圆柱上，点Ⅴ、Ⅵ、Ⅶ、Ⅷ、Ⅰ在后半个小圆柱上，由此 1′、5′为Ⅴ面投影中相贯线上可见与不可见的分界点。曲线 1′-2′-3′-4′-5′为可见，画成粗实线；曲线 5′-(6′)-(7′)-(8′)-1′为不可见，画成虚线。连线时应注意5′与(6′)相连、(8′)与1′相连,如图5-5(d)中放大图所示。

4）完成三面投影:按图线要求描深各图线,完成两圆柱轴线交叉垂直相交立体的三面投影[图5-5(d)]。

由于两圆柱轴线垂直交叉,所以相贯线前后不对称,其V面投影不重合,这一点与两圆柱轴线正交时是不同的,但相贯线的求作方法与正交基本相同。

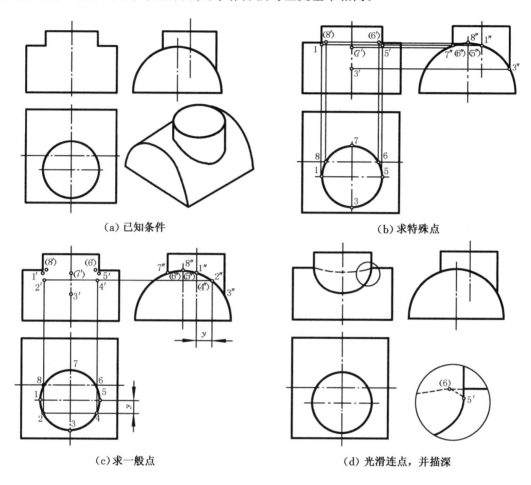

（a）已知条件　　　　　　　　　　　　（b）求特殊点

（c）求一般点　　　　　　　　　　　　（d）光滑连点,并描深

图 5-5　轴线交叉垂直两圆柱体相贯线的画图步骤示例

例 5-3　如图 5-6(a)所示,求圆柱与圆锥正交时相贯线的投影。

分析:由图 5-6(a)可知,相贯线应是一条前后、左右对称的空间曲线;圆柱的轴线为侧垂线,圆柱面的侧面投影积聚成圆,因此相贯线的侧面投影必定重合在圆上,且在与圆锥的侧面投影重合的范围内,即图 5-6(b)中的 1″和 2″之间的圆弧是相贯线的侧面投影(已知)。相贯线待求的投影为正面投影和水平投影。因为相贯线前后对称,所以相贯线的正面投影为一段曲线,相贯线的水平投影是一条封闭的曲线。

作图步骤:

1）求特殊点[图 5-6(b)]。先在侧面投影中定出特殊点Ⅰ、Ⅱ、Ⅲ、Ⅳ的侧面投影 1″、2″、3″、(4″)。Ⅰ、Ⅱ两点是圆锥对侧面投影转向轮廓线上的点,可由 1″、2″求得 1′、2′,再求得水平投影 1、2。Ⅲ、Ⅳ两点是圆锥对正面投影转向轮廓线上的点,可由 3″、4″求得 3′、4′,再求得水平投影 3、4。

　2）适当求一般点［图 5-6(c)］。求一般点 Ⅴ、Ⅵ、Ⅶ、Ⅷ的具体作图方法是：将它们视为圆锥表面上的点，过 5″(6″)、7″(8″)作水平辅助圆；延长 5″(6″)和 7″(8″)与圆锥轮廓线交于点 $a″$、$b″$，$a″$、$b″$即为水平辅助圆的侧面投影。以 $a″b″$ 为直径，在水平投影上作出水平辅助圆；再由 5″(6″)、7″(8″)求出水平投影 5、6、7、8，进而求出正面投影 5′(7′)、6′(8′)。

　3）相贯线的正面投影和水平投影均可见。在正面投影中，圆柱对正面的转向轮廓线和圆锥对正面的转向轮廓线到 3′、4′为止，作图结果如图 5-6(d)所示。

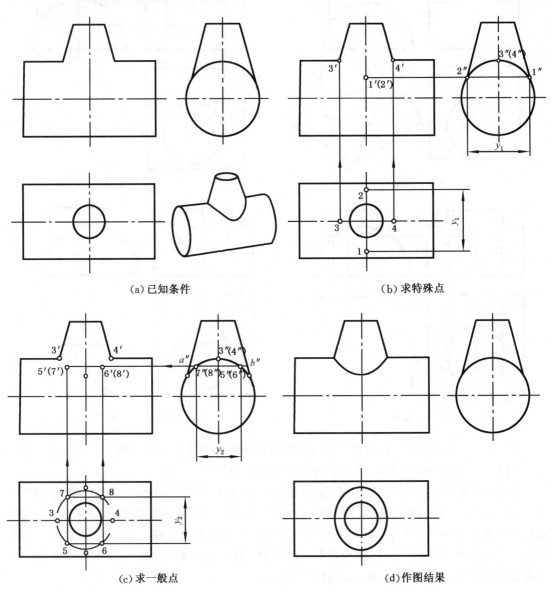

(a) 已知条件　　　　　　　　　　　(b) 求特殊点

(c) 求一般点　　　　　　　　　　　(d) 作图结果

图 5-6　圆柱与圆锥正交的相贯线

5.2.2　相贯线的简化画法

　在实际生产中，为方便提高绘图效率，在保证不至于引起误解和产生理解多义性的情况下，可以采用简化画法绘制相贯线，这里介绍其中两种简化画法：

（1）采用圆弧代替非圆曲线

在不至于引起误解时，允许采用圆弧代替非圆曲线，如图 5-7(a)所示，一般采用大圆柱的半径作为替代圆弧的半径。

（2）采用直线代替非圆曲线

在不至于引起误解时，允许采用直线代替非圆曲线，如图 5-7(b)所示，在轴上开小孔或槽时常采用这种画法。

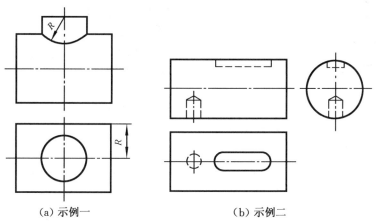

（a）示例一　　　　　　　　（b）示例二

图 5-7　相贯线的简化画法

5.3　相贯线的特殊情况

相贯线一般为封闭的空间曲线，特殊情况可能是平面曲线或直线段。下面分别讨论几种特殊情况。

1）同轴回转体相贯，其相贯线为垂直于轴线的圆；当轴线平行于某一投影面时，相贯线在该投影面上的投影为垂直于轴线的线段，如图 5-8 所示。

2）当两个二次曲面（此处指圆柱、圆锥、圆球、单叶双曲回转面等）公切于第三个二次曲面时，则相贯线为通过公切点的两条二次曲线，若该两个二次曲面的轴线同时平行于某一投影面时，则相贯线在该投影面上的投影为通过公切点的两条线段，即两二次曲面投影轮廓线交点的连线。

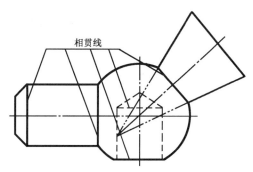

图 5-8　同轴回转体相贯线的投影

图 5-9(a)为两个等径圆柱轴线正交，且两者有一个公切球，它们的相贯线是两条平面曲线（两个椭圆）。此时两个椭圆均垂直于 V 面，故相贯线的正面投影为两条互相垂直的线

段,即两立体投影轮廓线交点的连线 $a'b'$、$c'd'$,且通过公切点的投影 k'。

图 5-9(b)与上述情况类同。但要注意,在图 5-9(c)和图 5-9(d)中,两个公切点并不落在两轴线投影的交点上。

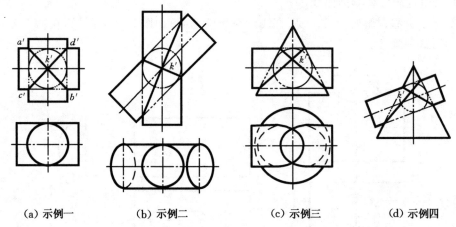

(a) 示例一　　　　(b) 示例二　　　　(c) 示例三　　　　(d) 示例四

图 5-9　二次曲面公切于一个圆球面时的相贯线的投影

3)相贯线为线段:轴线互相平行的两圆柱相交,相贯线为两条与轴线平行的线段和圆弧组成,如图 5-10(a)所示。当两个锥面共顶时,其相贯线为过锥顶的直素线,见图 5-10(b)。

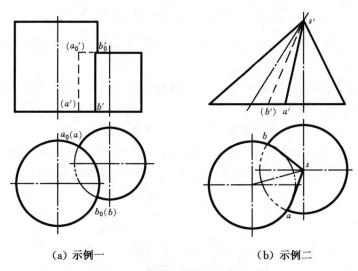

（a）示例一　　　　　　　　（b）示例二

图 5-10　相贯线为线段的投影

56

第6章 制图基本知识

6.1 国家标准《技术制图》和《机械制图》的有关规定

图样是机器制造过程中的重要技术文件之一,用来指导生产和进行技术交流,起到了工程语言的作用。为此我国于 1959 年发布了《机械制图》国家标准,对图样作了统一的技术规定。为满足生产不断发展的需要,标准实施后又作了多次修订。

推荐性国家标准代号为 GB/T。本节摘录了《技术制图》和《机械制图》国家标准的部分内容。

6.1.1 图纸幅面及格式(GB/T 14689—2008)

1)图纸幅面尺寸:绘制图样时,应优先采用表 6-1 规定的幅面尺寸,必要时也可以加长。加长幅面的尺寸是由基本幅面的短边成整数倍增加后得出,见图 6-1。

表 6-1 幅面尺寸   mm

幅面代号	A0	A1	A2	A3	A4
$B \times L$	841×1 189	594×841	420×594	297×420	210×297
a	25				
c	10			5	
e	20		10		

2)图框格式:无论图样是否装订,在图纸上均应用粗实线画出图框,其格式见图 6-2、图 6-3。尺寸按表 6-1 的规定。加长幅面的图框尺寸,按所选用的基本幅面大一号的图框尺寸确定。例如 A2×3 的图框尺寸,按 A1 的图框尺寸确定,即 e 为 20 mm(或 c 为 10 mm),而 A3×4 的图框尺寸按 A2 的图框尺寸确定,即 e 为 10 mm(或 c 为 10 mm)。

3)标题栏方位及格式(GB/T 10609.1—2008):每张图纸都应画出标题栏。标题栏的格式和尺寸见图 6-4。标题栏的位置应位于图纸的右下角,见图 6-2、图 6-3。在此情况下,看图的方向应与看标题栏的方向一致,必要时,也可按图 6-5 所示的方式配置。

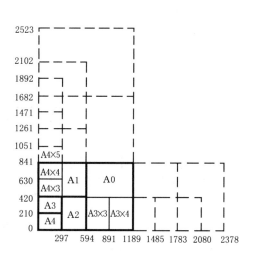

图 6-1 加长幅面的尺寸(单位为 mm)

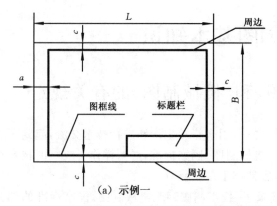
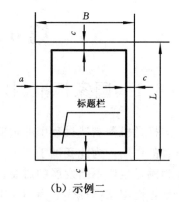

(a) 示例一 　　　　　　　　　　　　　(b) 示例二

注:纸边界线指图纸被裁剪成标准幅面后的纸边界。

图 6-2　留装订边的图框格式

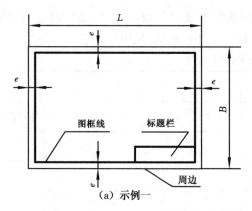
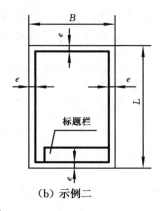

(a) 示例一 　　　　　　　　　　　　　(b) 示例二

图 6-3　不留装订边的图框格式

4) 其他附加符号:为了阅读、管理图样的方便,图框线上还可设置一些附加符号,如对中符号(图 6-5)、方向符号(图 6-6)等。

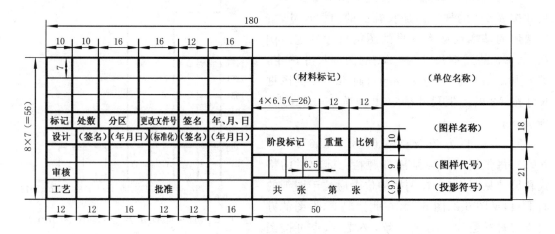

(a) 国家标准规定的标题栏的格式和尺寸

图 6-4　标题栏的格式和尺寸

58

（b）学校暂用格式

续图 6-4

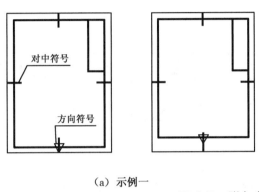

（a）示例一

（b）示例二

图 6-5　附加符号

6.1.2　比例（GB/T 14690—1993）

图样中图形与其实物相应要素的线性尺寸之比称为比例。绘制图样时一般应从表 6-2 规定的系列中选取适当的比例。

绘制图样时，应尽可能按机件的实际大小（1∶1）画出，以方便看图。如果机件太大或太小，可采用缩小或放大的比例。

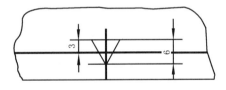

图 6-6　方向符号的大小
和所处位置

表 6-2　比例

原值比例	1∶1
放大比例	5∶1　4∶1　2.5∶1　2∶1　$5×10^n∶1$　$4×10^n∶1$　$2.5×10^n∶1$　$2×10^n∶1$　$1×10^n∶1$
缩小比例	1∶1.5　1∶2　1∶2.5　1∶3　1∶4　1∶5　1∶6　$1∶1.5×10^n$　$1∶2×10^n$　$1∶2.5×10^n$ $1∶3×10^n$　$1∶4×10^n$　$1∶5×10^n$

注：n 为正整数。

6.1.3　字体（GB/T 14691—1993、GB/T 14692—2008、GB/T 14693—2008）

在图样中书写的字体必须做到：字体工整、笔画清楚、间隔均匀、排列整齐。

字体高度（用 h 表示）的公称尺寸系列为：1.8、2.5、3.5、5、7、10、14、20 mm 等八种。字体高度代表字体的号数。如需要书写更大的字，其字体高度应按 $\sqrt{2}$ 的比率递增。

汉字应写成长仿宋体，并应采用我国正式推行的简化字。汉字的高度不应小于3.5 mm，其字宽一般为 $h/\sqrt{2}$，数字和字母分为 A 型和 B 型。字体的笔画宽度用 d 表示。A 型字体的笔画宽度 $d=h/14$，B 型字体的笔画宽度 $d=h/10$。在同一图样上，只允许选用一种型式的字体。数字和字母可写成斜体或直体。斜体字字头向右倾斜，与水平基准线呈 75°。

（1）长仿宋体汉字示例

10 号字

字体工整笔画清楚间隔均匀排列整齐

7 号字

横平竖直注意起落结构均匀填满方格

5 号字

技术制图机械电子汽车航空船舶土木建筑矿山井坑港口纺织服装

（2）A 型斜体拉丁字母示例

ABCDEFGHIJKLMNO　PQRSTUVWXYZ

abcdefghijklmnopq　rstuvwxyz

（3）A 型斜体数字示例

0123456789　ⅠⅡⅢⅣⅤⅥⅦⅧⅨⅩ

6.1.4　图线（GB/T 17450—1998、GB/T 4457.4—2002）

常用的图线基本线型见表 6-3。

表 6-3　基本线型

图线名称	图线型式	图线宽度	图线应用举例
粗实线	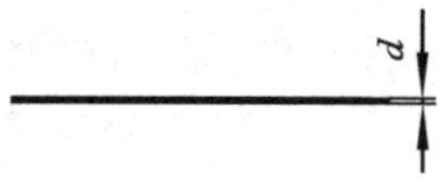	$d=0.5\sim$ 2 mm	可见轮廓线
细实线		$d/2$	尺寸线和尺寸界线、剖面线、重合断面的轮廓线、螺纹的牙底线、引出线、分界线及范围线、弯折线、不连续的同一表面的连线
波浪线		$d/2$	断裂处的边界线、视图与剖视图的分界线
双折线	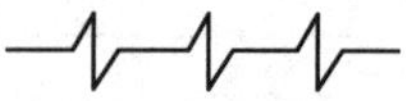	$d/2$	断裂处的边界线
细虚线	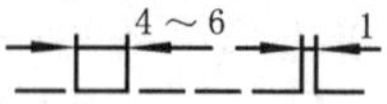	$d/2$	不可见轮廓线
细点画线	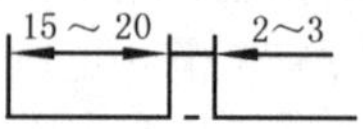	$d/2$	轴线、对称中心线
粗点画线		d	限定范围表示线
细双点画线	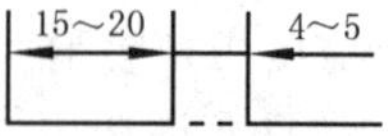	$d/2$	极限位置的轮廓线、轨迹线、坯料的轮廓线或毛坯图中制成品的轮廓线

标准规定了 9 种图线宽度，所有线型的图线宽度（用 d 表示，单位为 mm）应按图样的类

型和尺寸大小在下列数系中选择:0.13、0.18、0.25、0.35、0.5、0.7、1、1.4、2 mm。在同一图样中,同类图线的宽度应一致。图线的应用示例如图 6-7 所示。图线的应用举例只选取常见的。

机械图样上采用两种线宽,其粗、细比是 2∶1。机械图样上,常用的线型为粗实线、细实线、波浪线、双折线、虚线、点画线、双点画线等。

国家标准中规定虚线、点画线、双点画线亦有粗细之分,应用范围亦不同。本书中未明确指出的均为细线。

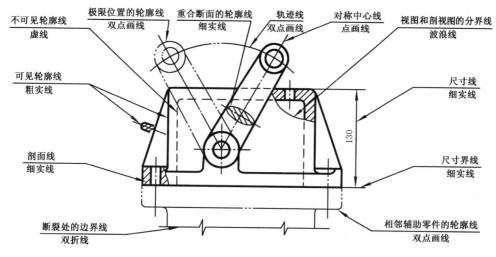

图 6-7　图线应用示例

手工绘图时,各线素的长度宜符合表 6-4 的规定。注意:点画线、双点画线的画为"长画",只是为了符合原有习惯而作此规定,点画线、双点画线中的点是"点",而不是原有意义的"短画"。

表 6-4　图线的构成

线　　素	线　　型	长　　度
点	点画线、双点画线	$\leqslant 0.5\,d$
短间隔	点画线、双点画线、虚线	$3\,d$
画	虚线	$12\,d$
长画	点画线、双点画线	$24\,d$

虚线、点画线、双点画线的线段长度和间隔应各自大致相等,一般在图样中要显得匀称协调,建议采用图 6-8 的图线规格。

绘制点画线和虚线时,还应遵守图6-9的画法要求,在较小的图形上绘制点画线或双点画线有困难时,可用细实线代替。绘制点画线的要求是:以画为始尾,以画相交,超出图形轮廓 2～5 mm。

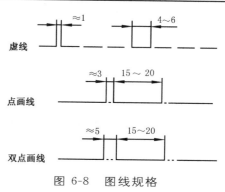

图 6-8　图线规格

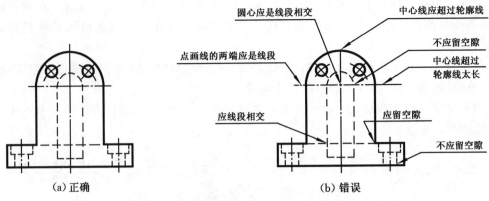

图 6-9　画点画线和虚线应遵守的画法

6.2　尺寸注法(GB/T 4458.4—2003)

6.2.1　基本规则

1) 机件的真实大小应以图样上所注的尺寸数值为依据,与图形的大小及绘图的准确度无关。

2) 图样中的尺寸以毫米为单位时,不需要标注计量单位的代号和名称;如采用其他单位,则必须注明相应的计量单位的代号和名称。

3) 图样中所注的尺寸,为该图样所示机件的最后完工尺寸,否则应加说明。

4) 机件的每一尺寸,一般只标注一次,并应标注在反映该结构最清晰的图形上。

6.2.2　尺寸的组成

一个完整的尺寸由尺寸数字、尺寸线、尺寸界线和尺寸线终端所组成,见表 6-5。尺寸线的终端有箭头、斜线和小黑圆点三种形式(机械图样中常用箭头和小黑圆点),其形式见表 6-5。

6.2.3　各类尺寸的注法

1) 标注尺寸的一般方法见表 6-5;

2) 标注尺寸使用的符号和缩写词见表 6-6。

表 6-5　尺寸注法

线性尺寸注法	图例	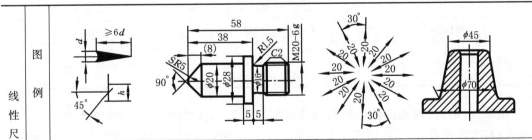
	说明	1) 线性尺寸的数字一般应写在尺寸线的上方,也允许注写在尺寸线的中断处。数字应按上图所示方向注写,并尽可能避免在图示 30°范围内标注尺寸,当无法避免时,也可水平地注写在尺寸线中断处。 2) 线性尺寸的尺寸线必须与所标注的线段平行,平行的尺寸线间距离应力求一致(建议在 5～10 mm 之间)。 3) 线性尺寸的尺寸界线一般应与尺寸线垂直,必要时才允许倾斜。在光滑过渡处标注尺寸时,必须用细实线将轮廓线延长,从它们的交点处引出尺寸界线

圆及圆弧尺寸注法	图例	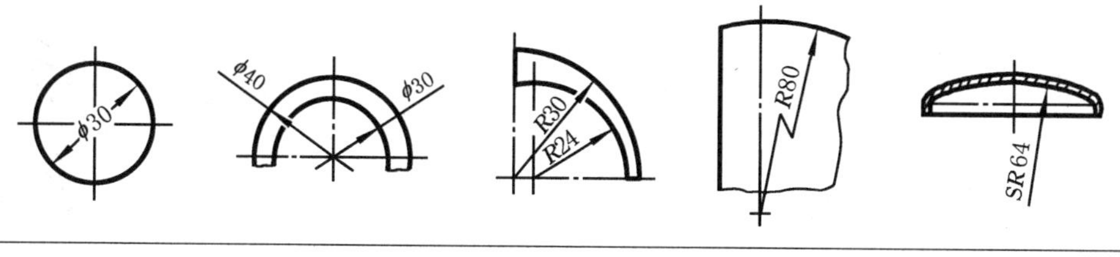
	说明	1）标注圆或大于半圆的圆弧时，尺寸线通过圆心，以圆周为尺寸界线，尺寸数字前加注直径符号"ϕ"。 2）标注小于或等于半圆的圆弧时，尺寸线自圆心引向圆弧，只画一个箭头，数字前加注半径符号"R"。 3）当圆弧的半径过大或在图纸范围内无法标注其圆心位置时，可采用折线形式；若圆心位置不需注明，则尺寸线可只画靠近箭头的一段
利用符号的注法	图例	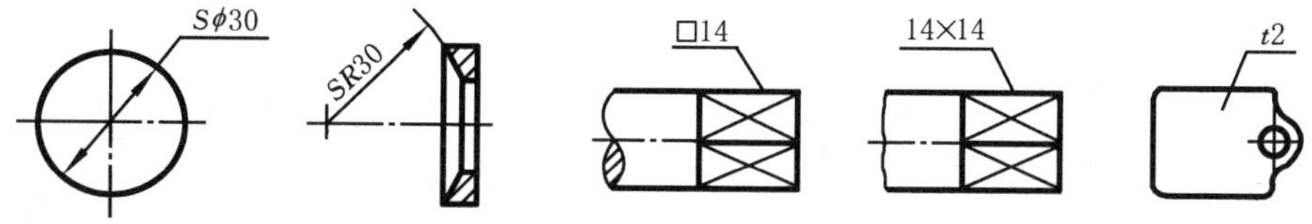
	说明	标注球面的尺寸时，在 ϕ 或 R 前加注符号"S"；剖面为正方形的结构可用图例所示两种形式中的一种标注；标注片状零件厚度的尺寸时加注符号"t"
对称机件的尺寸注法	图例	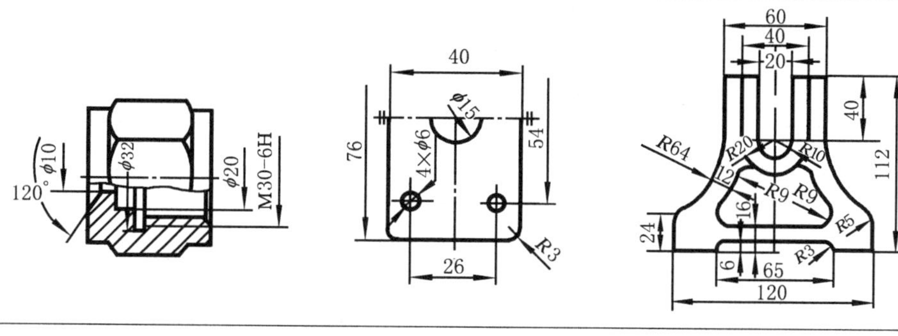
	说明	1）当对称机件的图形只画一半或略大于一半时，尺寸线应略超过对称中心线或断裂处的边界线，此时仅在尺寸线的一端画出箭头； 2）当图形具有对称中心线时，分布在对称中心线两边的相同结构，可仅标注其中一边的结构尺寸
小尺寸注法	图例	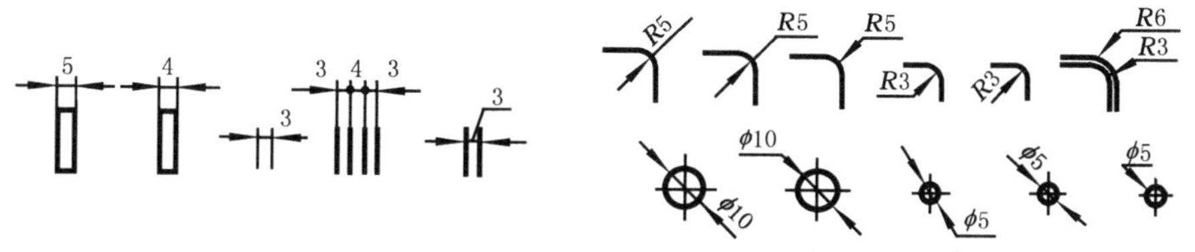
	说明	在尺寸界线之间没有足够位置画箭头及写数字时，可按上图形式标注，即把箭头放在外面，指向尺寸线，尺寸数字可引出写在外面，连续尺寸无法画箭头时，可用圆点或短斜线代替中间省去的箭头

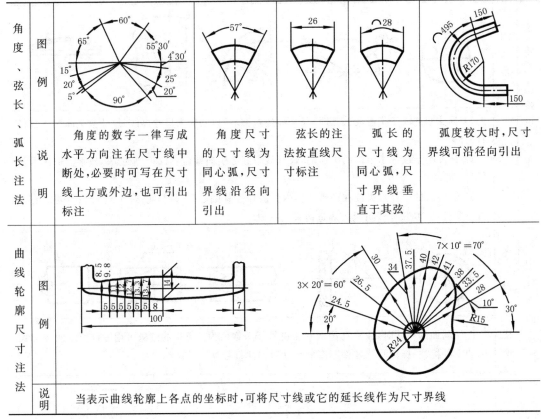

角度、弦长、弧长注法	图例				
	说明	角度的数字一律写成水平方向注在尺寸线中断处,必要时可写在尺寸线上方或外边,也可引出标注	角度尺寸的尺寸线为同心弧,尺寸界线沿径向引出	弦长的注法按直线尺寸标注	弧长的尺寸线为同心弧,尺寸界线垂直于其弦	弧度较大时,尺寸界线可沿径向引出
曲线轮廓尺寸注法	图例				
	说明	当表示曲线轮廓上各点的坐标时,可将尺寸线或它的延长线作为尺寸界线			

表 6-6 标注尺寸使用的符号和缩写词

名　称	直径	半径	球直径	球半径	厚度	正方形
符号和缩写词	ϕ	R	$S\phi$	SR	t	□

名　称	45°倒角	深度	沉孔或锪平	埋头孔	均布
符号和缩写词	C	$\top$	⊔	⌄	EQS

6.3　制图工具及其使用方法

正确地使用绘图工具,既能保证绘图的质量,又可以提高绘图工作的效率。下面介绍几种常用绘图工具的正确使用方法。

6.3.1　图板

图板是铺贴图纸用的,其上表面应平滑光洁。图板的左侧边为丁字尺的导边,应该平直光滑。图纸用胶带纸固定在图板上,当图纸较小时,应将图纸铺贴在图板靠近左下方的位置,如图 6-10 所示。

6.3.2　丁字尺和三角板

丁字尺由尺头和尺身两部分组成。它主要用来画水平线,配合三角板画垂直线和常用角度的倾斜线。使用时,左手握住尺头,使尺头内侧边紧靠图板导边,上下移动到绘图所需位置,配合三角板绘制各种图线,如图 6-11 和图 6-12 所示。

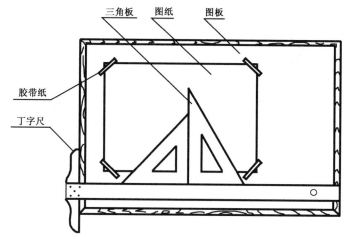

图 6-10　图纸与图板

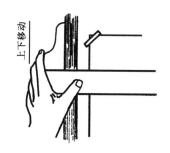

（a）丁字尺的移动

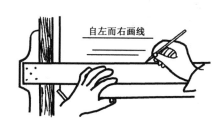

（b）画水平线

图 6-11　丁字尺和三角板的使用方法

（a）画垂直线

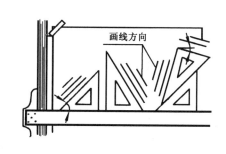

（b）画各种角度线

图 6-12　丁字尺和三角板的使用方法

6.3.3　圆规和分规

圆规用来画圆和圆弧。画图时应尽量使钢针和铅笔芯都垂直于纸面,钢针的台阶与铅笔芯尖应平齐,使用方法如图 6-13 所示。

分规主要用来量取线段长度或等分已知线段。分规的两个针尖应调整平齐。从比例尺上量取长度时,针尖不要正对尺面,应使针尖与尺面保持倾斜。用分规等分线段时,通常要用试分法。分规的用法如图 6-14 所示。

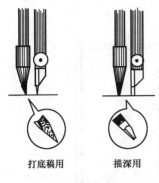

（a）圆规的针脚和铅笔芯

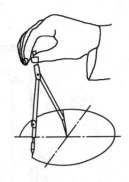

（b）画圆的手势

图 6-13　圆规的用法

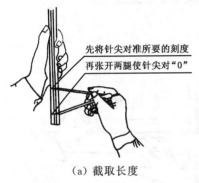

先将针尖对准所要的刻度
再张开两腿使针尖对"0"

（a）截取长度

（b）等分线段

图 6-14　分规的用法

6.3.4　比例尺

比例尺是绘图时用于放大或缩小实际尺寸的一种常用尺。常见的比例尺如图 6-15 所示，这种比例尺又称三棱尺，3 个尺面上共有 6 种常用的比例刻度。使用时，先要在尺面上找到所需的比例，看清楚尺面上每单位长度所表示的相应长度，即可按需要在其上量取相应的长度作图。使用比例尺时需注意，不要把比例尺当直尺用来画线，以免损坏尺面上的刻度。

6.3.5　曲线板

曲线板是画非圆曲线的工具。用曲线板画曲线的方法如图 6-16 所示。先定出曲线上足够数量的点，如图 6-16(a) 所示，在曲线板上选取相吻合的曲线段，至少要通过 3～4 个点，为使整段曲线光滑连接，两段之间应有重复，如图 6-16(b)、图 6-16(c) 所示。

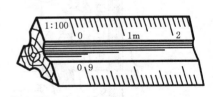

图 6-15　比例尺

（a）定足够数量点

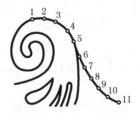

（b）1～4 点光滑连接

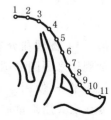

（c）4～11 点光滑连接

图 6-16　曲线板的用法

6.3.6 铅笔

绘制工程图要使用绘图铅笔。绘图铅笔依笔芯的软硬有 B、HB、H 型等多种标号。B 型前面的数字越大,表示铅笔芯越软。H 型前面的数字越大,表示铅笔芯越硬,HB 型标号的铅笔芯硬软适中。绘图时建议按下列标号选用绘图铅笔。

画粗实线时选用 HB 或 B 型铅笔。写字、画箭头时选用 HB 型铅笔。打底稿和画细实线及各类点画线时用 H 型铅笔。

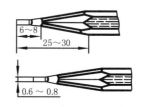

图 6-17　铅笔芯的形状图

铅笔的笔芯可磨削成锥形或矩形断面两种形状,如图6-17所示。锥形笔芯用来写字和打底稿,矩形笔芯用来加粗和描深,或者用 HB 型 0.5、0.7 的自动铅笔画完全图。

6.4　几何作图

6.4.1　圆周等分和圆内接正多边形

用绘图工具可作出圆周等分和圆内接正多边形。作图方法和步骤如表 6-7 所示。

表 6-7　圆周等分及内接正多边形

题目	作　图　步　骤		
用三角板作正六边形	过 A、D 两点,用 60° 三角板画斜边 AB、DE	翻转三角板,过 A、D 两点画斜边 AF、DC	用丁字尺连接两水平边 BC、FE,即得内接正六边形
用圆规作正三、正六、正十二边形	作正三边形	作正六边形	作正十二边形
用圆规作正五边形	等分半径 OB,得点 M	以点 M 为圆心,MC 长为半径画弧交 AO 于 N	CN 为五边形的边长

6.4.2 斜度与锥度

1）斜度：是指直线或平面对另一直线或平面的倾斜程度。其大小用该两直线或平面间夹角的正切来表示，并把比值化为 1：n 的形式，如图 6-18(a)所示。若已知线段 AC 的斜度为 1：5，其作图方法如图 6-18(b)所示。斜度符号按图 6-18(c)绘制，斜度符号的方向应与斜度方向一致。符号线宽为 $h/10$，h 为字符高度。

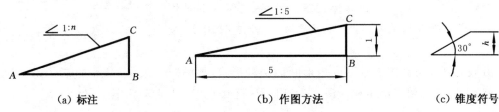

| （a）标注 | （b）作图方法 | （c）锥度符号 |

图 6-18　斜度的画法与标注

2）锥度：是指圆锥的底圆直径 D 与高度 H 之比通常，锥度也要写成 1：n 的形式，如图 6-19(a)所示。锥度的作图方法如图 6-19(b)所示。表示锥度的图形符号和锥度值应靠近圆锥轮廓标注，基准线应通过引出线与圆锥的轮廓素线相连，并且与圆锥的轴线平行。锥度符号按图6-19(c)绘制，图形符号的方向应与圆锥方向相一致。与斜度符号一样，锥度符号线宽为 $h/10$。

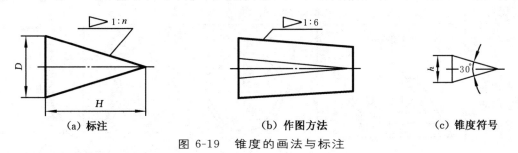

| （a）标注 | （b）作图方法 | （c）锥度符号 |

图 6-19　锥度的画法与标注

6.4.3 圆弧连接

圆弧与圆弧的连接要光滑，连接的关键在于正确找出连接圆弧的圆心以及切点的位置。由初等几何知识可知，当两圆弧以内切方式相连接时，连接弧的圆心要用 $R-R_i$ 来确定；当两圆弧以外切方式相连接时，连接弧的圆心要用 $R+R_i$ 来确定。用仪器绘图时，各种圆弧连接的画法如图 6-20 所示。

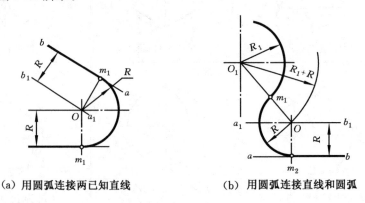

| （a）用圆弧连接两已知直线 | （b）用圆弧连接直线和圆弧 |

图 6-20　圆弧连接

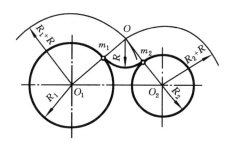

(c) 与两圆弧外切的画法

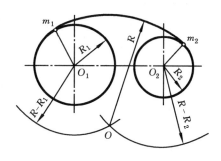

(d) 与两圆弧内切的画法

续图 6-20

6.4.4 椭圆的近似画法

常用的椭圆近似画法为四圆弧法,即用四段圆弧连接起来的图形近似代替椭圆。如果已知椭圆的长、短轴为 AB、CD,则其近似画图的步骤如下(图 6-21):

1)连 AC,以 O 为圆心,OA 为半径画弧,交 CD 延长线于 E,再以 C 为圆心,CE 为半径画弧交 AC 于 F;

2)作 AF 线段的中垂线分别交长、短轴于 O_1、O_2,并作 O_1、O_2 的对称点 O_3、O_4,即求出四段圆弧的圆心;

3)分别以 O_1、O_3 为圆心,以 O_1A 为半径画圆弧,再分别以 O_2、O_4 为圆心,以 O_2C 为半径画圆弧,完成作图。

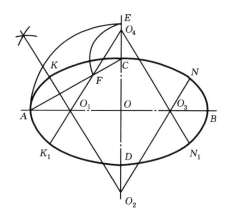

图 6-21 椭圆的近似画法

6.5 平面图形的分析及画法

如图 6-22 所示,平面图形由线段或曲线,或线段和曲线共同构成。曲线以圆弧为最多。在画图时,要对图形中各段线尺寸进行分析,明确各段线的属性,然后分段画出。在注尺寸时(特别是圆弧连接的图形),需根据各段线之间的关系,分析确定需要标注的尺寸。所注尺寸要齐全,不多不少,不能相互矛盾。

图 6-22 手柄

6.5.1 尺寸分析

尺寸按其在平面图形中的作用,可分为定形尺寸和定位尺寸两类。定位尺寸的确定必须引入机械制图中基准的概念。

（1）基准

基准是确定尺寸位置的几何元素。在平面图形中,常用作基准线的有:对称中心线、圆或圆弧的圆心、重要的轮廓线。图 6-22 是以水平的对称中心线和较长的铅垂线作基准线的。

（2）定形尺寸

确定平面图形上各段线形状及大小的尺寸
称为定形尺寸,如平面图形的长度、圆及圆弧的
直径或半径、角度的大小等。如图 6-22 中的
$\phi20$、$\phi6$、$R15$、$R12$、$R50$、$R10$ 和 15 均为定形尺寸。

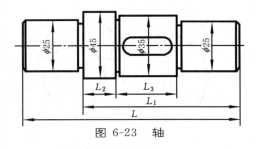

图 6-23　轴

（3）定位尺寸

确定平面图形上各段线或各线间相对位置
的尺寸称为定位尺寸,如图 6-22 中确定 $\phi6$ 小圆
位置的尺寸 7 即为定位尺寸。

必须指出,有时一个尺寸可以兼有定形和定位的作用。如图 6-23 中的尺寸 L_2 既是 $\phi45$
柱体的定形尺寸,又是中间柱体 $\phi35$ 的定位尺寸。

6.5.2　线段分析

根据所注尺寸的多少,平面图形中的线可分三种(图 6-22):

（1）已知线段

定形和定位尺寸都确定的线段为已知线段。已知线段一般需确定位置尺寸和长度尺寸
即可;已知圆弧一般需要确定圆心的两个坐标 (x,y) 及半径 (R),如图 6-24(b)中 $\phi6$ 的圆、
$R15$ 和 $R10$ 的两圆弧。

（2）中间线段

凡注有定形尺寸和不完全的定位尺寸的线段为中间线
段。中间线段一般只需确定一端位置,中间圆弧则是具有
两个尺寸的圆弧,如图 6-24(c)中 $R50$ 的圆弧。

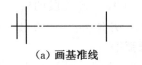

（a）画基准线

（3）连接线段

凡只注出定形尺寸而不必注出定位尺寸的线段为连接
线段。连接线段的定形尺寸不必注出,连接圆弧只需 R 已
知即可,如图 6-24(d)中 $R12$ 的连接弧。

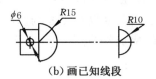

（b）画已知线段

6.5.3　画图步骤

以图 6-22 为例,可分五步完成(图 6-24):

1) 画出基准线,包括各封闭图形的尺寸定位线,
见图 6-24(a);

（c）画中间线段

2) 画出已知线段,见图 6-24(b);

3) 画出中间线段,见图 6-24(c);

4) 画出连接线段,见图 6-24(d);

5) 标注尺寸,见图 6-22。

（d）画连接线段

图 6-24　手柄

6.5.4　尺寸标注

1) 通过对图形的分析和绘制,可以得到标注平面图形尺寸的一般规律:在两条已知线
段中间,可以有任意条中间线段,但必须要有一条连接线段。

标注尺寸要齐全,不多不少,不相互矛盾,注写清晰,符合国家标准。

2) 标注尺寸的步骤:①分析图形构成,确定基准;②注出定形尺寸;③注出定位尺寸。

3) 举例(图 6-25):

① 分析图形构成,确定基准:图形由一个外线框、一个内线框和四个小圆构成。外线框由十六段圆弧组成,内线框由两段半圆弧和两条线段组成。整个图形是对称的,对称中心线就是基准。

② 标注定形尺寸:因是对称图形,其两边结构相同,只标注其一即可;外线框十六段圆弧只需注出 R_1、R_2、R_3、R_4、R_5,内线框只需注出 R_6;小圆只需注出 $4 \times \phi$。

③ 标注定位尺寸:外线框圆弧 R_1、R_2 和四个小圆 ϕ 的定位尺寸,需标注出 L_1 和 L_2。圆弧 R_3 和 R_4 为中间弧,应分别标注出一个方向的定位尺寸 L_3 和 L_4,内线框标注出两个半圆的圆心定位尺寸 L_5。

④ 检查:检查标注尺寸是否完整、清晰、符合国家标准。

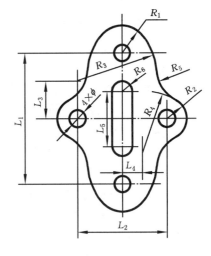

图 6-25　垫片

6.6　绘图方法及步骤

6.6.1　仪器绘图

要使图样绘制得又快又好,除了必须熟悉制图标准,掌握几何作图方法和正确地使用绘图工具外,还需要有一定的工作程序。

(1)绘图前的准备工作

首先准备好绘图用的图纸、丁字尺、三角板、仪器及其他工具、用品;再把铅笔按线型要求削好,圆规中的铅芯应准备几根备用。

(2)固定图纸

确定要绘制的图样以后,按其大小和比例,选择图纸幅面。然后把图纸铺在图板偏左下方。放正后,用胶带纸固定。

(3)画图框和标题栏

按国家标准规定的幅面及格式,先用细线画出图框和标题栏。

(4)布置图形的位置

布置图形要匀称、美观。根据每个图形的长、宽尺寸确定位置,同时要考虑标注尺寸或说明等其他内容所占的位置。确定好以后,画出各图的基准线。

(5)绘制底稿

根据定好的基准线,先画主要轮廓线,然后画细节。要提高绘图的速度和质量,就要在画图过程中,做到一丝不苟、认真、细致,避免画错。量取尺寸要准确,对于各图中的相同尺寸,有可能的话就一次量出,以便同时绘出,避免经常调换工具,并减少测量时间。绘好图形后,还应标注尺寸、填写标题栏的内容和其他要求。最后要仔细检查,把图上的错误在描深之前改正过来。

(6)描深

按线型选择不同的铅笔,描深过程中要保持铅笔端的粗细一致。修磨过的铅笔要试描,以核实宽度是否合适。描深时用力要均匀。描深的步骤与画底稿不同,一般先描图形后描图框。图形描深时,应尽量将同一类型、同样粗细的图线一起描深。顺序为:

1) 描粗实线:先描曲线后描直线,且按顺序顺次描深,保证相切处连接光滑。水平方向的线自左而右,竖直方向的线自下而上依次描深。

2) 描所有的虚线、细点画线、细实线。

3) 最后仔细检查有无错误和遗漏。

6.6.2 徒手绘图

徒手图也称草图,指不借助绘图仪器,用目测物体的形状及大小并确定比例,徒手绘制的图样。在机器测绘、讨论设计方案、技术交流、现场参观时,受条件和时间限制,经常需要绘制草图。有时也将草图直接供生产用,但在大多数情况下要再整理成仪器图。所以,工程技术人员必须具备徒手绘图的能力。

(1) 画徒手图的要求

1) 画线要稳,图线要清晰;

2) 目测尺寸要准(尽量符合实际),各部分比例匀称;

3) 绘图速度要快;

4) 标注尺寸无误,字体工整。

画草图的铅笔比用仪器画图的铅笔要软一号,削成圆锥状,画粗实线笔尖要秃些,画细线可尖些。

(2) 徒手绘制各种线型的基本方法

1) 握笔的方法:手握笔的位置要比用仪器绘图时高些,以利运笔和观察目标。笔杆与纸面呈 45°~60°角,执笔稳而有力。

2) 直线的画法:画直线时,手腕靠着纸面,沿着画线方向移动,保证图线画得直。眼睛要注视终点方向,便于控制图线。

画水平线以图 6-26(a)中的画线方向最为顺手,这时图纸可斜放;画竖直方向的线时,自上而下运笔,如图 6-26(b)所示;画斜线时可以转动图纸,使欲画的斜线正好处于顺手方向,见图 6-26(c)。画短线常以手腕运笔,画长线则以手臂动作,为了便于控制图形大小比例和各图形间的关系,可利用坐标纸画草图。

(a) 画水平线　　　　　(b) 画竖线　　　　　(c) 画斜线

图 6-26　直线的画法

3) 圆和曲线的画法:画圆时,应先定圆心位置,过圆心画对称中心线(或先画对称中心线从而得到圆心),在对称中心线上距圆心半径处截取四点,过四点即可画圆,见图 6-27(a)。画稍大的圆时,可再加画一对十字线,并同样截取四点,过八点画圆,见图 6-27(b)。

对于圆角、椭圆及圆弧连接的画法,也是尽量利用与正方形、长方形、菱形相切的特点,见图 6-28、图 6-29。

（a）截取四点

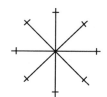

（b）截取八点

图 6-27　圆的画法

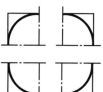

（a）圆角的画法

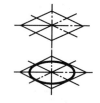

（b)椭圆的画法

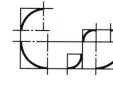

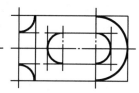

（c）圆弧连接的画法

图 6-28　圆角、椭圆和圆弧连接的画法

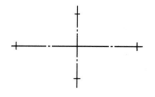

（a）先画椭圆的长、短轴

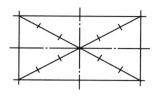

（b）画外切矩形及对角线，等
分每侧对角线为三等分

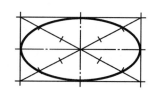

（c）用圆滑曲线连长、短轴端点
及对角线上最外等分点
（稍偏外一点）

图 6-29　椭圆的画法

第7章 组 合 体

任何复杂的物体(或零件)都可看成是由一些基本形体(柱、锥、球、环等)组合而成。由基本形体组合而成的物体称为组合体。组合体的画图、看图及尺寸标注等是绘制机械图样的基础。

7.1 三视图的形成及其投影规律

7.1.1 三视图的形成

国家标准规定,用正投影法所绘制出物体的图形称为视图,如图 7-1 所示。物体在三面投影体系中投射所得的图形称为物体的三视图。其中,正面投影称为主视图,水平投影称为俯视图,侧面投影称为左视图。

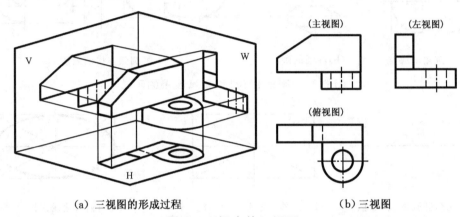

(a) 三视图的形成过程 　　　　　　　　　(b) 三视图

图 7-1　组合体三视图

在视图中主要表达物体的结构形状,不必要表达物体与投影面间的距离,因此在绘制视图时不必画出投影轴,也不必画出投射线。在三视图中虽然取消了投影轴和投射线,但仍然保持相应的位置关系和投影规律,如图 7-1(b)所示,俯视图在主视图的正下方,左视图在主视图的右方。按这种位置配置视图时,国家标准规定不必标注视图名称。

7.1.2 三视图的投影规律

根据图 7-1(b)可以看出:

1) 主视图反映物体的上下、左右的位置关系,即反映了物体的高度和长度;
2) 俯视图反映物体的左右、前后的位置关系,即反映了物体的长度和宽度;
3) 左视图反映了物体上下、前后的位置关系,即反映了物体的高度和宽度。

由此可得出三视图的投影规律为:主、俯视图长对正;主、左视图高平齐;俯、左视图宽相等。"长对正、高平齐、宽相等"是看图和画图必须遵循的基本投影规律。这个规律不仅适用于物体的整体投影,也适用于物体的局部投影。

7.2 组合体的形体分析

7.2.1 组合体的组合形式

组合体是由基本形体按一定的形式组合而成。常见组合体的组合形式分为叠加和切割两种。图 7-2(a)所示为叠加型组合体,图 7-2(b)所示为切割型组合体,图 7-2(c)所示为既有叠加又有切割的组合体。

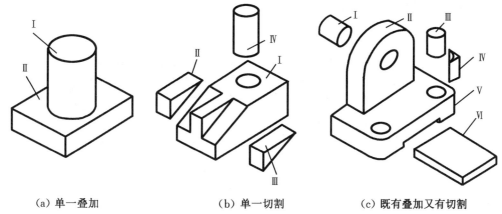

(a) 单一叠加　　　　　　　(b) 单一切割　　　　(c) 既有叠加又有切割

图 7-2　组合体的组合形式

7.2.2　组合体相邻表面间的连接关系

组合体中各基本形体间表面的连接关系有以下几种情况：

1）共面：相邻两形体的表面互相平齐连成一个平面，结合处没有界线，在视图上不画出两表面的界线，如图 7-3 中主视图所示；

2）不共面：相邻两形体的表面平行，在主、左视图上要画两表面间的界线，如图 7-4 所示；

3）相切：当两形体的相邻表面（平面和曲面、曲面和曲面）相切时，两表面光滑过渡，在视图上相切处不应画线，如图 7-5 所示；

4）相交：两形体表面相交，相交处画出交线的投影，如图 7-6 所示。

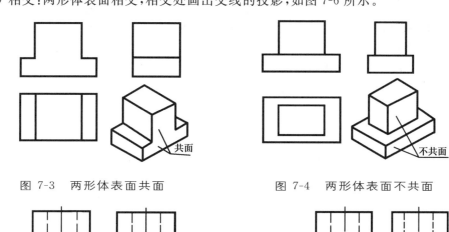

图 7-3　两形体表面共面　　　　　　　图 7-4　两形体表面不共面

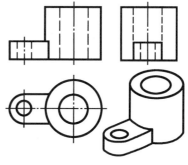

图 7-5　两形体表面相切　　　　　　　图 7-6　两形体表面相交

图 7-7 所示为两个不同形体的三视图,其中图 7-7(a)为两形体的表面相切,图 7-7(b)为两形体表面相交,两图在画法上是不同的。

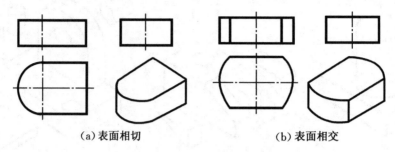

(a)表面相切　　　　　　(b)表面相交

图 7-7　两形体表面相切与相交的比较

7.2.3　形体分析法

假想把组合体分解为若干个基本形体,弄清各部形状、相互位置和组合形式,以达到了解整体的目的,这种分析方法,称为形体分析法。

如图 7-8(a)所示的组合体是由四个基本形体组成。按形体分析法可将组合体分解为底板、肋板、直立空心圆柱、水平空心圆柱,如图 7-8(b)所示。

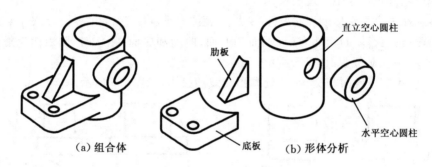

(a)组合体　　　　　　(b)形体分析

图 7-8　形体分析法

7.3　画组合体视图

7.3.1　叠加式组合体的画法

在画组合体视图时,首先应用形体分析法将组合体分解为若干形体,确定它们的形状及相对位置,然后逐个画出每个形体的视图,对各个形体表面间的关系进行分析,处理表面间的线,再检查是否有遗漏或多线。最终得到正确的三视图。

例 7-1　试画出如图 7-9(a)所示支架的三视图。

1) 形体分析:如图 7-9(b)所示,支架可分解为底板、支承板、肋板、空心圆柱体四个基本形体。底板前面两侧有两个圆角,钻了两个通孔,支承板放在底板后上方,它与底板后面平齐,上表面与空心圆柱相切。肋板放在底板和支承板的中间部分,支承空心圆柱。空心圆柱上表面钻一个通孔与内、外圆柱表面将产生相贯线。

2) 选择视图:绘图前,首先确定支架主视图的投射方向。

主视图的选择应符合以下原则:① 形体特征明显;② 按自然位置放置;③ 应该尽量减少虚线。

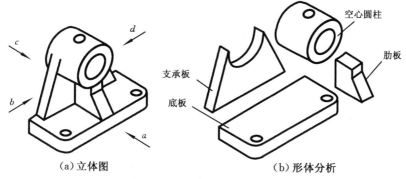

空心圆柱
支承板
肋板
底板

（a）立体图 　　　　　　　　　　（b）形体分析

图 7-9　支架的形体分析

支架的视图有 6 个投射方向,符合第②项原则的有 4 个方向,按图 7-9(a)中箭头所指方向 a、b、c、d 作为投射方向,画出视图进行比较,如图 7-10 所示。图中 c 向虚线过多,b 向、d 向反映形体特征没有 a 向明显,所以选 a 向为主视图。

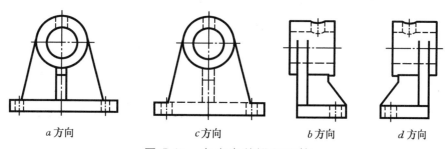

a 方向 　　　　　　c 方向 　　　　　　b 方向 　　　　　　d 方向

图 7-10　各方向的视图比较

3）选择比例、确定图幅:主视图选定以后,根据组合体的大小和复杂程度选择比例、图幅。绘图时应尽量采用1:1的比例,以便更直观、形象地反映物体真实大小,并且画图方便。图幅根据视图所需选择标准的幅面。选择图幅应留有标注尺寸时所占的空间。

4）布置视图、画基准线:布置视图就是将所画出的三视图均匀地放置在幅面上,使三个视图横、纵向所留有的空白空间大致相等。画图之前,首先应画出视图的基准线(通常为物体的对称面、对称中心线、底面或端面),确定每一视图的具体位置。如图 7-11(a)所示。

5）画视图的底稿:画图时要用细铅笔绘制底稿,画图顺序为:一般先实(实形体)后空(挖去的形体),先大(大形体)后小(小形体),先轮廓后细节。同时要注意三个视图要配合画,从反应形体特征的视图画起,再按投影规律画其他视图。如图 7-11(b)～图 7-11(e)所示。

6）检查、描深:检查所画视图,是否有漏画和多画的形体或交线,并将图线描成规定的线型,画图结果如图 7-11(f)所示。

7.3.2　切割式组合体的画法

例 7-2　试画出图 7-12(a)所示组合体的三视图。

1）形体分析:该组合体可视为由四棱柱被挖切了三个部分而形成的。

2）选择视图:选择 a 向作为主视图的投射方向,如图 7-12(a)所示。

3）选择比例:布置视图。

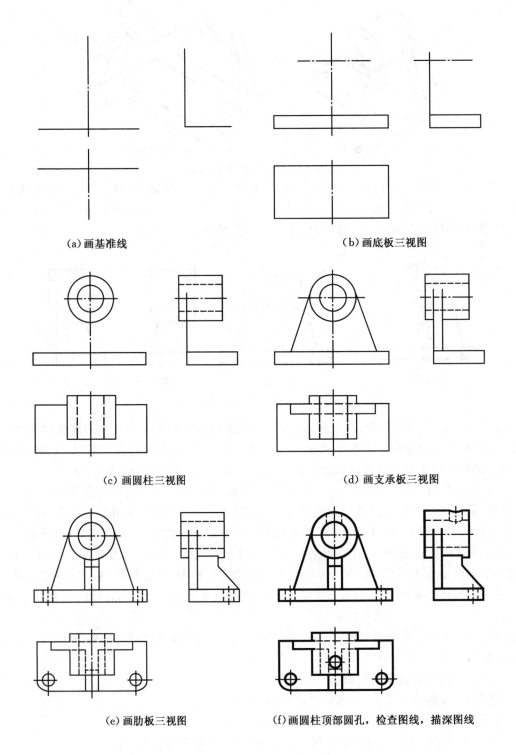

(a) 画基准线　　　　　　　　　　　　　　　　(b) 画底板三视图

(c) 画圆柱三视图　　　　　　　　　　　　　　(d) 画支承板三视图

(e) 画肋板三视图　　　　　(f) 画圆柱顶部圆孔，检查图线，描深图线

图 7-11　画支架三视图的步骤

4）绘制底稿：画图时，按照先整体后切割的原则，首先画出完整的四棱柱的三视图，如图 7-12(b)。再依次画出被切割部分的视图。画被切去形体部分时，应先画具有积聚性的视图，再画出其他两视图。具体画图步骤如图 7-12(c)～图 7-12(e)所示。

5）检查、描深，如图 7-12(f)所示。

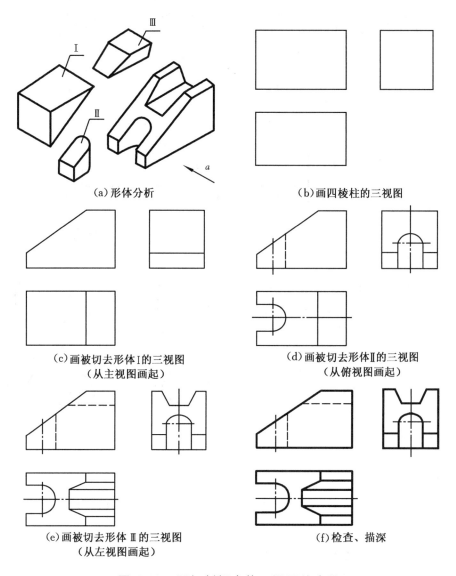

（a）形体分析   （b）画四棱柱的三视图

（c）画被切去形体Ⅰ的三视图
（从主视图画起）   （d）画被切去形体Ⅱ的三视图
（从俯视图画起）

（e）画被切去形体Ⅲ的三视图
（从左视图画起）   （f）检查、描深

图 7-12 画切割组合体三视图的步骤

7.4 看组合体视图

看图是画图的逆过程。画图是用正投影的方法将三维的形体表达在平面上的过程。看图则是根据已知视图，运用正投影的规律，想象出组合体的空间形状。

7.4.1 看图的基本要领

1）要几个视图联系起来看：一般情况下，一个视图不能确定物体的几何形状。因此看图时，必须要几个视图联系起来进行分析、判断，才能想象出物体的形状。如图 7-13 所示，俯视图都相同,联系不同的主视图,便可想象出各自的形状。

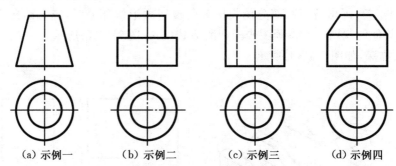

(a) 示例一   (b) 示例二   (c) 示例三   (d) 示例四

图 7-13   几个俯视图相同的物体

如图 7-14 所示,几个主视图都相同,联系俯视图后也可看出各自的形体是不同的。

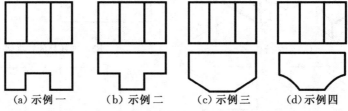

(a) 示例一   (b) 示例二   (c) 示例三   (d) 示例四

图 7-14   几个主视图相同的物体

2) 弄清视图中线框和图线的含义:视图中每一个封闭线框的含义可能是:① 平面;② 曲面;③ 平面与曲面相切连接;④ 孔。如图 7-15 中的 A、B、C、D 所示。

要认真分析视图中线框,识别线框在形体表面间相对位置。如图 7-16 所示,当组合体某个视图出现几个线框相连,或者线框内还有线框时,通过对照投影关系,区分出他们的前后、上下、左右和相交等位置关系,帮助想象形体。

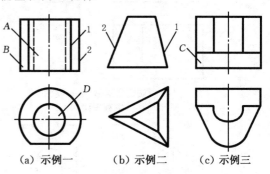

(a) 示例一   (b) 示例二   (c) 示例三

图 7-15   线框与图线的含义

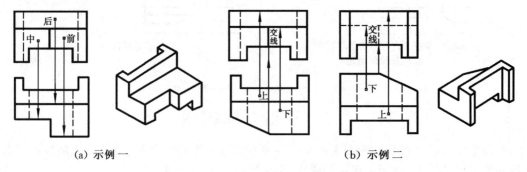

(a) 示例一   (b) 示例二

图 7-16   判断表面间的相对位置

视图中一条图线的含义可能是:① 平面或柱面在它所垂直的投影面上的投影;② 两表面的交线;③ 曲面的回转轮廓线,如图 7-15(a)中 2 所示。

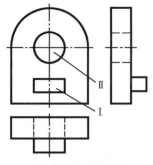

图 7-17　三视图

3）从反映形体特征明显的视图着手：看图时，必须要从反映形体特征和位置特征的视图着手，如图 7-17 所示，左视图是反映形体上Ⅰ与Ⅱ部分位置关系最明显的视图，只要把主、左视图联系起来，就可以想象出Ⅱ是凹进去，Ⅰ是凸出来，如图 7-18（a）所示。如果只看主、俯视图，则要判别Ⅰ与Ⅱ部分的前后关系，是无法确定的，可能是图 7-18（b）所示的形状。

4）要遵循投影规律：看图时要遵照"长对正、高平齐、宽相等"的原则，三个视图联系起来想象物体的形状。如图 7-17 所示，主视图中Ⅱ表示的圆，俯视和左视为两条虚线，则空间形体为孔。如图 7-18（a）所示。

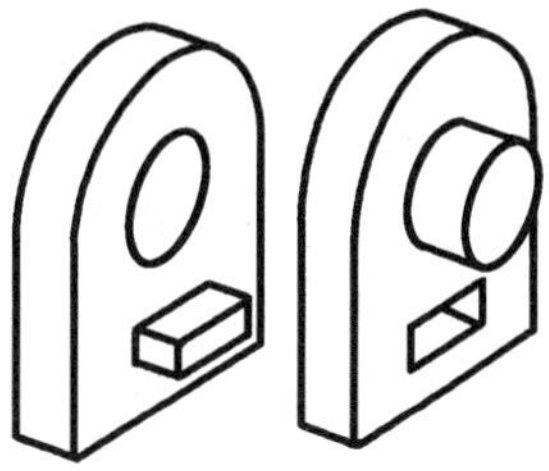

（a）示例一　　（b）示例二

图 7-18　立体图

7.4.2　看图的方法和步骤

看图的方法有形体分析法和线面分析法。

（1）形体分析法

运用形体分析法看图，也就是从反映形体特征明显的视图开始，将视图分为若干线框，分别按投影关系想象出线框表示的基本形体，并确定各基本形体在组合体中的位置，从而想象出组合体的形状。

1）分析线框：如图 7-19（a）所示，从主视图上看，有四个线框，联系其他视图，将整体分为Ⅰ、Ⅱ、Ⅲ、Ⅳ四个部分。

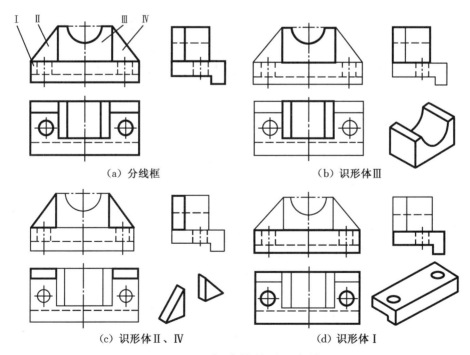

（a）分线框　　　　　　　　　　（b）识形体Ⅲ

（c）识形体Ⅱ、Ⅳ　　　　　　　（d）识形体Ⅰ

图 7-19　组合体的看图方法

2）对投影，识形体：按照长对正、高平齐、宽相等的投影关系，找出每个线框对应部分的三视图，并想出其形状。Ⅰ为四棱柱经切割并挖了两个圆柱通孔，如图7-19(d)所示。Ⅱ、Ⅳ为两块三角形肋板，如图7-19(c)所示。Ⅲ为四棱柱切割半圆柱而形成，如图7-19(b)所示。并确定各形体在该组合体当中的位置。

3）综合归纳、想象整体形状，如图7-20所示。

（2）线面分析法

用线面分析法看图，就是把物体表面分解为线、面等几何要素，运用线、面的投影规律，通过分析这些要素的空间位置、形状，进而想象出物体的整体形状。如图7-21所示。

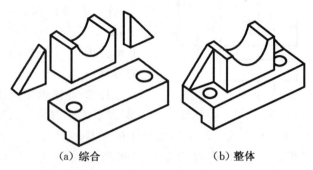

(a) 综合　　　　　　　(b) 整体

图 7-20　组合体的形体分析

1）分析整体形状：如图7-21(a)所示，从三个视图的外轮廓线看，除主、俯视图缺了几个角外，均为矩形。所以它切割前为四棱柱。

2）分析细部形状：如图7-21(b)所示，先从主视图左上方缺一角看，说明长方体的左上方被切去一个三棱柱；再从俯视图的左前、左后缺一角看，说明长方体左边的前后对称角，各被切去一个三棱锥；最后从左视图上方中间有一凹槽看，说明长方体上面中间部分被挖去一个四棱柱。

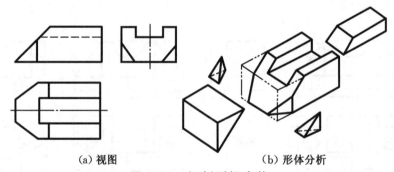

(a) 视图　　　　　　　(b) 形体分析

图 7-21　切割型组合体

3）进一步分析以下线面关系，弄清切割平面的形状和位置：

① 如图7-22(a)所示，从俯视图左侧十边形线框 S 出发，在主视图上可找到对应斜线 s'，左视图中找出类似十边形线框 s''。根据面的投影特性，S 面为正垂面。

② 如图7-22(b)所示，从主视图的直角三角形线框 t' 出发。在俯视图中可以找到对应的斜线 t，左视图中找到了类似形的直角三角形线框 t''。根据俯视图为一斜线，另两视图为类似的直角三角形断定 T 面为铅垂面。

③ 如图7-22(c)所示，从俯视图的矩形线框 u 出发，在另两视图中找到对应的直线，按其投影特性，可判定 U 面为水平面。

④ 如图7-22(d)所示，从主视图四边形线框 q' 出发，在其他两视图中找到对应的直线，按其投影特性，可以判定 Q 面为正平面。

4）综合起来分析，想象整体形状，如图 7-23 所示。

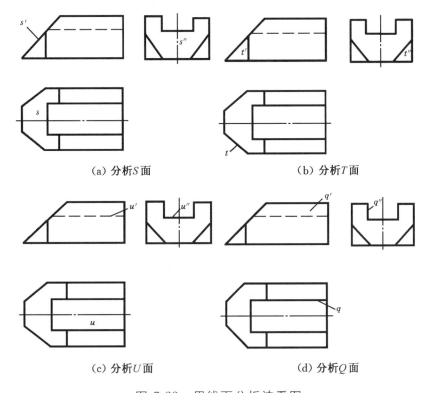

（a）分析S面　　　　　　　　（b）分析T面

（c）分析U面　　　　　　　　（d）分析Q面

图 7-22　用线面分析法看图

7.4.3　看图举例

在看图中，常采用已知两面视图，补画第三视图，称为"二补三"；或者给出不完整的视图，要求补出视图中的漏线。"二补三"、补漏线是培养和检验看图能力的两种有效的方法。

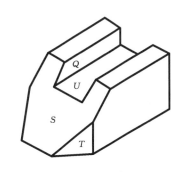

图 7-23　切割型组合体的立体图

补画第三视图的一般方法步骤：根据给定的视图进行形体分析，想象形体的形状；先补画主要部分的形状，再分析细节；逐一地作出各个组成部分的第三视图，综合分析完成整体的第三视图。图 7-24 所示为已知两面视图，补画左视图的作图过程。补漏线的方法是：从不完整的视图构想出完整的形体是什么？如何组合和切割的？想切去部分形体的形状是什么？之后按"三等"规律补出漏线。

补出第三视图后，应进行认真检查。其方法是根据三个视图进一步想象物体的形状。除了检查各组成部分的形状、各形体间相对位置和组合方式外，还应分析遗漏和多画的图线，确认无误后，按标准的线型描深。

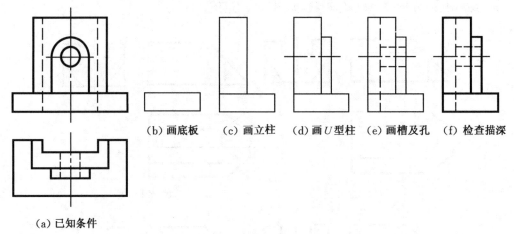

(b) 画底板　(c) 画立柱　(d) 画U型柱　(e) 画槽及孔　(f) 检查描深

(a) 已知条件

图 7-24　已知两面视图补画第三视图

例 7-3　如图 7-25(a)所示,已知轴承盖的主、左视图,补画出俯视图。

一般情况下,在组合体的各个组成部分形状比较明显时,采用形体分析法来看懂视图是非常简单的。但对于组合体或局部形状较复杂时,就必须采用线面分析法来认识形体。

如看 7-25(a)的视图时,把形体分析法和线面分析法相结合,就很容易看懂轴承盖。先由主、左视图看懂形体:主视图中线框 $1'$ 所示的图形,高平齐在左视图中对应 $1''$ 的矩形线框,因此可以确定该形体是一个带圆角的四棱柱体 Ⅰ,其上方左右有两个圆柱孔,下方中间处为一个半圆柱孔。由主视图中的半圆 $2'$ 对照左视图中线框 $2''$ 的形状,可知该部分的基本形体是半圆筒 Ⅱ。Ⅰ 和 Ⅱ 组合后的形体如图 7-25(c)所示。$3'$、$4'$、$5'$ 线框则需要通过线面分析来确定该部分的形状,这三个线框从左视图中可以看出其前后位置,$3''$ 线框在 $4''$ 和 $5''$ 线框的后方,它们是从半圆筒上切去一块弓形柱体 Ⅲ 和两块扇形柱体 Ⅳ 和 Ⅴ 而产生的平面,如图 7-25(d)所示。

经过以上分析,看懂轴承盖的形状之后,画出俯视图:先画主要形体 Ⅰ 和 Ⅱ 两部分,再逐一画出切去的形体 Ⅲ、Ⅳ、Ⅴ 三部分,如图 7-25(b)、图 7-25(e)、图 7-25(f)所示。

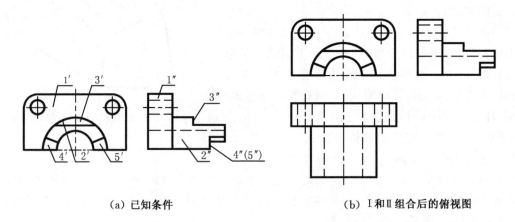

(a) 已知条件　　　　　　　　(b) Ⅰ和Ⅱ组合后的俯视图

图 7-25　已知两面视图补画第三视图

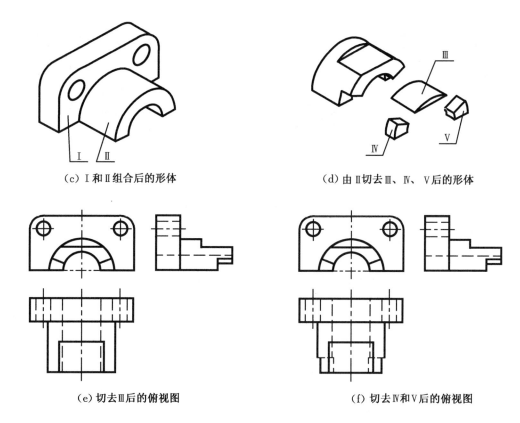

（c）Ⅰ和Ⅱ组合后的形体

（d）由Ⅱ切去Ⅲ、Ⅳ、Ⅴ后的形体

（e）切去Ⅲ后的俯视图

（f）切去Ⅳ和Ⅴ后的俯视图

续图 7-25

例 7-4 已知组合体的主、左视图，补画俯视图，如图 7-26（a）、图 7-26（d）所示。

该组合体为平面立体结构，主视图是一个封闭的线框，左视图是等腰梯形，因此，由四棱柱切割而成。主视图是一个具有 12 条边的封闭多边形，与其对应的是左视图中的前后两条斜线，该面是侧垂面，水平投影应具有 12 个顶点的类似多边形。所以先画出侧垂面在俯视图上两个类似的多边形，如图 7-26（b）所示。然后补画出每个相交面的交线（交线均为正垂线），如图 7-26（c）所示。

另一种分析方法是首先画出组合体的水平面的水平投影，如图 7-26（e）所示；其次画出组合体的正垂面的水平投影，如图 7-26（f）所示；最后根据两个侧垂面的类似形，检查所画的图形。

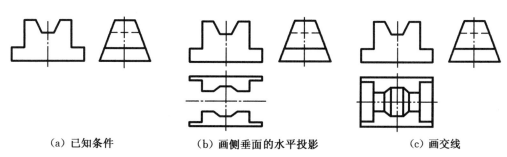

（a）已知条件   （b）画侧垂面的水平投影   （c）画交线

图 7-26 根据主、左视图补画俯视图的作图过程

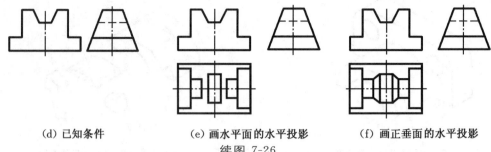

(d) 已知条件　　　(e) 画水平面的水平投影　　　(f) 画正垂面的水平投影

续图 7-26

7.5　组合体的尺寸标注

组合体的三视图,仅表达了组合体的形状,还需要在三视图上标注出表示其大小的尺寸,才能从图上正确地反映出该组合体的真实形状和大小。因此,标注尺寸是表达物体的重要内容之一。尺寸标注时应符合正确、完整、清晰和整齐的基本要求。

7.5.1　基本体的尺寸标注

常见基本体的尺寸标注如图 7-27 所示。

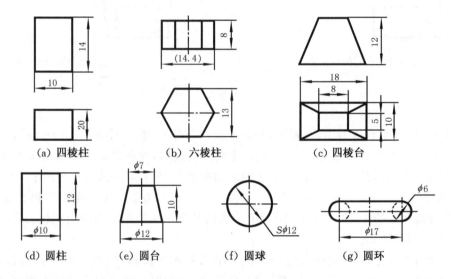

(a) 四棱柱　　　(b) 六棱柱　　　(c) 四棱台

(d) 圆柱　　　(e) 圆台　　　(f) 圆球　　　(g) 圆环

图 7-27　基本体的尺寸标注

7.5.2　组合体的尺寸分类

从形体分析来说,组合体的尺寸分为定形尺寸、定位尺寸和总体尺寸。

1）定形尺寸:确定基本形体形状和大小的尺寸。如图 7-28 中 38、20、6、$\phi4$ 和 $R4$ 是底板的定形尺寸,$\phi16$、$\phi10$ 是直立圆柱的定形尺寸,主视图上 $\phi10$ 是前后穿孔的定形尺寸。

2）定位尺寸:确定组合体中各形体之间相对位置的尺寸。图中 30、13 是底板上 $\phi4$ 孔的定位尺寸,16 是前后穿孔的定位尺寸。

3）总体尺寸:确定组合体总长、总宽、总高的尺寸。图中标注了总高尺寸 27,总宽尺寸 20,总长尺寸 38。

当组合体的端面是回转体时,该方向一般不直接标注总体尺寸,由确定回转面轴线的定位尺寸和回转面的定形尺寸(半径或直径)间接确定,图 7-29 给出了不标注总体尺寸的一些示例。

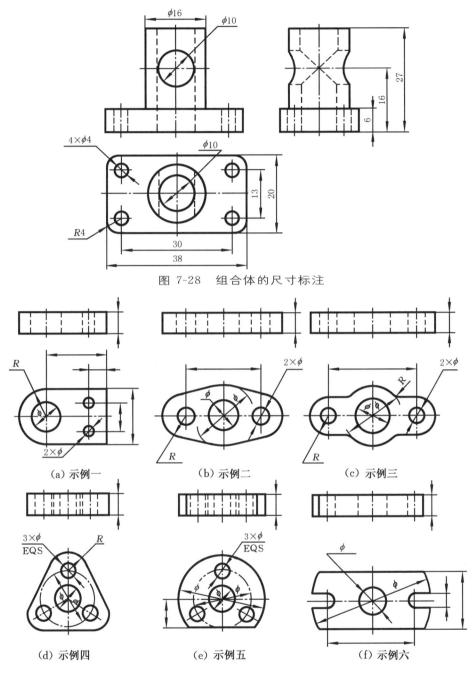

图 7-28　组合体的尺寸标注

（a）示例一　　　（b）示例二　　　（c）示例三

（d）示例四　　　（e）示例五　　　（f）示例六

图 7-29　不标注总体尺寸的示例

图 7-30 中底板四角的小圆弧与四个通孔可能同心,也可能不同心,但无论是否同心,均要注出孔中心间的定位尺寸和圆弧的定形尺寸,还要注出总体尺寸。

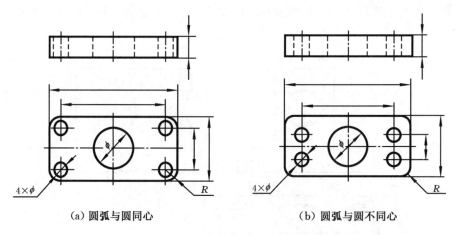

(a) 圆弧与圆同心　　　　　　　　(b) 圆弧与圆不同心

图 7-30　标注总体尺寸的示例

标注定位尺寸之前,应首先确定尺寸基准,确定尺寸位置的点、线或面称为尺寸基准。在组合体的标注中长、宽、高三个方向各有一个尺寸基准。尺寸基准一般采用组合体的底面、对称面、回转体的轴线和重要的端面,图 7-31 给出了不同组合体的三个方向的尺寸基准(用 ⇧ 表示)。

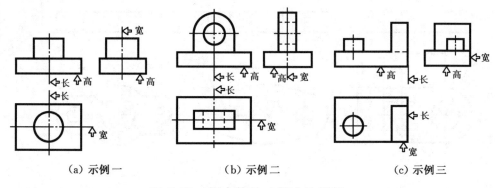

（a）示例一　　　　　　　（b）示例二　　　　　　　（c）示例三

图 7-31　组合体尺寸基准的选择

7.5.3　尺寸标注举例

一般情况下标注尺寸可按以下五个步骤:1)形体分析;2)选择尺寸基准;3)标注定形尺寸;4)标注定位尺寸;5)标注总体尺寸。最后要检查、调整尺寸,保证合理性。检查多余、遗漏和重复尺寸。

例 7-5　标注图 7-32 组合体的尺寸。

组合体由上半部分立板和下半部分底板叠加而成,立板上钻一通孔,底板上切割一个槽和钻两个孔。组合体的右侧面为长度基准,组合体的前后对称面为宽度基准,组合体的底面为高度基准。定形尺寸有 11、8、4、20、R10、2×φ6、φ12、R6,定位尺寸有 20、11、18、36,既是定形尺寸又是总体尺寸的有 42、30。因为立板的上部为圆弧,所以不能标注总高。圆弧 R6 的圆心与 φ6 圆心重合,仍需标注孔的定位尺寸、圆弧半径和总长。组合体的尺寸有 14 个。

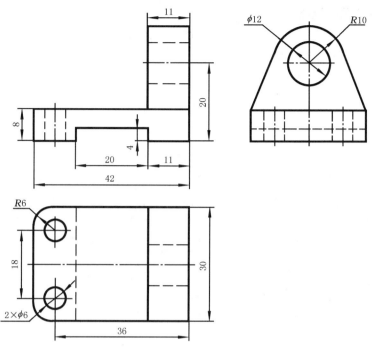

图 7-32　组合体的尺寸标注

例 7-6　标注图 7-33 支座的尺寸。

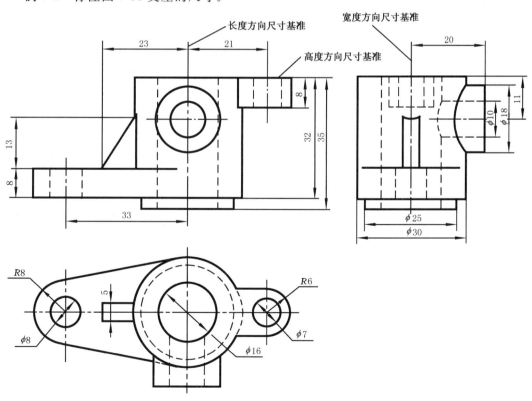

图 7-33　支座的尺寸标注

7.5.4 标注尺寸应注意的问题

1）定形尺寸应尽量标在反映形体特征明显的视图上,如图 7-34(a)所示。

2）同一形体的定形尺寸和定位尺寸应尽量标在同一视图上。对称图形标尺寸时,应对称于中心线标尺寸,如图 7-34(b)所示的 24、30、8 三个尺寸。

3）尺寸排列要整齐,平行的尺寸应按"大尺寸在外,小尺寸在内"的原则排列,如图 7-34 所示。

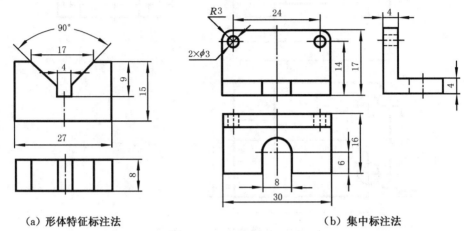

（a）形体特征标注法　　　　　　　　　　　（b）集中标注法

图 7-34　尺寸排列原则

4）尽量避免一个尺寸的尺寸线与另一个尺寸的尺寸界线相交。不允许尺寸线与尺寸线相交,如图 7-35 所示。

5）尺寸应尽量避免标在虚线上。

6）尺寸标注时尺寸链不允许封闭,如图 7-36 所示,图中(32)为参考尺寸。

7）截交线、相贯线上不允许标注尺寸,如图 7-37 所示。

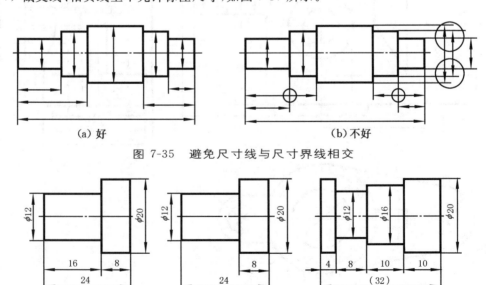

（a）好　　　　　　　　　　　　　　（b）不好

图 7-35　避免尺寸线与尺寸界线相交

（a）错误　　　　　　　　（b）正确　　　　　　　（c）正确

图 7-36　尺寸链不能封闭

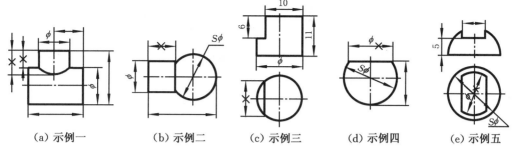

| (a) 示例一 | (b) 示例二 | (c) 示例三 | (d) 示例四 | (e) 示例五 |

图 7-37　截交、相贯的尺寸标注

8）常见柱面结构直径与半径的标注方法如图 7-38 所示,图中给出 ϕ 及 R 好与坏、正确与错误的标注形式。

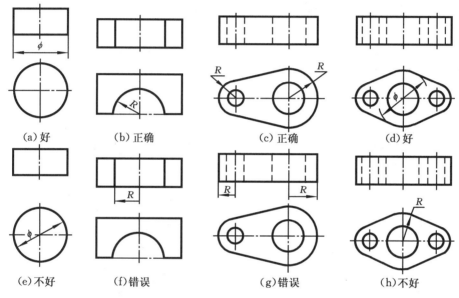

图 7-38　直径 ϕ 和半径 R 的标注示例

7.6　组合体的构形设计

所谓构形设计,就是根据题目的要求,使构想的组合体具有某种几何特征或一定的功能。各形体的相对位置及相邻表面连接关系要合理,并用一组视图正确地表达出来。

7.6.1　组合体构形设计的基本要求

用一组图形表达组合体,使其结构形状具有唯一性,是组合体构形设计的基本要求。

当进行组合体构形设计时,可考虑以下几点:

1）根据已知条件,满足题目要求,使所设计的组合体是唯一确定的。

① 根据一个视图进行构形设计:一个视图一般不能确定组合体的唯一形状,要两个或两个以上的视图。

例如,由图 7-39(a)所示给出的主视图进行构形设计。对主视图进行形体分析,可将其看作由上、下两部分叠加构成。根据题目要求,构形设计出四个(还可更多)组合体,用主视图[图 7-39(a)]、俯视图[图 7-39(b)～图 7-39(e)]表示。

再如,由图 7-40(a)构形设计出如图 7-40(b)和图 7-40(c)所示的组合体。

② 根据两个视图进行构形设计:有时根据两个视图也能够设计出许多结构形状不同的组合体。

2) 组合体各个形体之间的相互位置要合理,形体相邻表面间的相互关系要正确。

3) 设计出的组合体的视图选择要合理,表达要正确。

由图 7-41(a)给出的俯、左视图构形设计出三个不同的组合体。构形设计结果如图 7-41(b)~图 7-41(d)所示。

7.6.2 组合体构形设计的类型

1) 已知视图型:题目是由已知组合体的一个或几个视图进行构形设计。此时应根据已知视图进行形体分析,将其分解后所得到的各个形体,按照一定的构成形式(叠加或切割)进行组合,便可设计出若干不同结构形状的组合体,如图 7-40、图 7-41 所示就是几例。又如,已知组合体的某个局部的一个视图为圆,我们可以将其设计成圆柱体、圆锥体、变母线回转体、半球体等形体。

2) 由已知形体进行构形设计:题目是已知构成组合体的各个形体的视图(指定或不指定构成形式),进行构形设计的一种方法。

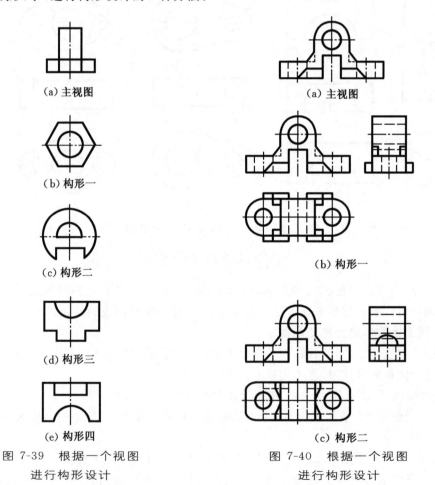

(a) 主视图

(b) 构形一

(c) 构形二

(d) 构形三

(e) 构形四

图 7-39　根据一个视图进行构形设计

(a) 主视图

(b) 构形一

(c) 构形二

图 7-40　根据一个视图进行构形设计

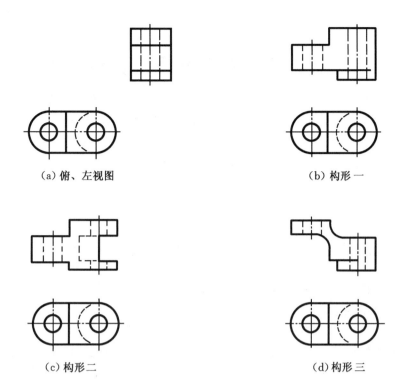

（a）俯、左视图　　　　　　　（b）构形一

（c）构形二　　　　　　　　　（d）构形三

图 7-41　根据两个视图进行构形设计

第8章 机件的表达方法

由于机件的结构形状不同,如果仅仅采用主、俯、左三视图,无法清晰、完整地表达复杂的机件,因此还需要采用其他的表达方法。在机械制图国家标准 GB/T 4458.1—2002、GB/T 4458.6—2002 中,对各种表达方法作了一系列的规定,本章将介绍视图、剖视图、断面图以及其他表达方法,可根据机件具体结构灵活简便地应用。

8.1 视 图

视图主要用来表达机件的外部结构形状,一般只画出机件的可见部分,如必要时才用虚线画出不可见部分。

视图分为基本视图、向视图、局部视图和斜视图。

8.1.1 基本视图

将机件向基本投影面投射所得到的视图称为基本视图。

当机件的外部形状复杂,三个视图往往不能完整,清晰地表达。因此,必须在原有的三个投影面基础上,增设三个投影面,组成一个正六面体。以六面体的六个面作为六个基本投影面,并采用第一角画法。将机件放在中间,分别向各基本投影面进行投射,便得到六个基本视图,即主视图、俯视图、左视图、右视图、仰视图和后视图,如图 8-1 所示。

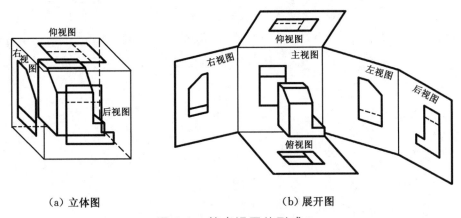

(a) 立体图   (b) 展开图

图 8-1 基本视图的形成

六个基本投影形面展开方法如图 8-1(b)所示。正立面不动其余投影面绕其投影轴旋转展开至同一个平面内。六个基本视图随着投影面的展开而形成固有的排列位置,如图 8-2 所示。

展开后六个基本视图的投影关系和三视图一样,仍然保持"长对正、高平齐、宽相等"的投影规律。在同一张图中,视图位置按图 8-2 布置时,不标注视图的名称并称为基本视图。

在实际绘图时,没有必要所有的机件都画出六个基本视图。除主视图外,可根据机件的复杂程度,选择必要的基本视图。

8.1.2 向视图

向视图是可自由配置的视图。

在实际绘图中,往往为了节省幅面并且使绘图更方便,经常采用向视图来配置视图。

绘制向视图时应在向视图的上方标注"×"("×"为大写拉丁字母),在相应视图的附近用箭头指明投射方向,并标注相同的字母,如图 8-3 所示。

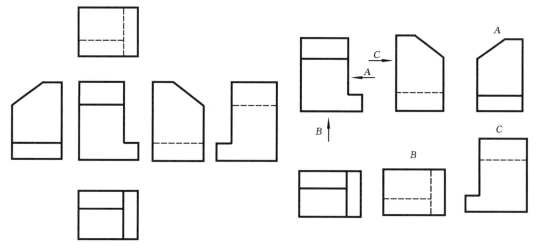

图 8-2 基本视图的配置方式

图 8-3 向视图

绘制向视图时应注意以下事项:

1)向视图中表示名称的字母"×"应为大写字母,字母应水平书写。

2)由于向视图是可自由配置的视图,所以表达投射方向的箭头应尽可能配置在主视图上。在绘制以向视图方式配置的后视图时,应将表达投射方向的箭头配置在左视图或右视图上。

8.1.3 局部视图

当机件的主要形状已经表达清楚,只有局部形状未表达清楚时,为了简便,不必再增加一个完整的视图,将机件的某一部分向基本投影面投射,所得到的视图称为局部视图。

如图 8-4 所示,机件的两侧凸台在主、俯视图中均不反映实形。但又没有必要画出完整的左视图和右视图,故分别用局部视图表达两侧凸台的形状。

画局部视图时应注意:

1)局部视图的断裂处用细波浪线表示。当局部视图表达的局部结构是完整的,且外形轮廓线成封闭图形时,波浪线可省略不画。如图 8-4 中 B 图。

2)局部视图应尽量按投影关系配置,必要时,也可把局部视图放在其他适当位置,但必须标注。

3)标注时,在局部视图的上方标注大写拉丁字母,在相应视图上用箭头指明投射方向,并标注相同的字母。

4)当局部视图按投影关系配置,中间又没有其他图形隔开时,可省略标注。如图 8-4 中画波浪线的局部视图。

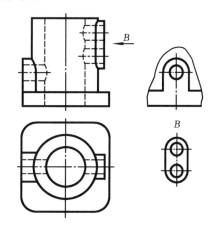

图 8-4 局部视图

5）为了节省绘图时间和图幅，对称机件的视图可只画一半或四分之一，并在对称中心线的两端画出两条与其垂直的平行细实线，如图8-5所示。

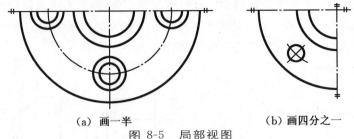

（a）画一半　　　　　　（b）画四分之一

图 8-5　局部视图

8.1.4　斜视图

如图8-6所示机件的右边倾斜部分的上下表面均为正垂面，它对其余几个投影面是倾斜的，因此投影不反映实形。为此设置一个与倾斜部分平行的投影面，将倾斜部分向该投影面投射，所得到的视图反映其实际形状。如图8-6中"A"视图。

这种机件倾斜部分向不平行于任何基本投影面的平面投射所得的视图，称为斜视图。

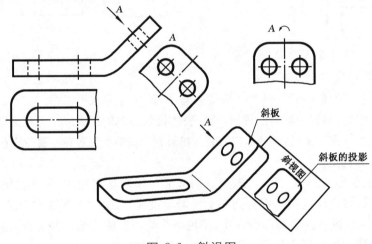

图 8-6　斜视图

画斜视图时应注意：

1）斜视图主要用来表达机件倾斜部分的实形，其余部分不必画出，断裂边界用波浪线表示。同时在基本视图中也应省略倾斜部分不反映实形的投影，如图8-6所示中俯视图。

2）斜视图和其他视图仍保持着投影关系：如图8-6所示中斜视图和俯视图间存在"宽相等"关系。这些投影关系是画斜视图的依据。

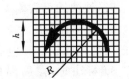

3）斜视图标注：斜视图用箭头和字母标注，画箭头时，一定要垂直于被表达的倾斜部分，而字母要水平书写，在不引起误解的情况下，允许斜视图旋转。经过旋转的视图，在其上方须标注旋转符号"⌒"，如图8-6所示。表示斜视图名称的字母在旋转符号箭头一侧。

h=符号与字体高度，$h = R$，符号笔画宽度$= \frac{1}{10}h$或$\frac{1}{14}h$

图 8-7　旋转符号

4）旋转符号的画法：旋转符号的箭头方向表示斜视图旋转方向。画法如图8-7所示。

8.2 剖 视 图

当机件的内部结构比较复杂时,在视图中会出现许多虚线,由于虚实线重叠交错,视图表达显得较乱,另外也不便于绘图、看图和标注尺寸。为了解决内部形状的表达问题,国家标准规定可采用剖视图来表达机件的内部结构,如图8-8所示。

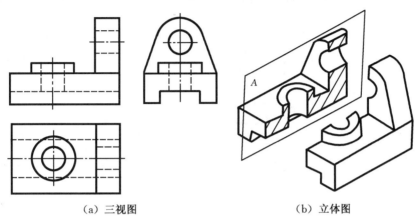

(a) 三视图   (b) 立体图

图 8-8 剖视图的概念

8.2.1 剖视图的概念

假想用剖切面剖开机件,移去处在观察者和剖切面之间的部分,将其余部分向投影面投射所得的图形称为剖视图,简称剖视。

机件被剖切后其内部结构就变为可见,剖切面与机件接触部分,称为剖面区域。画剖视图时,为了区别被剖切到和未被剖切到的部分,用粗实线画出剖面区域,并且在剖面区域上画出剖面符号,如图8-9所示。

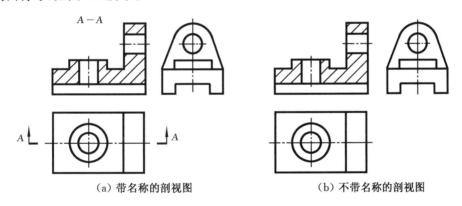

(a) 带名称的剖视图   (b) 不带名称的剖视图

图 8-9 剖视图

国家标准 GB/T 17453—2005《技术制图 图样画法 剖面区域的表示法》规定了各种材料的剖面符号,见表8-1。

表 8-1 剖面区域的表示法(GB/T 17453—2005)

金属材料(已有规定剖面符号者除外),通用剖面线(不表示材料的类别)		非金属材料(已有规定剖面符号者除外)	

线圈绕组元件		砂型、填砂、粉末冶金、砂轮、陶瓷刀片、硬质合金刀片等	
转子、电枢、变压器和电抗器的叠钢片		玻璃及供观察用的其他透明材料	
木材	纵断面	钢筋混凝土	
	横断面		
木制胶合板		网格(筛网、过滤网)	
基础周围的泥土		固体材料	
混凝土		液体材料	

8.2.2 剖视图的画法

以图 8-10 为例说明画剖视图的步骤。

1) 确定剖切面的位置:画剖视图时,应首先选择最合适的剖切位置,以便充分表达机件的内部结构形状,剖切面一般应通过机件的内部结构的对称平面或轴线,并平行于相应的投影面,如图 8-10(d)所示。

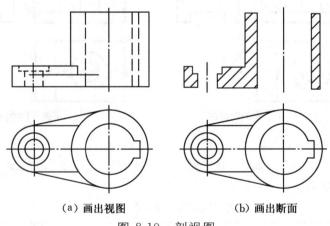

(a) 画出视图　　　(b) 画出断面

图 8-10 剖视图

98

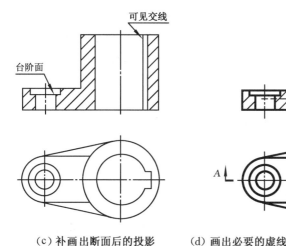

（c）补画出断面后的投影　　　（d）画出必要的虚线和标注出剖切平面的位置和名称

续图 8-10

2）确定剖面区域并画剖面符号：如图 8-10(b)所示，金属材料的剖面符号规定用间隔相等的平行细实线绘制。

当图形中主轮廓线与水平呈 45°时，该图形的剖面线应画成与水平呈 30°或 60°的平行线，其倾斜方向仍与其他图形的剖面线一致，如图 8-11 所示。

3）画出剖切面后面的所有可见部分：对于剖切平面后面机件的可见轮廓线用粗实线绘制。在剖视图中一般都不画虚线，只有当不足以表达清楚机件的形状时，为了节省一个视图，才在剖视图上画出虚线。如图 8-10(d)所示。

4）剖视图是假想将机件剖开，并不是真的剖开机件并拿走机件的一部分，因此，除剖视的视图外，其他视图仍按完整的机件画出。如图 8-10 的俯视图不能只画一半。

5）剖切面后面的可见部分应全部画出，不得遗漏或添加，如图 8-12 所示。

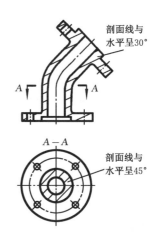

图 8-11　剖面线的画法

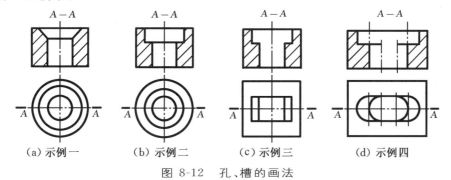

（a）示例一　　（b）示例二　　（c）示例三　　（d）示例四

图 8-12　孔、槽的画法

8.2.3　剖视图的标注

为了便于看图，画剖视图时，应将剖切面位置、投射方向和剖视图名称标注在相应视图上。

1）剖切符号:指示剖切面的起讫和转折位置(用粗短线表示)的符号。

2）箭头:在剖切符号的外侧画出与其垂直的细实线和箭头表示投射方向。

3）剖视图的名称:在剖视图上方用大写的拉丁字母标注剖视图的名称"×—×",并在剖切符号的箭头外侧及转折处标注上相同的字母。字母一律水平书写。在同一张图中剖视图名称应按字母顺序排列,不得重复。

剖切符号、箭头和字母的组合标注方法如图 8-13 所示。

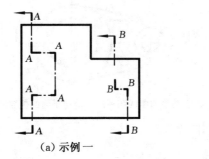　　　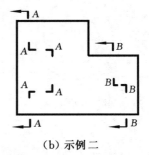

（a）示例一　　　　　　　　　　（b）示例二

图 8-13　剖视图的标注

剖视图的标注在下列情况下可以简化或省略:

1）当剖视图按投影关系配置,中间又没有其他图形隔开时,可省略箭头,如图 8-12 所示;

2）当单一剖切面通过机件的对称平面,且剖视图按投影关系配置,中间又没有其他图形隔开时可省略标注,如图 8-9(b)所示。

8.2.4　剖视图的种类

剖视图按剖切范围可分为全剖视图、半剖视图、局部剖视图。

1）全剖视图:用剖切面完全地剖开机件所得的剖视图称为全剖视图。

全剖视图的特点是重点表达机件的内部结构,外形表达较差。当外形简单或外形在其他视图中已表达清楚时,为了表达其内部结构通常采用全剖视图。

2）半剖视图:当机件具有对称结构时,向垂直于对称平面的投影面上投射所得的图形,可以对称中心线为界,一半画成剖视图,另一半画成视图,这种组合图形称为半剖视图,如图 8-14所示。

半剖视图的特点是既表达了机件的内部结构形状,又表达了机件的外部形状。

画半剖视图时应注意以下几点:

① 半剖视图中,机件内部结构在半个剖视图中已表达清楚的部分,在另外半个视图中不必再画虚线。

② 当机件的结构形状接近对称,且其不对称部分已在其他视图中表达清楚,也允许采用半剖视图,如图 8-15(a)所示。

③ 半剖视图中,半个视图和半个剖视图的分界线必须是点画线,不可将其画成粗实线。如点画线正好与图形中的可见轮廓线重合,则应避免使用半剖视图,如图 8-15(b)所示。

④ 半剖视图的标注以及标注的省略方法与全剖视图相同,如图 8-14 所示。

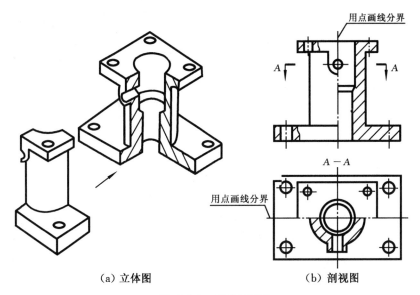

（a）立体图 　　　　　　　　　　（b）剖视图

图 8-14　半剖视图

3）局部剖视图：用剖切面局部地剖开机件所得的剖视图称为局部剖视图。

当机件仅有局部的内部结构形状需要表达，但又要保留机件的某些外形且机件又不对称，不宜采用半剖视时，可采用局部剖视图来表达机件，如图 8-16 所示。

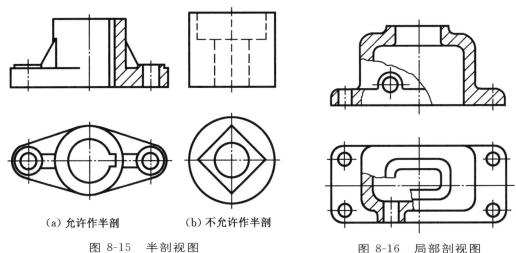

（a）允许作半剖　　（b）不允许作半剖

图 8-15　半剖视图 　　　　　　　　图 8-16　局部剖视图

画局部剖视图应注意以下几点：

① 局部剖视图要用断裂线与视图分界。断裂线通常画成细波浪线，因此，波浪线不能超出视图轮廓线，不能穿过中空处，也不允许波浪线与图样上其他图线重合，如图 8-17（a）所示。

② 机件对称，但轮廓线与对称中心线重合，由于不能采用半剖视图，采用局部剖为宜。如图 8-17（b）所示。

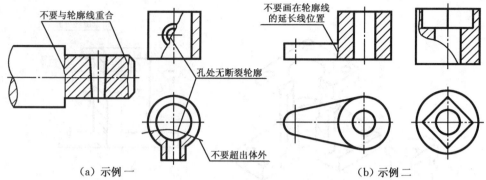

（a）示例一   （b）示例二

图 8-17   波浪线的错误画法

③ 当剖切部分为回转体时,允许用回转体的中心线作为局部剖视图与视图的分界线,如图 8-18 俯视图所示。

④ 当局部剖视图剖切位置明显时,不标注,剖切位置不明显时必须要标注。

必要时,允许在剖视图中再作一次简单的局部剖视,这时两者的剖面线应同方向、同间隔,但要相互错开,并用指引线标出其名称,如图 8-19 所示,这种形式的局部剖习惯上称为"剖中剖",即重合剖。

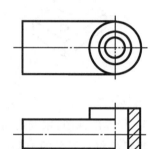

图 8-18   局部剖视图画法

局部剖视图是一种比较灵活表达方法,运用恰当,可使图形简明清晰。可根据具体需要来选择剖切位置和剖切范围。在一个视图中数量不宜过多,否则会使图形过于破碎,如图 8-20 所示。

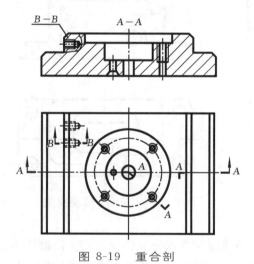

图 8-19   重合剖

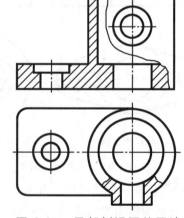

图 8-20   局部剖视图的画法

8.2.5   剖切面的种类及剖切方法

剖视图可以用单一剖切面、几个相交的剖切面和几个平行的剖切面进行剖切。

1）单一剖切面:单一剖切面通常包括单一剖切平面和单一剖切柱面。如图 8-10(d)中的 $A—A$ 剖视图采用的是单一剖切平面,图 8-21 中的 $B—B$ 剖视图采用的是单一剖切柱面,采用柱面剖切物体时,剖视图应按展开绘制。标注时应加注"展开"二字。

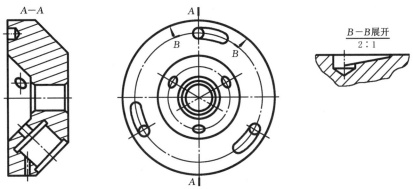

图 8-21　用柱面剖切的剖视图

单一剖切平面可以平行或者垂直于基本投影面,当机件上具有倾斜的内部结构,可用垂直于基本投影面的单一剖切平面将机件剖开,再投射到与剖切平面平行的投影面上,如图 8-22(a)所示。

斜剖切平面的剖视图必须标注。如图 8-22(a)所示的方法,标注剖切位置、投射方向和剖视图的名称。

斜剖切平面的剖视图最好按箭头所指的方向配置,并与基本视图保持投影关系,也可平移到其他适当位置,如有必要在不致引起误解时,允许将图形旋转,标注形式"×—×⌒"或"⌒×—×",如图 8-22(b)所示。

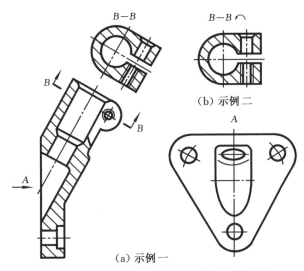

图 8-22　单一斜剖切平面剖切的剖视图

2)相交的剖切平面:当机件的内部结构形状用一个剖切平面剖切不能表达完全,机件在整体上又具有回转轴时,可采用两个相交的剖切平面剖切,如图 8-23 所示。

为了能表达凸台内的长圆孔、沿圆周分布的四个小孔以及中间的大孔等内部结构,仅采用一个剖切平面不能剖到,但是由于该机件具有回转轴线,可采用两个相交的剖切平面,并让其交线与回转轴线重合,使两个剖切平面通过所要表达的孔、槽剖开机件,然后将与投影面倾斜的部分绕回转轴旋转到与投影面平行,再进行投射,这样,在剖视图上就把所要表达的孔、槽的内部结构表达清楚了。

相交的剖切平面剖切的全剖视图要进行标注,在剖切平面的起讫和转折处要画出剖切符号,标注相同大写字母,当转折处地方太小,在不致引起误解的情况下可省略字母。在起讫处画出箭头表示投射方向,在剖视图上方注出名称。

位于剖切平面后的其他结构一般仍按原来位置投影,如图 8-24 中的小孔。当剖切后产生不完整要素时,应将此部分按不剖处理,如图 8-25中的板臂。

3) 平行的剖切平面:用平行的剖切平面剖开机件,如图 8-26 所示。为了表达图中各种孔的内腔,仅用一个剖切平面不能达到目的,为此,采用两个互相平行于基本投影面的剖切平面,剖开机件上不同层面上的孔,向同一投影面投射,得到 A—A 全剖视图。

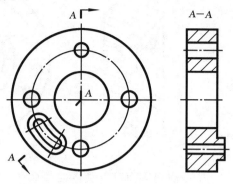

图 8-23　相交平面剖切的全剖视图

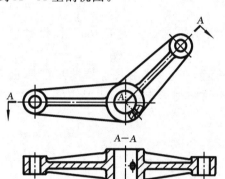

图 8-24　剖切平面后其他结构的画法

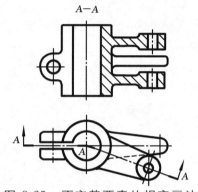

图 8-25　不完整要素的规定画法

采用平行的剖切平面画剖视图时,应注意以下几点:

① 要正确地选择剖切平面的位置,在剖视图内不应该出现不完整要素。图 8-27(b)所示为全剖视图中出现不完整的肋板。若在图形中出现不完整的要素时,应适当地调配剖切平面的位置,图 8-27(a)所示为调整后的剖切平面位置及正确的全剖视图。

② 当机件上的两个要素在图形上具有公共对称线(面)或轴线时,应以对称线(面)或轴线各画一半,如图 8-28 所示的 A—A全剖视图。

③ 剖切平面的转折处不应画线。采

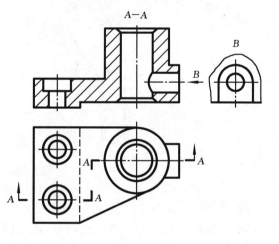

图 8-26　平行剖切平面剖切的全剖
视图示例一

用平行的剖切平面剖开机件所绘制的剖视图规定要画在同一个图形上,所以不能在剖视图中画出各剖切平面转折的交线,图 8-29(b)所示是错误画法(多线)。

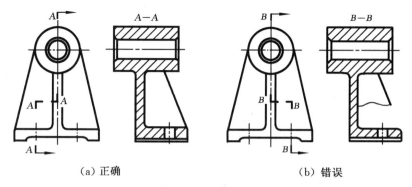

（a）正确　　　　　　　　　　　　（b）错误

图 8-27　平行剖切平面剖切的全剖视图示例二

④ 在标注平行剖切平面的位置时,各剖切平面的转折处必须是直角。

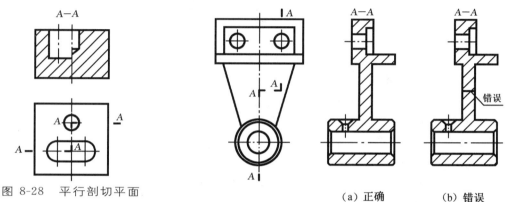

图 8-28　平行剖切平面
剖切的全剖视图示例三

（a）正确　　　（b）错误

图 8-29　平行剖切平面剖切的全剖视图示例四

4）组合的剖切平面：当机件的内部结构形状复杂时,可以把以上各种方法结合起来应用,如图 8-30 所示。图中是相交的剖切平面和平行的剖切平面剖切的全剖视图,组合剖切平面剖切的全剖视图的标注,类似相交和平行的剖切平面剖切的全剖视图标注。

当采用连续几个相交的剖切平面剖切时,一般采用展开画法,标注"×—×展开",如图 8-31所示展开的画法就是使这些剖切平面按顺序旋转到平行于基本投影面时投射所绘制的图形。

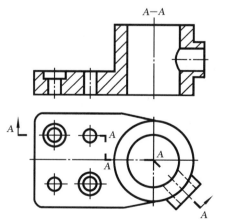

图 8-30　组合剖切平面剖切的全剖视图

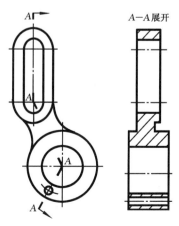

图 8-31　剖视图的展开画法

8.3 断 面 图

8.3.1 断面图的概念

假想用剖切面将机件的某处切断,仅画出该剖切面与机件接触部分的图形称断面图,简称断面,如图 8-32(a)所示。

断面和剖视的区别是断面只画出机件截断面的形状,如图 8-32(b)所示。而剖视除画出截断面形状外,还要画出机件在剖切平面后面部分的全部投影,如图 8-32(c)所示。

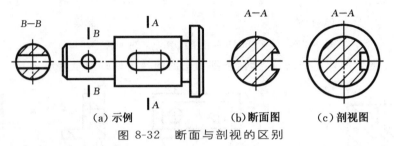

（a）示例　　　　　　（b）断面图　　　（c）剖视图

图 8-32　断面与剖视的区别

8.3.2 断面图的种类及画法

根据断面图的配置位置分为移出断面和重合断面两种。

（1）移出断面

画在视图外的断面称为移出断面。

1）移出断面的画法:

① 移出断面的图形应画在视图之外,轮廓线用粗实线绘制。

② 移出断面应尽量配置在剖切线延长线上,如图 8-33(a)所示。

③ 必要时也可将移出断面配置在其他适当位置,如图 8-33(b)所示。

④ 当剖切平面通过回转面形成的孔或凹坑的轴线时,这些结构按剖视绘制,如图 8-33(a)所示。这里的"按剖视绘制"是指被剖切的结构,不包括剖切平面后的其他结构。

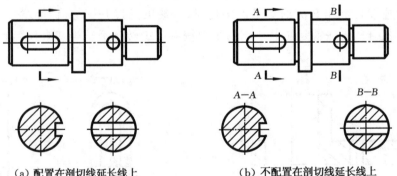

（a）配置在剖切线延长线上　　　　　　（b）不配置在剖切线延长线上

图 8-33　断面图的画法

⑤ 当剖切平面通过非圆孔,会导致出现完全分离的两个断面时,则这些结构应按剖视绘制。绘制后如图形倾斜,在不引起误解的情况下允许图形<90°旋转,并注明"×—×⌒"或"⌒×—×",如图 8-34、图 8-35 所示。

⑥ 若断面图形对称,也可配置于视图的中断处,如图 8-36 所示。

⑦ 由两个或多个相交的剖切平面剖切得到的移出断面,中间一般应以细波浪线断开,

如图 8-37 所示。

⑧ 由于断面主要用于表达机件上某一切断面的真实形状,因此剖切平面应垂直于所表达部分的轮廓线,如图 8-37 所示。

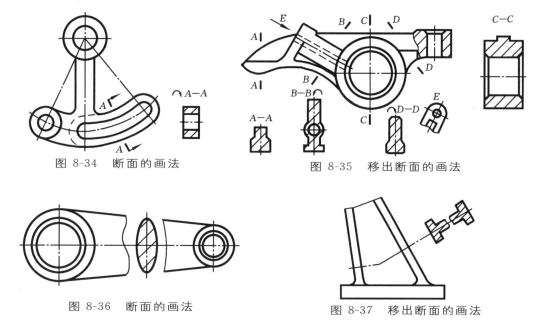

图 8-34　断面的画法

图 8-35　移出断面的画法

图 8-36　断面的画法

图 8-37　移出断面的画法

2) 移出断面的标注:移出断面一般用剖切符号表示剖切位置,用箭头表示投射方向,在断面上方中间位置用大写拉丁字母标出断面的名称"×—×",如图 8-33(b)所示。

在下列情况中,标注可简化或省略:

① 配置在剖切线延长线上的对称移出断面,不必标注,不对称的移出断面可省略字母,如图 8-33(a)所示;

② 不配置在剖切线延长线上,对称的移出断面可省略箭头,不对称的移出断面则需全部标注,如图 8-33(b)所示;

③ 按投影关系配置在基本视图位置上的不对称移出断面,可省略箭头;

④ 配置在视图中断处的对称移出断面,不必标注,如图 8-36 所示;

⑤ 移出断面旋转之后,要加注旋转符号,如图 8-34 所示。

（2）重合断面

画在视图内的断面称为重合断面。重合断面的轮廓线用细实线绘制,当视图中的轮廓线与重合断面的轮廓线重叠时,视图中的轮廓线应连续画出,不可间断,如图 8-38(a)所示。

由于重合断面是直接画在视图内剖切位置处,标注时可以省略字母,对称的重合断面不必标注,不对称的重合断面可省略字母。如图 8-38 所示。

在画断面时,为了得到断面的真实形状,剖切面一般应垂直于机件上被剖切部分的轮廓线,如图 8-38(b)所示。

107

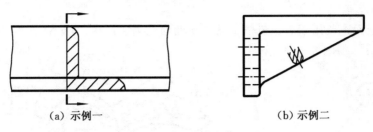

（a）示例一　　　　　　　　　　　（b）示例二

图 8-38　重合断面的画法

8.4　局部放大图、简化画法和规定画法

8.4.1　局部放大图

当机件上的某些细小结构在原图形中表达得不清楚，或不便于标注尺寸时，便可将机件的局部结构，用大于原图形所采用的比例画出的图形，称为局部放大图。局部放大图可以画成视图，也可以画成剖视图或断面图。它与被放大部分的表达方式无关，如图 8-39 所示。

画局部放大图时，用细实线圆圈出被放大部分的部位，并应尽量把局部放大图配置在被放大部位的附近。当同一机件上有几个放大部分时，必须用罗马数字依次标明被放大部位，并在局部放大图上方标上相应的罗马数字和采用的比例，罗马数字与比例间的横线用细实线绘制，如图 8-39 所示。当机件上被放大的部分仅一处时，在局部放大图的上方只需标注所采用的比例。放大图的投射方向应和被放大部分的投射方向一致，用细波浪线断开与整体联系的部分。若放大部分为剖视和断面时，其剖面符号的方向和间隔应与放大部分相同，如图 8-40 所示。

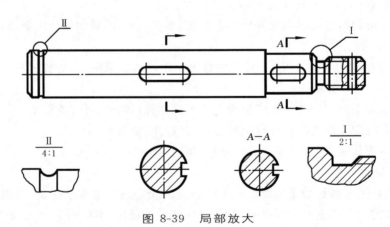

图 8-39　局部放大

注意，放大图上方的比例，即放大后图形的大小与实物大小之比（与原图上的比例无关）。

当图形相同或对称时，同一机件上不同部位的局部放大图只需画出一个，如图 8-40、图 8-41 所示。必要时，也可用几个放大图表达同一个被放大部位的结构，如图 8-42 所示。

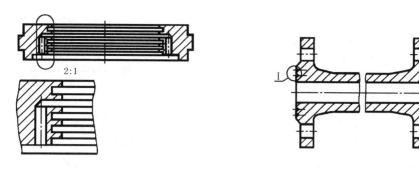

图 8-40　局部放大　　　　　　　　　　图 8-41　局部放大

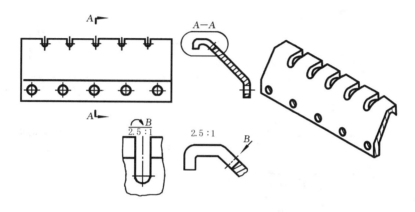

图 8-42　局部放大

8.4.2　简化画法

1) 相同结构的画法:当机件具有若干相同结构(如齿、槽等),并按一定规律分布时,只需画出几个完整的结构,其余用细实线连接,在图中注明该结构的总数,如图 8-43(a)所示。

若相同结构为若干直径相同且成规律分布的孔(圆孔、螺纹孔、沉孔等),可仅画出一个或几个,其余只需用点画线表示其中心位置,并注明结构总数,如图 8-43(b)所示。

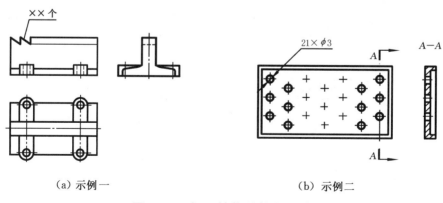

(a) 示例一　　　　　　　　　　(b) 示例二

图 8-43　相同结构的简化画法

2) 对称机件图形的省略:当某一机件图形对称时,在不引起误解的前提下,可画出略大于一半的局部视图,如图 8-44(a)所示。

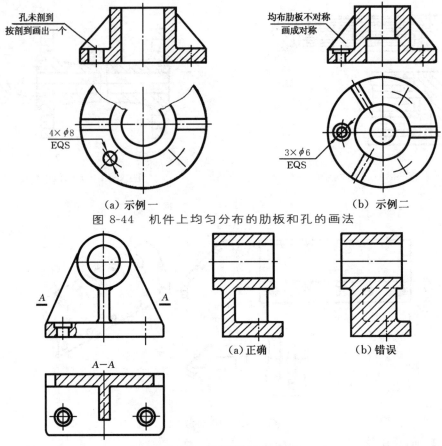

（a）示例一　　　　　　　　　（b）示例二

图 8-44　机件上均匀分布的肋板和孔的画法

图 8-45　肋板剖切的画法

3）肋、轮辐及薄壁结构的画法：对于机件的肋、轮辐及薄壁等，如按纵向剖切，这些结构都不画剖面符号，而用粗实线将它与其邻接部分分开；如按横向剖切，这些结构必须画出剖面符号，如图 8-45 所示。当机件回转体上均匀分布的肋、轮辐、孔等结构不处于剖切平面上时，可将这些结构旋转到剖切平面上画出，不需要标注，如图 8-44 所示。

4）网状结构和滚花表面的画法：对于网状物、编织物或机件上的滚花部分，可以在轮廓线附近用细实线示意画出，然后在图上或技术要求中注明这些结构的具体要求，如图 8-46 所示。

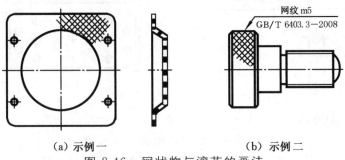

（a）示例一　　　　　　　　（b）示例二

图 8-46　网状物与滚花的画法

5）较长机件的断裂画法：较长的机件（轴、杆、型材）沿长度方向的形状一致或按一定规律变化时，可断开后缩短绘制，但要标注实际尺寸，如图 8-47 所示。

6) 过渡线、相贯线的画法:机件上的过渡线、相贯线在不引起误解时,允许用圆弧或直线来代替非圆曲线,如图 8-48 所示。

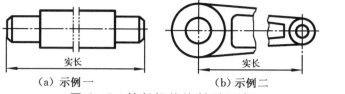

（a）示例一 　　　　　　　　（b）示例二

图 8-47　较长机件的断裂画法

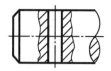

图 8-48　直线代替非圆曲线

7) 平面表示法:当机件的平面在视图中不能充分表达时,可用平面符号(两条相交的细实线)表示,如图 8-49 所示。

8) 法兰件均布孔的画法:法兰和类似机件上的均匀分布的孔,允许按图 8-50 所示的方法表示。

9) 与投影面倾斜角度较小的圆或圆弧的画法:与投影面倾斜角度不大于 30° 的圆或圆弧,其投影可以用圆或圆弧来代替真实投影的椭圆或椭圆弧,如图 8-51 所示。

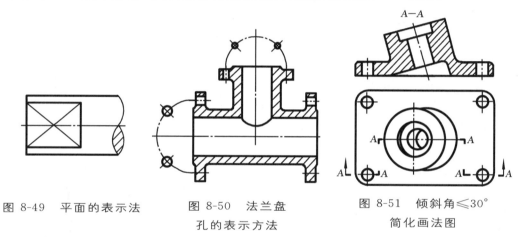

图 8-49　平面的表示法 　　　图 8-50　法兰盘 　　　图 8-51　倾斜角≤30°
　　　　　　　　　　　　　　　　孔的表示方法 　　　　　　简化画法图

10) 较小结构的简化画法:

① 类似如图 8-52(a)、图 8-52(b)所示的较小结构,如在一个视图已表达清楚,则在其他视图中可简化或省略。

② 机件上斜度不大的结构,如在一个视图已表达清楚,则在其他视图可按小端画出,如图 8-52(c)所示。

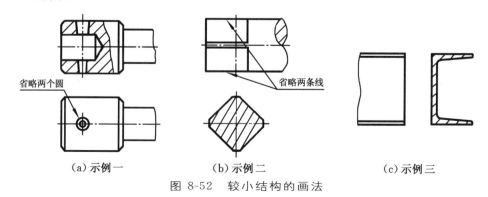

（a）示例一 　　　　　　（b）示例二 　　　　　　（c）示例三

图 8-52　较小结构的画法

111

③ 机件中的小圆角,锐边的小圆角或 45°小倒角允许省略不画,但必须注明尺寸或在技术要求中加以说明,如图 8-53 所示。

④ 机件上对称结构的局部视图,可按图 8-54 所示的第三角画法绘制。第三角画法参见 8.6.1。

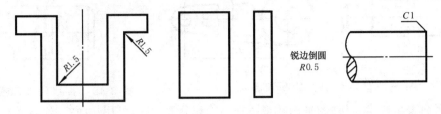

锐边倒圆
R0.5

图 8-53　小圆、小倒角的画法

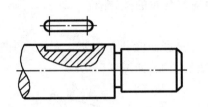
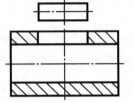

图 8-54　对称结构的局部视图

8.4.3　规定画法

在需要表达位于剖切平面前的结构时,这些结构用假想画法(双点画线)绘制,如图 8-55 所示。

由透明材料制成的机件,其视图须按不透明机件绘制。对于供观察用的刻度、数字、指针、液面等可按可见轮廓线绘制,如图 8-56 所示。

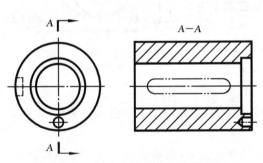
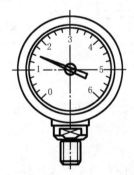

图 8-55　剖切平面前的结构画法　　　图 8-56　透明材料后供观察用的刻度、
　　　　　　　　　　　　　　　　　　　　　字体、指针等的画法

8.5　表达方法综合应用举例

在选择表达方法时,应首先了解机件的组成及结构特点,确定机件上哪些结构需要剖开表示,采用什么样的剖切方法,然后考虑几种不同的表达方案进行比较,从中选取最佳方案。

8.5.1　机件画图应用举例

图 8-57 所示为一托架的轴测图,根据轴测图分析它的表达方案。

(1) 形体分析

托架是由两个圆筒、十字肋板、长圆形凸台组成,凸台与上边圆筒相贯后,又加工了两个小孔,下边圆筒前方有两个沉孔。

（2）选择主视图

为了反映托架的形状特征:托架上两个圆筒的轴线交叉垂直,且上边长圆形凸台不平行于任何基本投影面,因此将托架下方圆筒的轴线水平放置,并以图 8-57中所示的 S 方向为主视图的投射方向。

图 8-58 所示为托架的表达方案(一)的主视图,采用了单一剖切面的剖切方法,画成局部剖视图,既表示了肋板、上下圆筒、凸台和下边圆筒前方两个沉孔的外部结构形状以及相对位置关系,又表示了下边圆筒内部阶梯孔的形状。图 8-59 中的方案(二)其主视图则主要表示外形。

（3）确定其他视图

由于上方圆筒上的长圆形凸台倾斜,俯视图和左视图都不能反映其实形,而且内部结构也需要表示,故方案(一)的左视图上部采用相交的剖切面画成局部剖视图,下方圆筒上的沉孔采用单一剖切面的局部剖视图。这样既表示了上下两圆筒与十字肋板的前后关系,又表示了上方圆筒的孔、凸台上的两个小孔

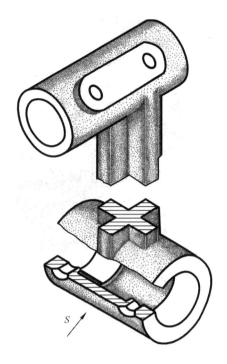

图 8-57 托架的立体图

和下边圆筒前方两个沉孔的形状。为了表示凸台的实形,采用了 A 斜视图。采用了移出断面图表示十字肋板的断面形状。

而方案(二)左视图是采用了相交的剖切面画成全剖视图。在此视图上肋板与下方圆筒剖开并无意义。由于下方圆筒上的阶梯孔及圆筒前方的两个沉孔没有表示清楚,故又采用了 D—D 单一剖切面的全剖视图来表示。

通过比较图 8-58 和图 8-59 所示支架的两种表达方案,方案(一)更佳。

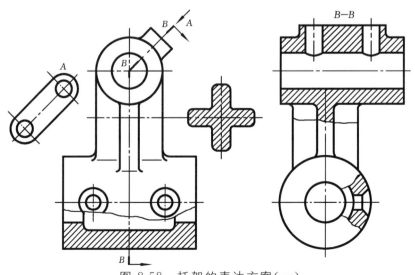

图 8-58 托架的表达方案(一)

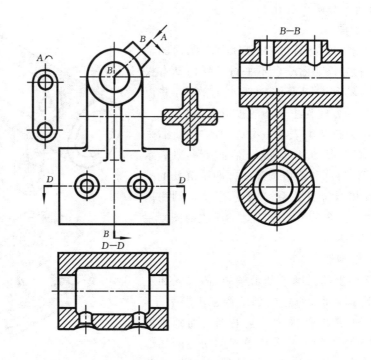

图 8-59　托架的表达方案（二）

8.5.2　机件看图应用举例

画图是选用合适的表达方法，将机件的内外结构完整、清晰地表示出来。而看图则是根据已有的表示方案，分析了解剖切关系以及示意图，从而想象出机件的内外结构形状。看懂如图 8-60 所示四通管表达方案，想象出结构形状。

1) 概括了解：了解机件选用了哪些表达方法、图形的数量、所画的位置、轮廓等，初步了解机件的复杂程度。

2) 仔细分析剖切位置及相互关系：根据剖切符号可知，主视图是用相交剖切平面剖开而得到的 B—B 全剖视图；俯视图是用相互平行的剖切面剖开而得到的 A—A 全剖视图；C—C 剖视图和 E—E 剖视图都是用单一剖切面剖开而得到的全剖视图；D 局部视图反映了顶部凸缘的形状。

3) 分析机件的结构，想象空间形状：在剖视图中，凡画剖面符号的图形，是离观察者最近的面。运用组合体的看图方法进行分析，想象出各线框在空间的位置关系，以及代表的基本体。由分析可知，该机件的基本结构是四通管体，主体部分是上下带有凸缘和凹坑的圆筒，上部凸缘是方形，由于安装需要，凸缘上带有四个圆柱形的安装孔，下方凸缘是圆形，也同样带有四个圆柱形的安装孔。主体的左边是带有圆形凸缘的圆筒与主体相贯，圆形凸缘上均布有 4 个小孔，主体的右边是带有菱形凸缘的圆筒与主体相贯，菱形凸缘上有两个小孔，从俯视图中看出主体左右两边的圆筒轴线不在一条直线上。

通过以上分析，想象出四通管的空间形状，如图 8-61 所示。

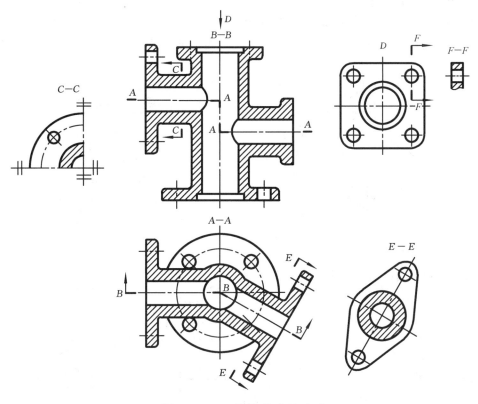

图 8-60　四通管的表达方案

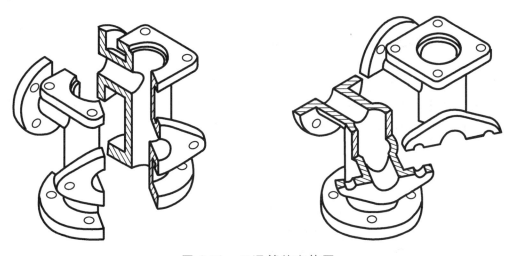

图 8-61　四通管的立体图

8.6　第三角画法简介

在工业生产中,经常遇到某些国家(如美国、日本等)采用第三角画法绘制的机械图样。随着国际技术交流的日益增加,有必要了解和掌握第三角画法。

8.6.1 第三角画法

如图 8-62 所示,三面投影体系中 H、V、W 投影面将空间分为八个分角。将机件置于第三分角内,并使投影面处于观察者与机件之间而得到正投影的方法称为第三角画法,如图 8-63 所示。

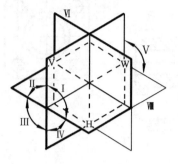

图 8-62　空间八个分角

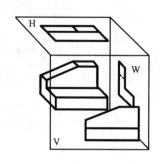

图 8-63　第三角内的机件

8.6.2 第三角画法中三视图的形成

如图 8-63 所示,从前向后观察机件,在 V 面上得到的视图称为前视图。从上向下观察机件,在 H 面上得到的视图称为顶视图。从右向左观察机件,在 W 面上得到的视图称为右视图。V 面不动,H 面、W 面绕各投影轴转动展开后形成第三角画法三视图,如图 8-64(b)所示。图 8-64(a)为第一角画法时三视图的位置关系。

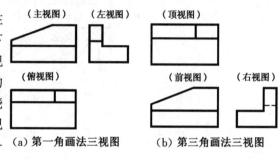

(a) 第一角画法三视图　　(b) 第三角画法三视图

图 8-64　两种三视图的区别

8.6.3 第三角画法中六个基本视图的形成

第三角画法的六个基本投影面的展开以及得到的六个视图的布置如图 8-65 所示。其名称分别为前视图、左视图、右视图、顶视图、底视图、后视图与第一角画法中的主视图、左视图、右视图、俯视图、仰视图、后视图相对应。各视图之间也符合"长对正,高平齐,宽相等"的原则。

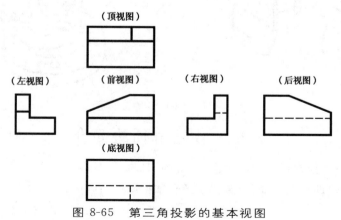

图 8-65　第三角投影的基本视图

8.6.4　第三角画法的识别符号

在国际标准 ISO 标准中，第一角画法用图 8-66（a）的符号表示，第三角画法用图 8-66(b)的符号表示。画法的识别符号画在标题栏附近。国家标准规定,我国采用第一角画法。因此,采用第一角画法时无需标出画法的识别符号。当采用第三角画法时,必须在图样中(在标题栏附近)画出第三角画法的识别符号[图 8-66(b)]。

（a）第一角　　　　　　　　　（b）第三角

图 8-66　第一角和第三角画法的识别符号

第9章 标准件和常用件

在各种机器设备上,经常会用到如螺栓、螺钉、螺母、垫圈、销、键、滚动轴承等各种不同的零件。这些零件的应用范围非常广泛,需要量很大。所以国家对它们的结构形式、尺寸规格和技术要求等,全部制定了统一的标准,并由工厂专业化大量生产,这类零件称为标准件。而对有些零件的结构形式、尺寸规格部分地施行标准化,例如,齿轮和弹簧称为常用件。

本章将分别介绍标准件和常用件的结构、画法和标注方法。

9.1 螺 纹

9.1.1 基本概念

(1) 螺纹的形成

在圆柱或圆锥表面上,沿着螺旋线所形成的,具有相同轴向断面的连续凸起和沟槽的螺旋体称为螺纹。螺纹凸起部分称为牙,螺纹凸起部分顶端表面称为牙顶,螺纹沟槽底部表面称为牙底。

在圆柱或圆锥外表面形成的螺纹称为外螺纹;在圆柱或圆锥内表面形成的螺纹称为内螺纹。螺纹加工方法很多,少量生产采用车削或手工加工,大量生产采用搓丝机等设备。车削时工件作等速回转运动,刀具沿工件轴向作等速直线运动,其合成运动形成的即是螺纹,图 9-1 所示为车床加工螺纹。图 9-2 所示为丝锥加工内螺纹,先用钻头钻出圆柱孔,再用丝锥攻出内螺纹。

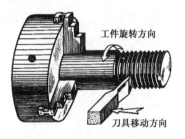
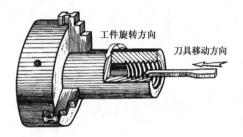

(a) 车外螺纹　　　　　　　　　　　(b) 车内螺纹

图 9-1　螺纹的加工方法

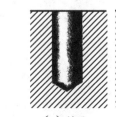

（a）钻孔　　　（b）攻内螺纹

图 9-2　丝锥加工内螺纹

（2）螺纹的有关术语和结构要素

1）牙型：通过螺纹轴线剖切所得螺纹牙齿的断面形状称为牙型。常见的牙型有三角形、梯形、锯齿形和矩形。如图 9-3 所示。

(a) 普通螺纹 M　　(b) 管螺纹 G　　(c) 梯形螺纹 Tr　　(d) 锯齿形螺纹 B　　(e) 矩形螺纹

图 9-3　螺纹的牙型

2）公称直径：螺纹直径分为大径、中径和小径，如图 9-4 所示。螺纹的大径称为公称直径。内、外螺纹的公称直径分别用 D、d 表示。

3）螺纹线数：螺纹有单线与多线之分，沿一条螺旋线形成的螺纹称单线螺纹。沿两条或两条以上的螺旋线形成的螺纹称为双线螺纹或多线螺纹，如图 9-5 所示。

4）旋向：螺纹分左旋和右旋。顺时针旋入的螺纹称为右旋螺纹，逆时针旋入的螺纹称为左旋螺纹。如图 9-6 所示。

5）螺距和导程：螺纹相邻两牙在中径线上对应两点间的轴向距离称为螺距，用"P"表示。同一螺旋线上的相邻两牙在中径线上对应两点间的轴向距离称为导程，用"P_h"表示。螺距与导程的关系为：单线螺纹 $P = P_h$；多线螺纹 $P = P_h/n$。如图 9-5 所示。

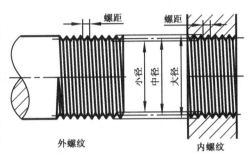

图 9-4　螺纹各部名称

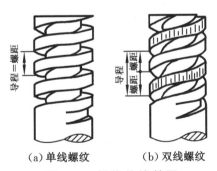

(a) 单线螺纹　　(b) 双线螺纹

图 9-5　螺纹的线数图

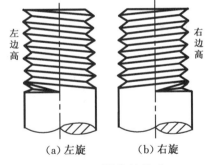

(a) 左旋　　(b) 右旋

图 9-6　螺纹的旋向

内、外螺纹旋合时它们的牙型、公称直径、旋向、线数和螺距等要素必须一致。

在螺纹要素中，牙型、公称直径和螺距是决定螺纹最基本的要素，称为螺纹三要素。凡三要素符合国家标准的称为标准螺纹，螺纹牙型符合国家标准，而公称直径、螺距不符合国家标准的称为特殊螺纹，若牙型不符合国家标准的称为非标准螺纹。

9.1.2　螺纹的规定画法

1）外螺纹的画法：在平行于螺纹轴线的投影面的视图中，螺纹牙顶（大径）线及螺纹终止线用粗实线绘制，牙底（小径约是大径的 0.85 倍）线用细实线绘制并应画入螺杆的倒角中。在螺纹投影为圆的视图中，大径圆用粗实线绘制，表示牙底的细实线圆只画约 3/4 圈，不画倒角圆,如图 9-7(a)所示。剖视图画法如图 9-7(b)所示。

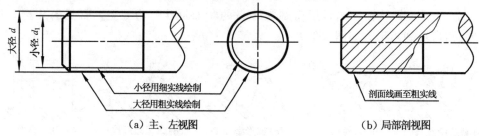

(a) 主、左视图   (b) 局部剖视图

图 9-7   外螺纹的画法

2) 内螺纹的画法:当用剖视图表示螺纹时,其小径(约 0.85D)线及螺纹终止线用粗实线绘制,大径线用细实线绘制。在投影为圆的视图中,表示大径的圆用细实线绘制,且只画约 3/4 圈,小径圆用粗实线绘制,不画倒角圆。在剖视图中剖面线画到粗实线,如图 9-8(a)所示。内螺纹不剖时可按图 9-8(b)绘制。

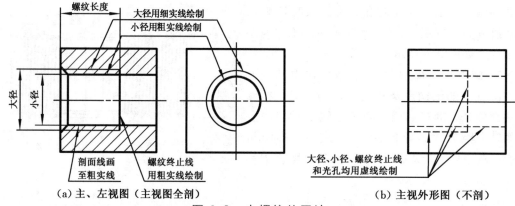

(a) 主、左视图(主视图全剖)   (b) 主视外形图(不剖)

图 9-8   内螺纹的画法

绘制不通孔时,应将钻孔深度和螺孔深度分别绘出。钻孔深度一般比螺孔深度大 0.5D,锥顶角画成 120°,画法如图 9-9(a)所示。螺孔的简化画法如图 9-9(b)所示。

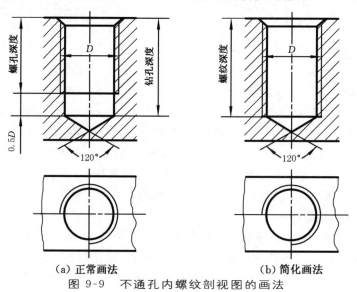

(a) 正常画法   (b) 简化画法

图 9-9   不通孔内螺纹剖视图的画法

3）螺纹连接的画法：用剖视图表示内、外螺纹连接时，其旋合部分按外螺纹画法绘制，其余部分仍按各自的规定画法绘制，注意：①图中剖面线画到粗实线；②画图时一定要使内、外螺纹的大径对齐，小径也对齐；③内螺纹的小径与螺杆上的倒角无关。绘制方法如图 9-10 所示。

4）圆锥螺纹的画法：左视图按左侧大端螺纹绘制，右视图按右侧小端螺纹绘制，如图 9-11 所示。

5）非标准螺纹的画法：绘制非标准螺纹时，应用局部视图或局部放大图画出螺纹牙型，并标注所需尺寸及有关要求，如图 9-12 所示。

6）退刀槽：在制造螺纹时，因加工的刀具要退出或其他原因，螺纹的末端部分将产生不完整的牙型，要消除不完整牙型，在螺纹终止处加工出一个槽，此槽称为退刀槽，如图 9-13 所示。螺纹的退刀槽的画法和尺寸以及其他结构见附表 C-4。

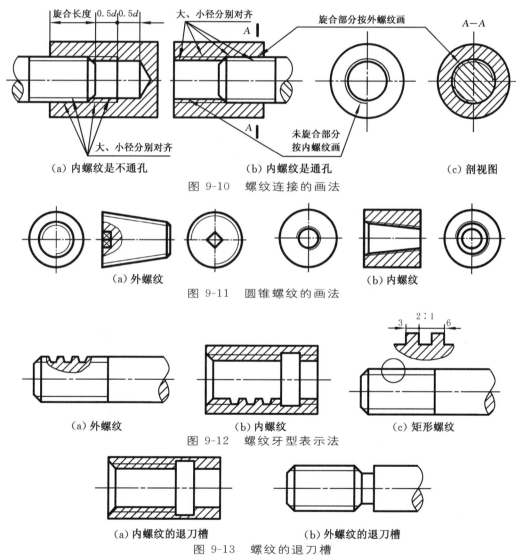

（a）内螺纹是不通孔　　　　　（b）内螺纹是通孔　　　　　（c）剖视图

图 9-10　螺纹连接的画法

（a）外螺纹　　　　　　　　　　（b）内螺纹

图 9-11　圆锥螺纹的画法

（a）外螺纹　　　　（b）内螺纹　　　　（c）矩形螺纹

图 9-12　螺纹牙型表示法

（a）内螺纹的退刀槽　　　　　（b）外螺纹的退刀槽

图 9-13　螺纹的退刀槽

螺孔中相贯线的画法如图 9-14 所示。

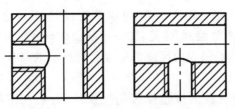

图 9-14　螺孔中相贯线的画法

9.1.3　螺纹的种类

螺纹按用途可分为连接螺纹、传动螺纹和专用螺纹,见表 9-1。

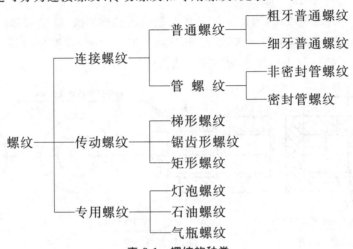

表 9-1　螺纹的种类

螺纹分类	螺纹种类	外形及牙型图	特征代号	螺纹分类	螺纹种类	外形及牙型图	特征代号
连接螺纹	粗牙普通螺纹	60°	M	连接螺纹	密封锥管螺纹	55°	R(外)、Rc(内)
	细牙普通螺纹			传动螺纹	梯形螺纹	30°	Tr
	非密封管螺纹	55°	G		锯齿形螺纹	3° 30°	B

9.1.4　螺纹的标注

螺纹按国家标准规定画出图形后,图上并未标明牙型、公称直径、螺距、线数和旋向等要素,需要用代号或标记的方式来说明。

（1）普通螺纹

普通螺纹的标注形式如下:

特征代号	公称直径×导程(P 螺距)	旋向-公差带代号-旋合长度代号

122

单线时,导程与螺距相同,公称直径×导程(P 螺距) 改为 公称直径×螺距 。

例如: M 20 LH-5g 6g-S

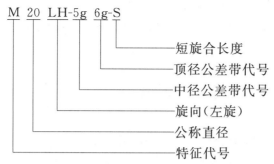

短旋合长度
顶径公差带代号
中径公差带代号
旋向(左旋)
公称直径
特征代号

1) 特征代号:普通螺纹的特征代号为 M,公称直径为螺纹的大径。每一规格的粗牙普通螺纹有唯一的螺距,因此粗牙普通螺纹不标螺距。每一规格的细牙普通螺纹有几个不同的螺距供选用,因此细牙普通螺纹必须标注螺距。右旋螺纹不标注旋向,左旋螺纹应标注"LH"。

2) 公差带代号:公差带代号由公差等级和基本偏差代号组成。

① 公差等级:内螺纹中径、顶径公差等级有 4、5、6、7、8 五种;外螺纹中径公差等级有 3、4、5、6、7、8、9 七种,顶径有 5、6、7 三种。

② 基本偏差代号:内螺纹的基本偏差代号有 G、H 两种,外螺纹基本偏差代号有 e、f、g、h 四种。

普通螺纹的公差带代号标注中径和顶径两个代号,两个代号相同时只注写一个代号。

3) 旋合长度:普通螺纹的旋合长度分短、中、长三种旋合长度,分别用代号 S、N、L 表示,当旋合长度为中等旋合长度时,"N"不标注。标注形式见表 9-2。

(2)管螺纹

管螺纹的标注形式如下:

特征代号 尺寸代号 旋向

尺寸代号表示具有管螺纹管子的内径,单位为英寸。

管螺纹分密封管螺纹和非密封管螺纹。管螺纹的特征代号如下:

1) 非密封管螺纹有非密封外管螺纹(G)、非密封内管螺纹(G);

2) 密封管螺纹有圆锥外管螺纹(R)、圆锥内管螺纹(Rc)、圆柱内管螺纹(Rp)。

管螺纹尺寸代号不用螺纹的公称直径表示,而是用管子内孔径的大约直径表示;公差等级只有外螺纹需要标注,分别为 A、B 两个等级,内螺纹不标注。左旋螺纹需标注"LH"。例如,"G1/2ALH"表示尺寸代号为 1/2 的非密封管螺纹,精度等级为 A 级,左旋外螺纹。管螺纹的标注形式见表 9-2。

(3)梯形螺纹和锯齿形螺纹

梯形螺纹和锯齿形螺纹的标注形式如下:

特征代号 公称直径×导程(P 螺距) 旋向-中径公差带代号-旋合长度

梯形螺纹特征代号为"Tr",锯齿形螺纹特征代号为"B",公称直径为大径,单线螺纹标注"公称直径×螺距";多线螺纹标注"公称直径×导程(P 螺距)"。左旋标注"LH",右旋不标注旋向。

"Tr40×14(P7)LH-8e-L"表示公称直径为 40 mm,导程为 14 mm,螺距为 7 mm,中径公差带代号为 8e,长旋合长度的双线左旋梯形螺纹。

　　"B40×7-7e"表示公称直径为 40 mm,螺距为 7 mm,中径公差带代号为 7e,中等旋合长度的单线右旋锯齿形螺纹。标注示例见表 9-2。

表 9-2　螺纹标注示例

螺纹类别		标 注 示 例	说 明
连接螺纹	粗牙普通螺纹		粗牙普通螺纹,大径 10 mm,右旋;外螺纹中径和顶径公差带代号都是 6g;内螺纹中径和顶径公差带代号都是 6H;中等旋合长度
	细牙普通螺纹		细牙普通螺纹,大径 10 mm,螺距 1 mm,左旋;外螺纹中径和顶径公差带代号都是 6g;内螺纹中径和顶径公差带代号都是 6H;中等旋合长度
连接螺纹	非密封管螺纹		非密封管螺纹,外螺纹尺寸代号为 1,右旋,A 级精度。内螺纹的尺寸代号为 1/2,左旋
	密封管螺纹		密封圆锥管螺纹,外螺纹尺寸代号为 3/4,右旋。内螺纹的尺寸代号为 3/4,左旋
传动螺纹	梯形螺纹		梯形外螺纹,公称直径 40 mm,双线,导程 14 mm,螺距 7 mm,左旋,中径公差带代号 8e,长旋合长度
	锯齿形螺纹		锯齿形外螺纹,公称直径 32 mm,单线,螺距 6 mm,右旋

9.2 螺纹紧固件

9.2.1 螺纹紧固件的种类

常用的螺纹紧固件有螺栓、双头螺柱、螺钉、螺母和垫圈等。如图 9-15 所示。

(a)六角螺栓　(b)双头螺柱　(c)内六角圆柱头螺钉　(d)开槽圆柱头螺钉　(e)开槽沉头螺钉

(f)六角螺母　(g)开槽六角螺母　(h)平垫圈　(i)弹簧垫圈　(j)圆螺母　(k)锁紧垫圈

图 9-15　常用的螺纹紧固件

9.2.2 螺纹紧固件的标记

上述紧固件的结构形式和尺寸都已标准化,并由标准件厂大量生产。在设计选用时不必画零件图,只需标出规定的标记。螺纹紧固件标记示例见表 9-3。

表 9-3　常用螺纹紧固件规定标记

名　　称	标记示例	名　　称	标记示例
六角螺栓 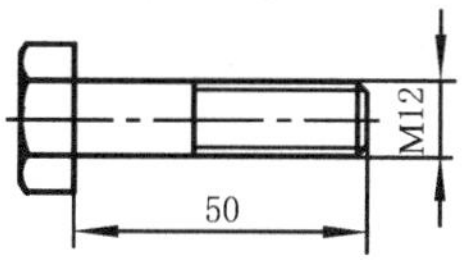	螺栓　GB/T 5782 M12×50	开槽锥端紧定螺钉 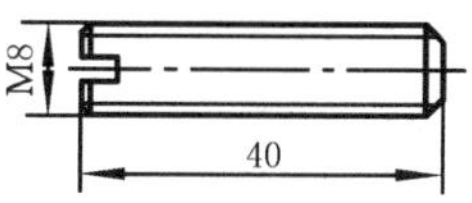	螺钉　GB/T 71 M8×40
内六角螺钉 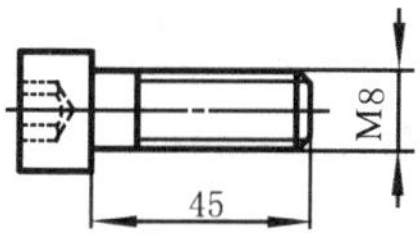	螺钉　GB/T 70.1 M8×45	开槽长圆柱端紧定螺钉 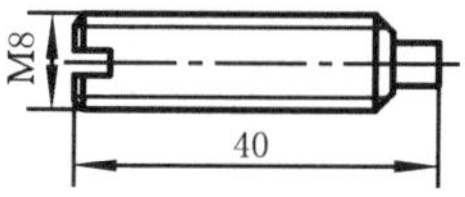	螺钉　GB/T 75 M8×40
开槽圆柱螺钉 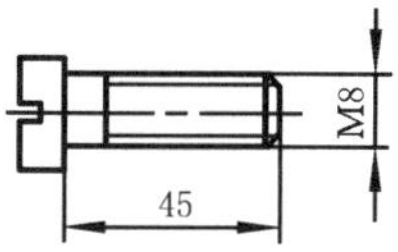	螺钉　GB/T 65 M8×45	双头螺柱A型 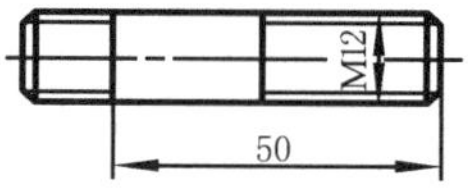	螺柱　GB/T 897 AM12×50
开槽沉头螺钉 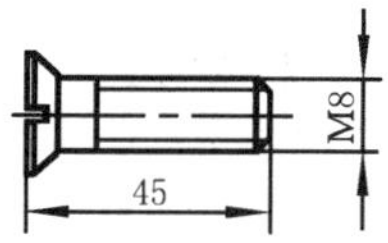	螺钉　GB/T 68 M8×45	I 型六角螺母 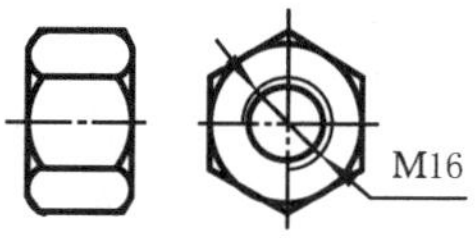	螺母　GB/T 6170 M16

名　称	标记示例	名　称	标记示例
I 型六角开槽螺母	螺母　GB/T 6178 M16	垫圈	垫圈　GB/T 97.1　16
十字槽沉头螺钉	螺钉　GB/T 819.1 M8×45	标准弹簧垫圈	垫圈　GB/T 93　16

9.2.3 螺纹紧固件的比例画法

螺纹紧固件的各部分尺寸可从国家标准中查出。但为了使画图快捷方便,画图时可采用比例画法绘制螺纹紧固件。除长度 l 需要计算查表决定外,其他各部尺寸都以螺纹大径 d(或 D)按一定比例画出,见表 9-4。

表 9-4　螺纹紧固件的比例画法

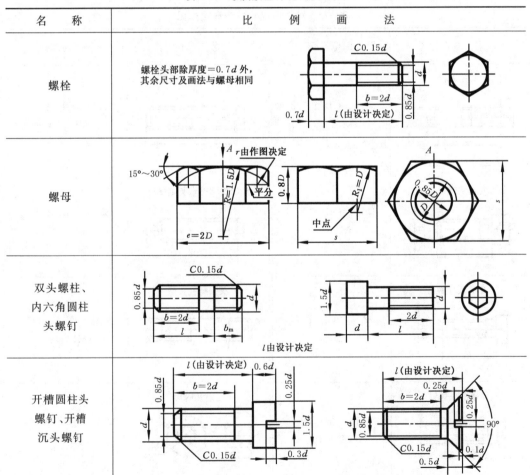

名　称	比　例　画　法
螺栓	螺栓头部除厚度=0.7d 外,其余尺寸及画法与螺母相同
螺母	
双头螺柱、内六角圆柱头螺钉	l 由设计决定
开槽圆柱头螺钉、开槽沉头螺钉	

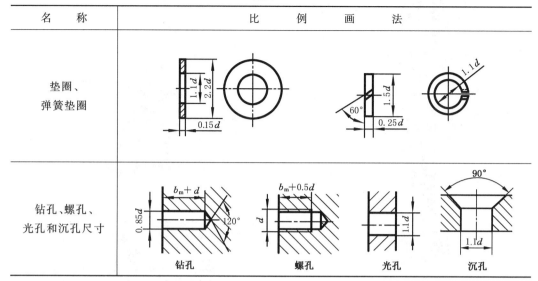

名　　称	比　例　画　法
垫圈、 弹簧垫圈	
钻孔、螺孔、 光孔和沉孔尺寸	

9.2.4　螺纹紧固件连接的画法

螺纹紧固件连接是可拆卸的连接,常用的形式有:螺栓连接、螺柱连接、螺钉连接和螺钉紧定等。画螺纹连接图时,应遵守以下基本规定:

1) 两零件的接触面只画一条线,不接触面必须画两条线。

2) 在剖视图中,当剖切平面通过螺纹紧固件(如螺栓、螺柱、螺母、垫圈等)的轴线时,这些零件都按不剖切绘制。

3) 相邻两个零件的剖面线方向应相反,不可避免时可相同,但必须相互错开或间隔不一致。同一零件在各视图上的剖面线方向和间隔必须一致。

4) 螺纹紧固件的工艺结构,如倒角、退刀槽等均可省略不画。

（1）螺栓连接的画法

螺栓连接是工程上应用较广泛的一种连接方式,由螺栓穿过被连接两零件的通孔,再加上垫圈,拧紧螺母,即把零件连接在一起。这种连接适用于被连接件不太厚,而且又允许钻成通孔的情况,如图 9-16 所示。

绘制螺栓连接时,可根据选定的螺栓、螺母、垫圈的种类,按比例画法绘制图形。绘制前,首先根据零件厚度计算出螺栓有效长度的大约值:

$$l = \delta_1 + \delta_2 + h(\text{垫圈厚度}) + m(\text{螺母厚度}) + a(\text{伸出螺母的长度})$$

式中:$a = 0.3d$。

螺栓长度 l 计算之后,可在国家标准中查出螺栓标准长度。绘图顺序按图 9-17 绘制。螺栓连接简化画法如图 9-18 所示。

（2）双头螺柱连接的画法

螺柱是一种两端均有螺纹的圆柱状连接件,通常用于工件本身较厚或不允许加工成通孔的零件,所以将螺柱一端拧入零件上的螺孔内,另一端穿过被连接件的通孔,套上垫圈,拧紧螺母。

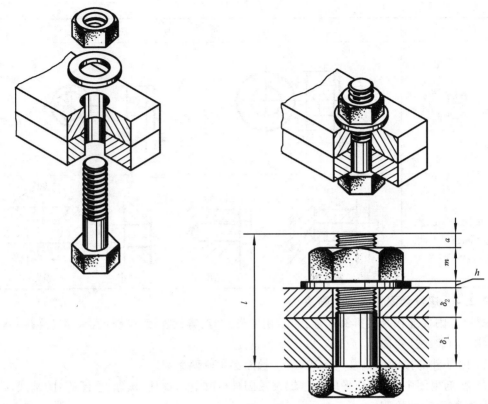

图 9-16　螺栓连接立体图

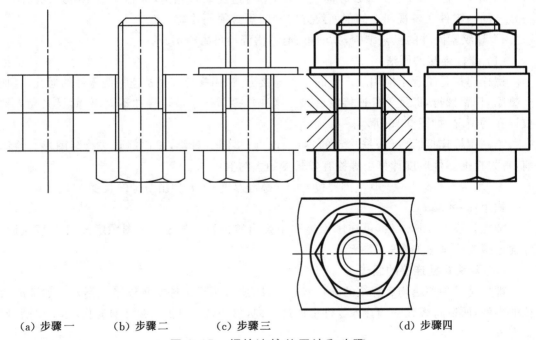

（a）步骤一　　　（b）步骤二　　　（c）步骤三　　　　　（d）步骤四

图 9-17　螺栓连接的画法和步骤

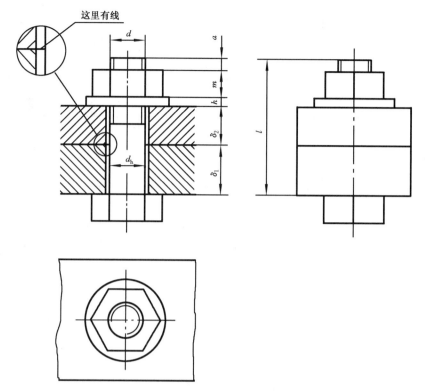

图 9-18　螺栓连接简化画法

1）双头螺柱安装时,螺纹旋入工件的深度为 b_m,由于工件材料的不同,可按表 9-5 选择 b_m 的长度。

表 9-5　双头螺柱旋入深度的选用

螺孔件材料	旋入端长度选择	国家标准代号
钢、青铜、硬铝	$b_m=1d$	GB/T 897—88
铸铁	$b_m=1.25d$	GB/T 898—88
	$b_m=1.5d$	GB/T 899—88
铝或其他较软的材料	$b_m=2d$	GB/T 900—88

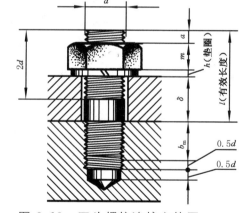

2）采用螺柱连接时,螺柱的旋入端必须全部地旋入螺孔内,绘图结构可按螺纹连接不通孔绘制。

3）螺柱的有效长度（不包括旋入端长度 b_m）按下式计算,并在螺柱国家标准中选取标准长度。各部分尺寸关系,如图 9-19 所示。

图 9-19　双头螺柱连接立体图

$$l \geqslant \delta + h + m + a$$

式中:h、m、a 的值与螺栓连接的算法相同。

4）双头螺柱旋入机件一端的螺纹终止线与该机件端面平齐。拧紧螺母一端的螺纹终止线要低于机件端面,按 $b=2d$ 画出。

5）弹簧垫圈的开口应与图中的倾斜方向相同。螺母、弹簧垫圈均用比例画法绘制。双头螺柱的绘图步骤如图 9-20 所示。双头螺柱连接简化画法如图 9-21 所示。

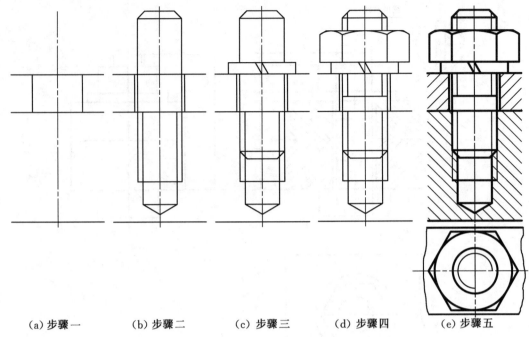

| (a) 步骤一 | (b) 步骤二 | (c) 步骤三 | (d) 步骤四 | (e) 步骤五 |

图 9-20　双头螺柱连接的画图步骤

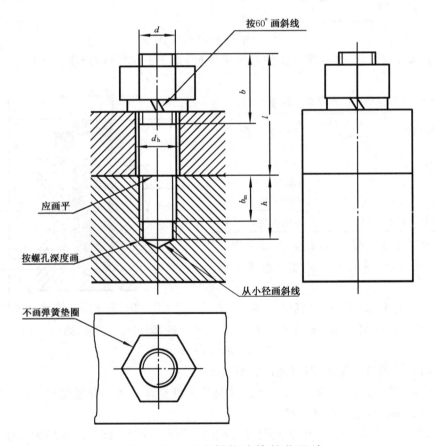

图 9-21　双头螺柱连接简化画法

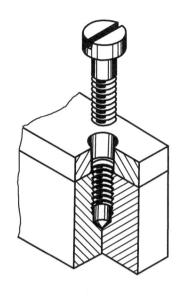
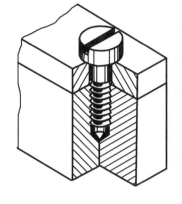
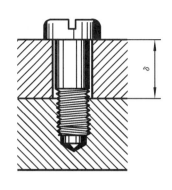

图 9-22　螺钉连接立体图

（3）螺钉连接的画法

螺钉连接一般用于受力不大而又经常拆卸的场合。螺钉直接旋入螺孔，压紧被连接件，如图 9-22 所示。螺钉连接比例画法如图 9-23 所示，简化画法如图 9-24 所示。

画图时应注意：

1）根据旋入件的材料选择旋入长度 b_m，并由具体结构计算螺钉长度，按国家标准选取标准长度；

2）螺纹终止线应高出螺孔端面，在螺钉投影为圆的视图中，螺钉头部的开槽，应画成与水平方向呈45°角。

（4）螺纹连接中绘图注意事项

螺纹连接的画法比较繁琐，在绘图中容易出现错误。螺纹连接中常见的错误如图9-25所示。

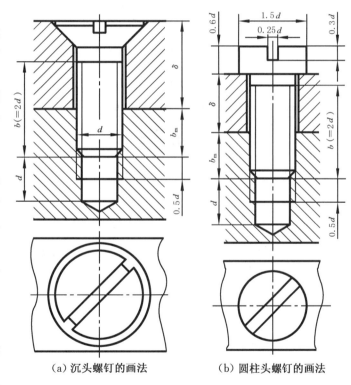

（a）沉头螺钉的画法　　（b）圆柱头螺钉的画法

图 9-23　螺钉连接的比例画法

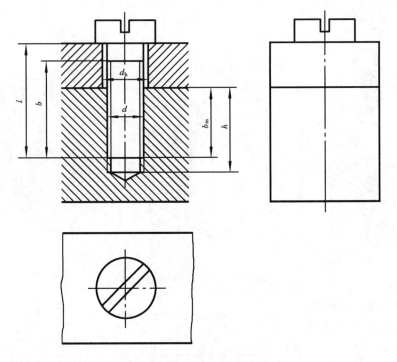

图 9-24　螺钉连接简化画法

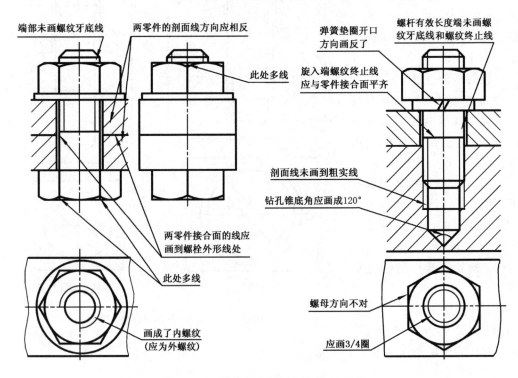

图 9-25　螺纹紧固件连接常见错误

9.3 键、花键和销

9.3.1 键

机器中通常使用键联结轴和轴上的传动零件(如齿轮、皮带轮等)。并通过键来传递扭矩。如图 9-26 所示,在轴上和轮毂上加工出键槽,装配时先将键装入轴的键槽内,然后将轮毂上的键槽对准轴上的键,把轮子装在轴上,传动时,轴和轮就会一起转动。

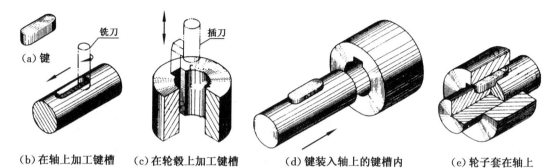

(a)键　(b)在轴上加工键槽　(c)在轮毂上加工键槽　(d)键装入轴上的键槽内　(e)轮子套在轴上

图 9-26　键联结

键的种类很多,常用的有普通平键、半圆键和钩头楔键等,如图 9-27 所示。

(1)键联结的画法和标记

1)键的类型及标记:键的型式和标记已标准化,见表 9-6。

表 9-6　常用键的型式和标记示例

名称	标准号	图　　例	标记示例
普通平键	GB/T 1096 —2003		圆头普通平键(A)型 $b=16$ mm、$h=10$ mm、$L=100$ mm 标记为: GB/T 1096　键　$16\times10\times100$
半圆键	GB/T 1099.1 —2003		半圆键 $b=6$ mm、$h=10$ mm、$d_1=25$ mm 标记为: GB/T 1099.1　键　$6\times10\times25$
钩头型楔键	GB/T 1565 —2003		钩头楔键 $b=18$ mm、$h=11$ mm、$L=100$ mm 标记为: GB/T 1565　键　18×100

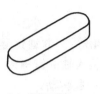
（a）普通平键

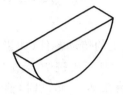
（b）半圆键

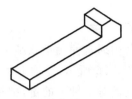
（c）钩头楔键

图 9-27　键的种类

2）键槽的画法及标注：键及键槽的尺寸应根据轴的直径来确定，举例如下。

例 9-1　已知轴的直径 $d=\phi38$，轮毂长度为 45 mm，试查表决定 A 型普通平键及键槽尺寸，写出键的规定标记，画出键槽图，并标注尺寸。计算时参照图 9-28计算。

根据要求，先在附表 F-1 普通平键型式尺寸中的"公称尺寸"栏中找到 $d>30\sim38$ 处沿横向查得：

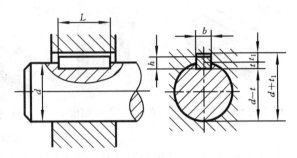

图 9-28　键联结装配图

1）键的公称尺寸 $b\times h$ 为 10×8，键宽为 10，键高为 8；

2）键的长度 $L=22\sim110$，根据轮毂长 45（题给），参照附表 F-1 键的长度系列取键长 40；

3）轴键槽深度 $t=5$，在零件图中应按 $d-t=38-5=33$ 标注，如图 9-29（a）所示；

4）毂槽深度 $t_1=3.3$，在图中必须按 $d+t_1=38+3.3=41.3$ 标注，如图 9-29（b）所示。

键槽的宽度和轴上键槽的长度都必须与键的基本尺寸相同。各项尺寸偏差按表内所列数据及备注说明处理。

该键的标记为：

$$GB/T\ 1096\quad 键\quad 10\times8\times40$$

轴上的键槽和轮毂上的键槽的画法及尺寸标注如图 9-29 所示。

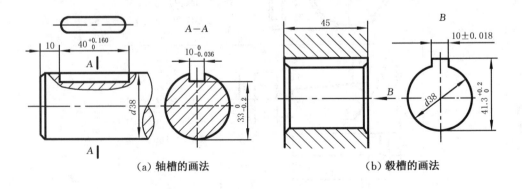

（a）轴槽的画法　　　　　　　　　　　（b）毂槽的画法

图 9-29　键槽的画法及尺寸标注

3）键联结的画法:在画普通平键装配图时,剖切平面通过轴线及键的对称平面时,轴和键均按不剖绘制,为了表达轴上的键槽和键,在轴上采用局部剖。键的顶面与轮毂键槽底面是非接触面,应画两条线。键的侧面是工作面,与轴和轮毂上的键槽两侧面接触,应画一条线,如图9-30所示。

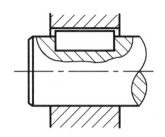

图 9-30 普通平键联结的画法

（2）半圆键、楔键联结的画法

半圆键联结的画法与普通平键联结的画法类似,如图 9-31(a)所示。

楔键有普通楔键和钩头楔键,其顶面的斜度为 1∶100。装配时将它打入键槽内,键的上、下面分别与轮和轴的键槽紧密接触,靠键的上、下面与键槽的摩擦力联结轮和轴来传递运动和力。其两侧为非工作面(不与键槽接触),所以键和键槽的侧面应画成两条线。装配图画法如图 9-31(b)所示。

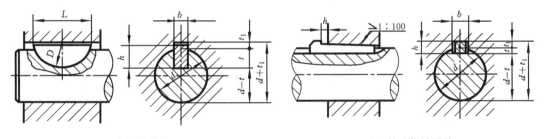

（a）半圆键联结 （b）钩头楔键联结

图 9-31 键联结的画法

9.3.2 花键

花键是机器中经常使用的标准件,它与轴和孔制成一体,联结比较可靠,传递动力大,联结精度高。花键可分为外花键和内花键,如图 9-32 所示,它的结构及尺寸已标准化。

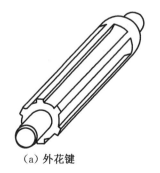

（a）外花键 （b）内花键

图 9-32 花键的种类

（1）花键的画法

1）外花键的画法：在平行于花键轴线的投影面的视图中，大径用粗实线，小径用细实线绘制。轴向断面视图画出全部齿形，也可用省略画法画出一部分齿形，但要注明齿数。工作长度的终止端和尾部长度的末端均用细实线绘制，并与轴线垂直。尾部则画成与轴线呈30°的斜细实线。花键代号应指在大径上，如图9-33（a）所示。

2）内花键的画法：在平行于花键轴线的投影面上的剖视图中，大径及小径均用粗实线绘制。轴向局部视图画出全部齿形，也可用省略画法画出部分齿形，但要注明齿数。用省略画法时，外径用细实线表示，内径用粗实线表示，如图9-33（b）所示。

3）花键联结的画法：花键联结用剖视图表示时，其联结部分按外花键的画法表示，如图9-34所示。

（2）花键的标注

花键的标注方法有两种方式：一种是在图中注出公称尺寸 D（大径）、d（小径）、B（键宽）、N（齿数）等；另一种是用指引线注出花键代号，如图9-33所示。花键代号型式为 $N\text{-}d \times D \times B$，例如，$6\text{-}45 \times 50 \times 12$。花键尺寸可以从设计手册中查出，无论采用哪种标注，花键的工作长度都要在图上注出。

矩形花键联结的标记：

$$\text{GB/T } 1144 \quad \sqcap \quad 6\text{-}45\,\frac{\text{H7}}{\text{f7}} \times 50\,\frac{\text{H10}}{\text{a11}} \times 12\,\frac{\text{H11}}{\text{d10}}$$

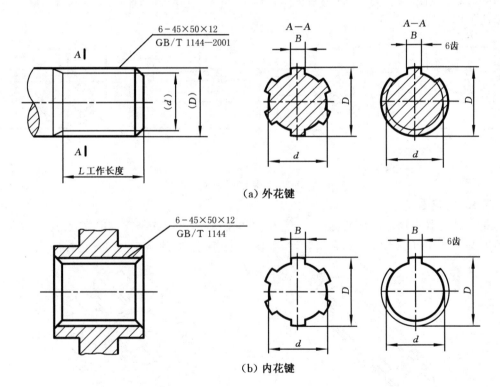

（a）外花键

（b）内花键

图 9-33　内、外花键的画法

136

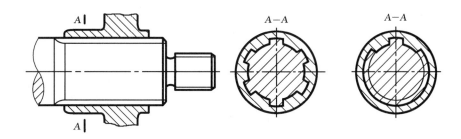

图 9-34　花键联结的画法

9.3.3　销

在机器中,销用来连接和定位。常用的销有圆柱销、圆锥销、开口销,如图 9-35 所示。

圆柱销的连接画法如图 9-36 所示。当剖切平面通过销轴线时,销按不剖绘制。圆锥销的锥度为 1：50,其公称直径是指小头直径,其连接画法如图 9-37 所示。用圆柱销或圆锥销连接或定位的两零件,其销孔是一起加工的,在零件图中应注明。

　（a）圆柱销　　　　　　　　（b）圆锥销　　　　　　（c）开口销

图 9-35　销的种类

开口销一般用来防止零件松动或防脱落,如图 9-38 所示,在销轴的端部安一个垫圈,并穿入一个开口销,防止销轴脱落。

销的种类及标记示例见表 9-7。

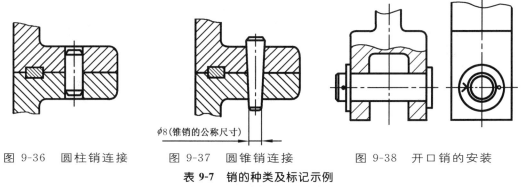

$\phi 8$(锥销的公称尺寸)

图 9-36　圆柱销连接　　图 9-37　圆锥销连接　　图 9-38　开口销的安装

表 9-7　销的种类及标记示例

类　型	标　注　示　例	类　型	标　注　示　例
圆柱销	普通圆柱销 L b 销　GB/T 119.1　A10×50	圆柱销	内螺纹圆柱销 L b 销　GB/T 120.1　A10×50

类 型	标 注 示 例	类 型	标 注 示 例
销轴	销轴　GB/T 882　B10×50	圆锥销	内螺纹圆锥销 销　GB/T 118　A10×50
圆锥销	普通圆锥销 销　GB/T 117　A10×50	开口销	销　GB/T 91　5×50

9.4　滚动轴承

　　滚动轴承是支承旋转轴的标准件,它可以减少轴转动时产生的摩擦力,大大降低了动力的损耗,提高工作效率,并在机器中得到广泛应用。

9.4.1　滚动轴承的结构和分类

　　滚动轴承的种类很多,滚动轴承结构通常由外圈、内圈、滚动体、保持架组成,如图9-39所示。由于轴承为标准件,无需画出零件图,可根据设计需要在国家标准中选用。

　　滚动轴承按承受载荷的方向可分为三类:

　　1) 向心轴承:主要承受径向载荷,如深沟球轴承[图9-39(a)];

　　2) 推力轴承:仅能承受轴向载荷,如推力球轴承[图9-39(b)];

　　3) 向心推力轴承:能同时承受径向和轴向载荷,如圆锥滚子轴承[图9-39(c)]。

（a）向心轴承　　　　　（b）推力轴承　　　　　（c）向心推力轴承

图 9-39　三类滚动轴承

9.4.2　滚动轴承的代号

　　滚动轴承的种类很多,为了便于选择和使用,对滚动轴承的结构、尺寸、公差等级等特征,标准中规定均用代号来表示。

　　国家标准规定轴承代号由前置代号、基本代号、后置代号三部分组成,排列顺序为:

$$\boxed{前置代号}\ \boxed{基本代号}\ \boxed{后置代号}$$

　　1) 基本代号由轴承类型代号、尺寸系列代号、内径代号组成,排列顺序为:

$$\boxed{轴承类型代号}\ \boxed{尺寸系列代号}\ \boxed{内径代号}$$

　　轴承的类型代号用数字或字母表示,见表9-8;尺寸系列代号由宽度系列代号和直径系列代号组合而成,见表9-8;内径代号表示轴承的公称内径,表示方法见表9-8。

轴承基本代号举例:

例 9-2 深沟球轴承 6 2 0 6
内径代号(*d*=30 mm)
尺寸系列代号(2前的0省略)
类型代号

其标记为:滚动轴承 6206　GB/T 276—2013

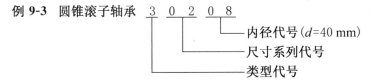

例 9-3 圆锥滚子轴承 3 0 2 0 8
内径代号(*d*=40 mm)
尺寸系列代号
类型代号

其标记为:滚动轴承 30208　GB/T 297—2015

常用滚动轴承及数据见附表 G-1~附表 G-3,设计时选择轴承类型可查有关标准或手册。

表 9-8　滚动轴承的基本代号

位数自右至左		第五(或六)位	第四位	第三位	第一、二位
数字或字母代表的意义		轴承类型	宽度系列代号	直径系列代号	轴承内径 *d* 的代号
代号	(0)	双列角接触球轴承	指对同一轴承系列的宽度尺寸。分别有 8、0、1、2、3、4、5、6 等宽度尺寸依次递增的宽度系列。 推力轴承以高度系列对应于向心轴承的宽度系列,分别有 7、9、1、2 等高度尺寸依次递增的四个高度系列	指对应同一轴承内径的外径尺寸系列。分别有 7、8、9、0、1、2、3、4、5 等外径尺寸依次递增的直径系列	当 10 mm≤*d*≤495 mm 时: 00—*d*=10 mm 01—*d*=12 mm 02—*d*=15 mm 03—*d*=17 mm 04 以上—*d*=数字×5(内径为 22、28、32 mm 或 ≥500 mm时除外)
	1	调心球轴承			
	2	调心滚子轴承			
	3	圆锥滚子轴承			
	4	双列深沟球轴承			
	5	推力球轴承			
	6	深沟球轴承			
	7	角接触球轴承			
	8	推力圆柱滚子轴承			
	N	圆柱滚子轴承			
	NA	滚针轴承			
	U	外球面球轴承			
	QJ	四点接触球轴承			

2) 前置代号和后置代号:前置代号用字母表示;后置代号用字母(或加数字)表示。前置和后置代号是轴承在结构形状、尺寸、公差、技术要求等有改变时,在其基本代号左、右添加的代号。

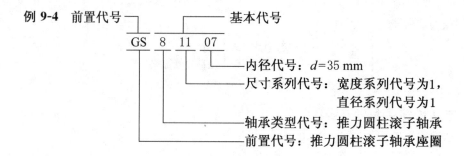

例 9-4　前置代号 ─┐　　　┌── 基本代号

GS　8　11　07

内径代号：d=35 mm
尺寸系列代号：宽度系列代号为1，
　　　　　　　直径系列代号为1
轴承类型代号：推力圆柱滚子轴承
前置代号：推力圆柱滚子轴承座圈

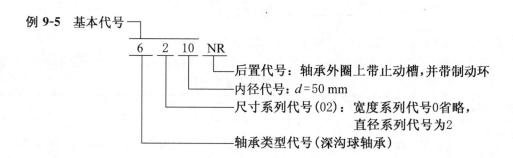

例 9-5　基本代号 ─┐

6　2　10　NR

后置代号：轴承外圈上带止动槽，并带制动环
内径代号：d=50 mm
尺寸系列代号(02)：宽度系列代号0省略，
　　　　　　　　　直径系列代号为2
轴承类型代号(深沟球轴承)

9.4.3　滚动轴承的画法

在装配图中，可采用规定画法或特征画法来表示。表 9-9 表示了深沟球轴承、圆柱滚子轴承、推力球轴承的规定画法和特征画法，其他轴承的画法可由国家标准中查取。但在同一张图样上一般只采用其中一种画法。

根据轴径及轴承的代号，由国家标准查出外径 D、内径 d、宽度 B 等主要尺寸，然后根据表中比例画法绘制图形。

表 9-9　常用滚动轴承的规定画法和特征画法

轴承类型	由标准中查出数据	规定画法	特征画法	装配画法
深沟球轴承	D、d、B			

轴承 类型	由标准中 查出数据	规定画法	特征画法	装配画法
圆柱滚子轴承	$D、d、B$			
推力球轴承	$D、d、T$			

9.5 齿 轮

在机器或部件中,经常使用齿轮。齿轮的结构和尺寸已部分标准化和系列化。因此,齿轮在制图中有规定画法。本节将介绍齿轮的基本知识及规定画法。

齿轮是机器中广泛应用的传动零件,利用齿轮传动可以传递运动和扭矩,改变运动速度和运动方向。齿轮种类很多,常用的传动方式有以下三种:

1) 圆柱齿轮传动:用于两平行轴之间传动,如图 9-40(a)所示;

2) 圆锥齿轮传动:用于两相交轴之间传动,如图 9-40(b)所示;

3) 蜗轮蜗杆传动:用于两交叉轴之间传动,如图 9-40(c)所示。

(a)圆柱齿轮   (b)圆锥齿轮   (c)蜗轮蜗杆

图 9-40 常见的齿轮传动

9.5.1 圆柱齿轮

圆柱齿轮一般由带齿的轮缘、轮毂、轮辐、轴孔和键槽等组成,轮齿又分直齿、斜齿、人字齿等,轮齿的齿廓线可以制成渐开线、摆线或弧线等。齿轮还有标准齿轮和非标准齿轮。

下面介绍渐开线圆柱直齿轮的各部分名称、几何尺寸计算和画法,见图9-41所示。

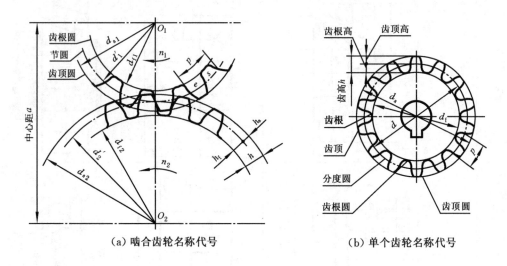

(a) 啮合齿轮名称代号   (b) 单个齿轮名称代号

图 9-41   圆柱直齿轮的名称代号

(1) 圆柱直齿轮的基本术语及代号

1) 齿数:每个齿轮的齿数,用 z 表示。

2) 齿顶圆:通过齿轮各齿顶部的圆,其直径用 d_a 表示。

3) 齿根圆:通过齿轮各齿根部的圆,其直径用 d_f 表示。

4) 分度圆:加工齿轮时,作为齿轮轮齿分度的圆,其直径用 d 表示。

5) 节圆:两相互啮合齿轮的连心线 O_1O_2 上,过节点的两圆分别称为两齿轮的节圆,其直径用 d' 表示。一对正确安装的标准齿轮,其分度圆和节圆重合,即 $d=d'$。

6) 节点:一对啮合齿轮中,两节圆的切点。

7) 齿顶高:介于分度圆和齿顶圆之间径向距离,用 h_a 表示。

8) 齿根高:介于分度圆和齿根圆之间径向距离,用 h_f 表示。

9) 齿高:齿顶圆和齿根圆之间径向距离,用 h 表示。$h=h_a+h_f$。

10) 齿距:分度圆上相邻两齿对应点之间的弧长称为齿距,用 p 表示:

$$齿距=齿厚+槽宽,即 \quad p=s+e$$

11) 模数:齿距与圆周率 π 之比,用 m 表示(单位:mm)。

设分度圆周长为 L,$L=d\pi=zp$ 或 $d=pz/\pi$,令 $p/\pi=m$,则 $d=mz$。

由于模数为齿距与 π 之比值,因此若模数大,齿距也就大,齿轮的齿就大。若齿数一定,则模数大的齿轮,其分度圆直径就大,轮齿也就大。相互啮合的两齿轮,其模数应相等。

渐开线齿轮的模数见表9-10。

表 9-10　标准模数

第一系列	0.8	1	1.25	2	2.5	3	4	5	6
	8	10	12	16	20	25	32	40	50
第二系列	0.9	1.75	2.25	2.75	(3.25)	3.5	(3.75)	4.5	5.5	(6.5)
	7.9	(11)	14	18	22	28	(30)	36	45	

注：在选用模数时，应优先选用第一系列，其次选用第二系列，括号内的数值，尽可能不用。

12）压力角：一般情况下，两啮合轮齿齿廓在节点处公法线与两节圆的公切线所夹的锐角。国家标准渐开线齿廓的齿轮的压力角 $\alpha = 20°$。

13）中心距：齿轮副两轴线之间的距离，用 a 表示。

（2）齿轮的参数计算

设计和绘制齿轮时，只要已知齿轮的模数、齿数，就能计算出齿轮各几何尺寸。

例 9-6　已知直齿轮的模数、齿数等，计算两个齿轮的尺寸见表 9-11。

表 9-11　直齿轮尺寸公式及计算举例

名称	代号	尺寸公式	举例：$m = 2.5, z_1 = 17, z_2 = 40, \alpha = 20°$
齿顶高	h_a	$h_a = m$	$h_a = 2.5$
齿根高	h_f	$h_f = 1.25\, m$	$h_f = 3.13$
齿高	h	$h = h_a + h_f = 2.25\, m$	$h = 5.63$
分度圆	d	$d = mz$	$d_1 = 42.5, d_2 = 100$
齿顶圆	d_a	$d_a = d + 2h_a = m(z+2)$	$d_{a_1} = 47.5, d_{a_2} = 105$
齿根圆	d_f	$d_f = d - 2h_f = m(z-2.5)$	$d_{f_1} = 36.25, d_{f_2} = 93.75$
齿距	p	$p = \pi m$	$p = 7.85$
齿厚	s	$s = p/2$	$s = 3.925$
中心距	a	$a = m(z_1 + z_2)/2 = (d_1 + d_2)/2$	$a = 71.25$

（3）齿轮的规定画法

1）单个齿轮的画法：单个齿轮一般选用两个视图或一个视图和一个局部视图（只表示孔和键槽）表达。

① 齿顶线和齿顶圆用粗实线绘制，如图 9-42（a）所示；

② 分度线和分度圆用细点画线绘制，如图 9-42（a）所示；

③ 齿根线和齿根圆用细实线绘制，也可省略不画，如图 9-42（a）所示；

④ 在剖视图中，沿轴线剖切时，轮齿按不剖绘制，齿根线用粗实线绘制，如图 9-42（b）所示；

⑤ 对于斜齿轮和人字齿轮，可用三条与齿线方向一致的细实线表示，如图9-42（c）、图 9-42（d）所示。

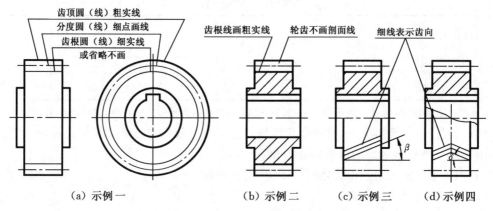

图 9-42　圆柱齿轮的画法

(a) 示例一　　　(b) 示例二　　(c) 示例三　　(d) 示例四

2）圆柱直齿轮的啮合画法：两标准圆柱齿轮相互啮合时，其两个分度圆相切，此时的分度圆又叫节圆。

① 在投影为圆的视图中，啮合区内的齿顶圆用粗实线绘制或省略不画。相切的节圆用细点画线画出，两齿根圆省略不画，如图9-43(a)、图9-43(b)所示。

② 在平行于轴线的视图中，啮合区的齿顶线不需画出。节线用粗实线绘制，如图9-43(c)所示。

③ 在剖视图中，当剖切平面通过两啮合齿轮的轴线时，啮合区的画法如图9-44所示。两齿轮节线重合画点画线，将其中一个齿轮的轮齿用粗实线绘制，另一个齿轮被遮挡部分用虚线绘制，两齿轮的齿顶线和齿根线之间应留有 0.25 m（模数）的间隙，两齿轮的剖面线方向应相反。

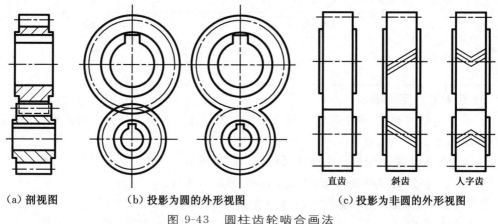

(a) 剖视图　　　(b) 投影为圆的外形视图　　　(c) 投影为非圆的外形视图

图 9-43　圆柱齿轮啮合画法

图 9-44　啮合区的投影分析

144

3）圆柱直齿轮的零件图：图 9-45 为圆柱直齿轮的零件图。在零件图中除了要表达齿轮的形状、尺寸、技术要求外，还要列出制造齿轮所需的参数和公差值。

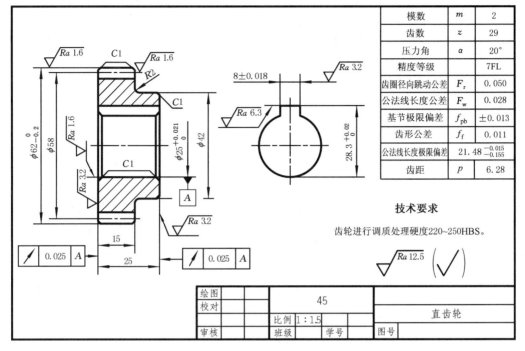

模数	m	2
齿数	z	29
压力角	α	20°
精度等级		7FL
齿圈径向跳动公差	F_r	0.050
公法线长度公差	F_w	0.028
基节极限偏差	f_{pb}	±0.013
齿形公差	f_f	0.011
公法线长度极限偏差		21.48 $^{-0.015}_{-0.155}$
齿距	p	6.28

技术要求

齿轮进行调质处理硬度220~250HBS。

绘图		45		
校对				直齿轮
审核	比例 1:1.5			
	班级	学号	图号	

图 9-45　齿轮零件图

9.5.2　圆锥齿轮

圆锥齿轮通常用于垂直相交两轴之间的传动。圆锥齿轮分为直齿、斜齿、圆弧齿和人字齿等种类。由于圆锥齿轮的轮齿位于圆锥面上，所以轮齿一端大，另一端小，齿厚是逐渐变化的，直径和模数也随齿厚的变化而变化。为了设计和制造方便，规定根据大端模数来计算和决定各基本尺寸。一对圆锥齿轮啮合，也必须有相同的模数。

1）直齿圆锥齿轮的各部分名称：圆锥齿轮的各部名称，如图 9-46所示。其尺寸大小也都与模数 m、齿数 z 及分度圆锥角 δ 有关，计算公式见表 9-12。

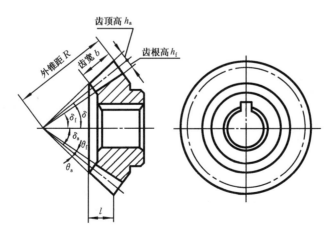

图 9-46　直齿圆锥齿轮的各部分名称及代号

145

表 9-12　圆锥齿轮的各基本尺寸的计算公式

基本参数:模数 m、齿数 z、分度圆锥角 δ			已知: $m=3.5$, $z=25$, $\delta=45°$
名称	符号	计 算 公 式	举 例 计 算
齿顶高	h_a	$h_a=m$	$h_a=3.5$
齿根高	h_f	$h_f=1.2\,m$	$h_f=4.2$
齿高	h	$h=2.2\,m$	$h=7.7$
分度圆直径	d	$d=mz$	$d=87.5$
齿顶圆直径	d_a	$d_a=m\,(z+2\cos\delta)$	$d_a=92.45$
齿根圆直径	d_f	$d_f=m\,(z-2.4\cos\delta)$	$d_f=81.55$
外锥距	R	$R=\dfrac{mz}{2\sin\varphi}$	$R=61.88$
齿顶角	θ_a	$\theta_a=\tan\theta_a\,\dfrac{2\sin\delta}{z}$	$\theta_a=\tan\theta_a\,\dfrac{2\times\sin45°}{25}=3°14'$
齿根角	θ_f	$\theta_f=\tan\theta_f\,\dfrac{2.4\sin\delta}{z}$	$\theta_f=\tan\theta_f\,\dfrac{2.4\times\sin45°}{25}=3°53'$
分度圆锥角	δ	当 $\delta_1+\delta_2=90°$时, $\delta_1=90°-\delta_2$	当 $\delta_1+\delta_2=90°$时, $\delta_1=90°-\delta_2$
顶锥角	δ_a	$\delta_a=\delta+\theta_a$	$\delta_a=45°+3°14'=48°14'$
根锥角	δ_f	$\delta_f=\delta-\theta_f$	$\delta_f=45°-3°53'=41°07'$
齿宽	b	$b\leqslant\dfrac{R}{3}$	$b\leqslant\dfrac{R}{3}$

2) 直齿圆锥齿轮的画法

① 单个圆锥齿轮的画法:如图 9-47 所示。

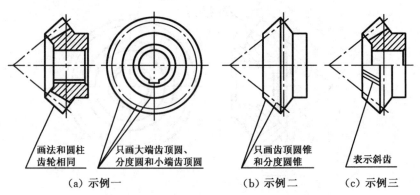

画法和圆柱齿轮相同　　只画大端齿顶圆、分度圆和小端齿顶圆　　只画齿顶圆锥和分度圆锥　　表示斜齿

（a）示例一　　　　（b）示例二　　　（c）示例三

图 9-47　单个锥齿轮的规定画法

主视图画成剖视图,在投影为圆的左视图中,用粗实线表示大端和小端的齿顶圆,用细点画线表示大端的分度圆,齿根圆不画。画剖视图时,根据模数 m、齿数 z_1 及与之配对齿轮的齿数 z_2,算出分锥角 δ 及其他参数,画出轮齿部分,然后按结构尺寸画出整个齿轮。

② 圆锥齿轮啮合图的画法:主视图画成全剖视图,在啮合区内两节线重合,画成细点画线;将一个齿轮的轮齿用粗实线绘制,另一个齿轮的轮齿被遮挡的部分用虚线绘制;一个齿轮的齿顶线与另一齿轮的齿根线之间应有 $0.2m$ 的间隙;在剖视图中两齿轮的剖面线方向应相反,两齿轮的锥顶交于一点,用细点画线画出节锥线。在左视图中,一齿轮的节圆与另一齿轮的节锥线相切,画细点画线,齿顶圆和顶锥线用粗实线画出。图 9-48 为啮合的圆锥齿轮画图步骤。图 9-49 为圆锥齿轮啮合图。

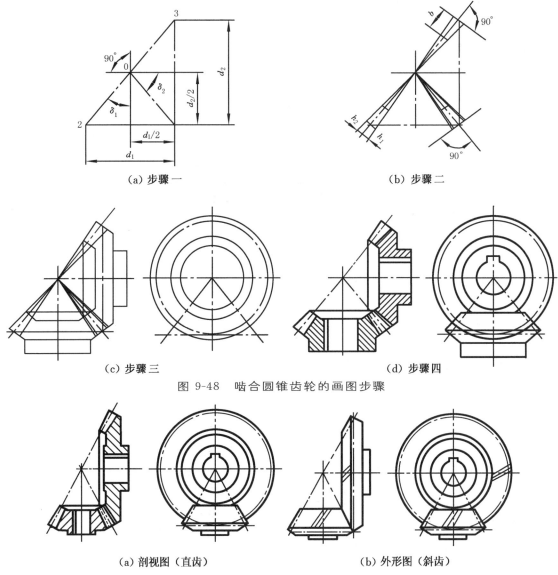

（a）步骤一　　　　　　　　　（b）步骤二

（c）步骤三　　　　　　　　　（d）步骤四

图 9-48　啮合圆锥齿轮的画图步骤

（a）剖视图（直齿）　　　　　　（b）外形图（斜齿）

图 9-49　圆锥齿轮啮合图

③ 圆锥齿轮的零件图：如图 9-50 所示。

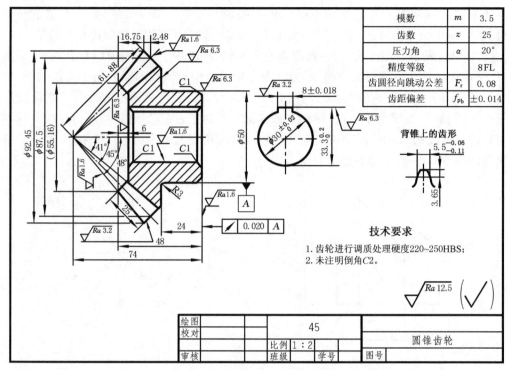

模数	m	3.5
齿数	z	25
压力角	α	20°
精度等级		8FL
齿圆径向跳动公差	F_r	0.08
齿距偏差	f_{pb}	±0.014

技术要求
1. 齿轮进行调质处理硬度220~250HBS；
2. 未注明倒角C2。

绘图		45			
校对					圆锥齿轮
审核		比例 1：2			
		班级	学号	图号	

图 9-50　圆锥齿轮的零件图

9.5.3　齿轮与齿条

1）单个齿条的画法：齿条的齿顶线用粗实线绘制，齿根线用细实线绘制，节线用点画线绘制，并且在可见齿型的视图中画出几个齿形。如果齿条上有齿部分为一定长度时，可在画有齿形的视图中注出，并在相应的视图中用粗实线表明有齿部分的起讫点，如图 9-51（a）所示。

2）齿轮齿条的啮合画法：齿轮的节圆应与齿条的节线相切，齿轮的齿顶圆和齿条的齿顶线用粗实线绘制，齿轮的齿根圆和齿条的齿根线可省略不画，如图 9-51（b）所示。在剖视图中，齿条的齿顶线画虚线，如图 9-51(c)所示。

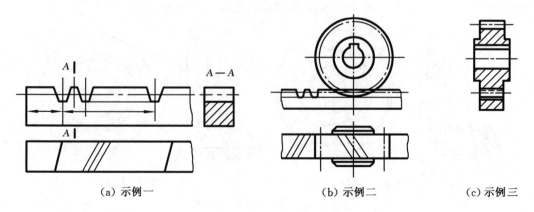

（a）示例一　　　　　　　（b）示例二　　　　　（c）示例三

图 9-51　齿轮、齿条的啮合画法

9.5.4 蜗轮与蜗杆

蜗轮、蜗杆是用来传递空间两交叉轴间的回转运动,最常用的是两轴交叉成直角的蜗轮、蜗杆传动,如图 9-52 所示。工作时,蜗杆为主动件,蜗轮为从动件。这种传动的优点是:速比大,结构紧凑,传动平稳,有自锁功能。其缺点是:摩擦损失大,效率低。多用于传递速比较大或间歇工作的场合。

1) 蜗杆的画法:如图 9-53(a)所示。齿顶圆和齿顶线画粗实线,分度圆和分度线画细点画线,齿根圆和齿根线画细实线,也可省略不画。为了表明蜗杆的齿形,一般采用局部剖视图画出几个齿的齿形或画出齿形的局部放大图,如图 9-53(b)所示。

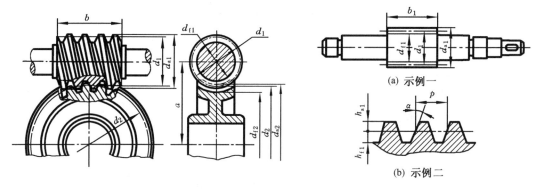

图 9-52　蜗轮蜗杆传动　　　　　　图 9-53　蜗杆画法

2) 蜗轮的画法:如图 9-54 所示,在投影为圆的视图上,只画分度圆和外圆,齿顶圆和齿根圆省略不画。在剖视图中,轮齿的画法与圆柱齿轮的画法相似。

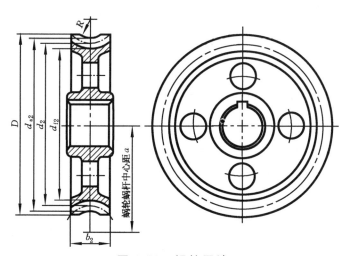

图 9-54　蜗轮画法

3) 蜗轮与蜗杆啮合的画法:剖视图的画法如图 9-55(a)所示;外形图的画法如图 9-55(b)所示。

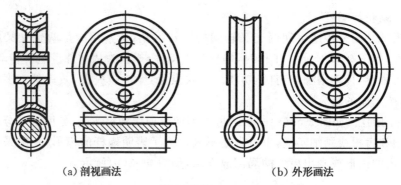

(a) 剖视画法　　　　　(b) 外形画法

图 9-55　蜗轮蜗杆的啮合画法

9.6　弹　　簧

9.6.1　弹簧的用途和种类

弹簧是一种常用的零件,在机器、仪表和电器产品中起减震、储存能量和测力等作用。其特点是:去除外力后,能恢复原状。

常见的弹簧种类有螺旋弹簧、涡卷弹簧、板弹簧、碟形弹簧等,根据受力情况不同,螺旋弹簧又分为压缩弹簧、拉伸弹簧、扭转弹簧,如图 9-56 所示。

9.6.2　圆柱螺旋压缩弹簧的术语和尺寸(图 9-57)

1) 簧丝直径 d:制造弹簧的钢丝直径。

2) 弹簧外径 D_2:弹簧的最大直径。

3) 弹簧内径 D_1:弹簧的最小直径,$D_1 = D_2 - 2d$。

4) 弹簧中径 D:弹簧的平均直径,$D = \dfrac{D_1 + D_2}{2}$。

5) 弹簧节距 t:除两端外,相邻两圈的距离。

6) 支承圈数 n_z:为使弹簧各圈受力均匀,把两端弹簧并紧磨平,工作时起支承作用的圈数;支承圈有1.5、2 和 2.5 圈三种。

7) 有效圈数 n:在工作时,弹簧起弹性变形作用的圈数。

8) 总圈数 n_1:支承圈数与有效圈数之和,即

$$n_1 = n + n_z$$

9) 自由高度 H_0:弹簧不受外力作用下的高度

$$H_0 = n \cdot t + (n_z - 0.5)d$$

10) 弹簧丝展开长度(弹簧丝展直后的长度)

$$L = n_1 \sqrt{(\pi D)^2 + t^2}$$

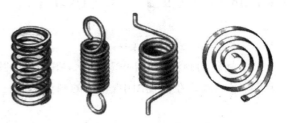

图 9-56　弹簧的种类

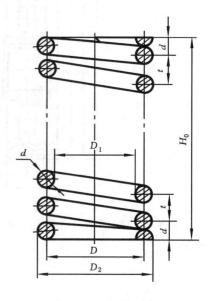

图 9-57　螺旋弹簧

9.6.3 螺旋弹簧的规定画法

1）在平行于螺旋弹簧轴线的投影面的视图中,弹簧各圈的轮廓均画成直线段。

2）螺旋弹簧均可画成右旋,左旋弹簧不论画成左旋还是右旋,均注出旋向"左"。

3）有效圈数在四圈以上时,螺旋弹簧中间的可以省略一部分。省略后,可适当缩短弹簧的高度。

4）在装配图中,被弹簧挡住的结构一般不画出,可见部分应从弹簧的外轮廓线或从弹簧钢丝断面的中心线画起,如图 9-58 所示。

9.6.4 圆柱螺旋压缩弹簧的画法

1）螺旋弹簧如果要求两端并紧磨平时,不论支承圈多少和末端并紧情况如何,均按支承圈为 2.5 圈的形式画出,如图 9-59 所示。

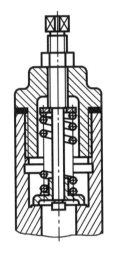

图 9-58　弹簧的装配图

（a）视图

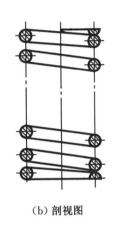

（b）剖视图

图 9-59　圆柱螺旋压缩弹簧的画法

2）圆柱螺旋压缩弹簧画图步骤:已知簧丝直径 $d=5$,外径 $D_2=45$,节距 $t=10$,有效圈数 $n=8$,支承圈数 $n_z=2.5$,右旋圆柱螺旋压缩弹簧。

计算弹簧中径 D 和自由高度 H_0:
$$D=D_2-d=45-5=40 \text{ mm}$$
$$H_0=nt+(n_z-0.5)d=8\times10+(2.5-0.5)\times5=90 \text{ mm}$$

因弹簧的绘制为简化画法,画图时可根据图的具体情况决定绘制的高度。但尺寸按 H_0 的实际高度标注。

圆柱螺旋压缩弹簧画图步骤如图 9-60 所示。

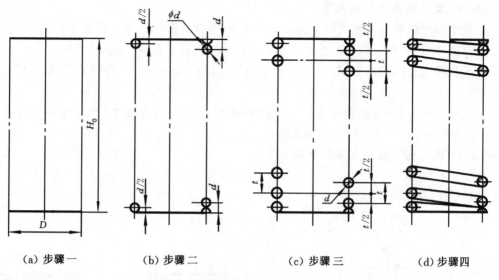

| （a）步骤一 | （b）步骤二 | （c）步骤三 | （d）步骤四 |

图 9-60 圆柱螺旋压缩弹簧的画图步骤

9.6.5 圆柱螺旋压缩弹簧的零件图（图 9-61）

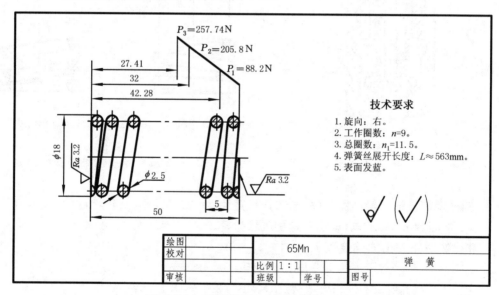

技术要求

1. 旋向：右。
2. 工作圈数：$n=9$。
3. 总圈数：$n_1=11.5$。
4. 弹簧丝展开长度：$L \approx 563mm$。
5. 表面发蓝。

图 9-61 圆柱螺旋压缩弹簧零件图

第10章 零 件 图

10.1 零件图的概述

10.1.1 零件图的概念和作用

机器是由许多零件联接、装配而成。表示零件结构形状大小及技术要求等的图样,称为零件图。机械零件是机器的基本组成单元。在生产过程中首先要根据零件图来制造零件,然后再按照装配图把合格的零件装配成机器。

零件图是设计部门交给生产部门的重要技术文件,它反映了设计者的意图,表达了机器对零件的要求,是制造和检验零件的依据。

10.1.2 零件图的内容

图 10-1 为生产用的零件图。它通常包括下列内容:

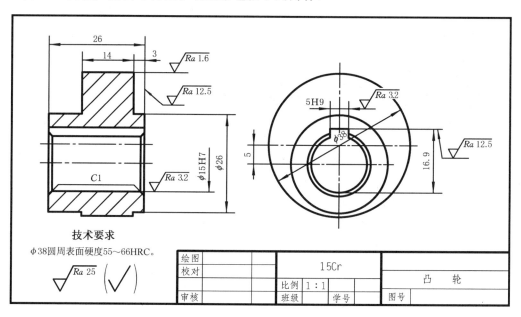

图 10-1 零件图

1) 一组图形:用一组图形(包括视图、剖视图、断面图、局部放大图、简化画法等)正确、完整、清晰和简便地表达零件的内外结构形状。

2) 齐备的尺寸:正确、完整、清晰、合理地标注出零件结构形状的大小和相互位置,以及用于制造、检验时所需的全部尺寸。

3) 技术要求:用符号、数字、字母标注或用文字说明零件在制造、检验、装配、调整过程中应达到的一些技术要求,如表面粗糙度、尺寸公差、形位公差、热处理、表面修饰的要求等。

4) 标题栏:标题栏内应明确填写零件的名称、生产厂家、比例、重量、件数、图数、材料、设计者、审核者的签名,以及设计日期等。

10.2 零件上常见的工艺结构

零件的结构不仅要满足机器的设计、使用要求,而且还要符合制造工艺的要求。下面介绍零件的铸造工艺和机械加工工艺结构的一些要求。这些结构是各种类型零件中经常出现的结构。

10.2.1 铸件工艺结构

1)起模斜度:在铸造零件时,为了便于起出模样,在模样的内外壁沿起模方向作成1∶10∼1∶20(α=3°∼5°)的斜度,称为起模斜度。铸造零件的起模斜度在零件图中可以不画出,由模样制造时做出。如需要时,可以在技术要求中注明,如图10-2(a)、图10-2(b)所示。

2)铸造圆角及过渡线:为了防止砂型落砂、铁水冲坏转角处,以及冷却时产生缩孔和裂纹,应将铸件的转角处制成圆角,这种圆角称铸造圆角。绘制图形时应在铸件表面轮廓线相交处画成圆角或在技术要求中注明,圆角半径一般取壁厚的 0.2∼0.4 倍。

需加工表面,因其圆角已被加工掉,故应画成尖角,如图10-2(c)所示。

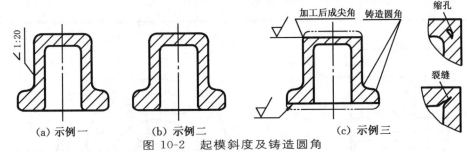

(a) 示例一　　　　(b) 示例二　　　　(c) 示例三

图 10-2　起模斜度及铸造圆角

由于铸件毛坯表面转角处有圆角,因此表面交线变得模糊不清,为了便于看图,仍然要用细实线画出交线。交线一般画到理论交点处,但交线两端应空出,不与轮廓线的圆角相交,这种交线称为过渡线。图10-3∼图10-6 为常见过渡线的画法。

3)铸件壁厚:为保证铸件质量,避免各部分因冷却速率不同而产生缩孔和裂纹,铸件的壁厚应保持均匀或逐渐的过渡,如图10-7 所示。

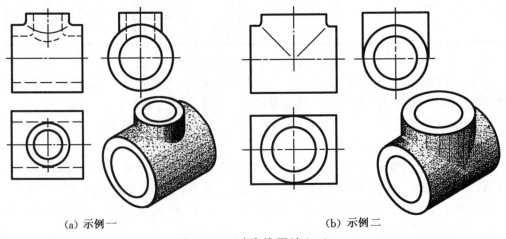

(a) 示例一　　　　　　　　　　(b) 示例二

图 10-3　过渡线画法(一)

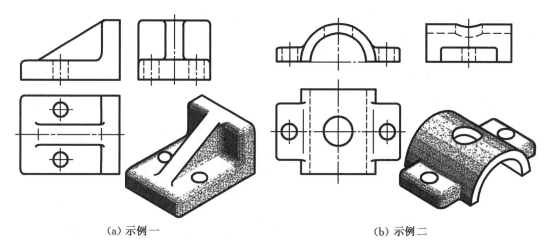

（a）示例一   （b）示例二

图 10-4   过渡线画法（二）

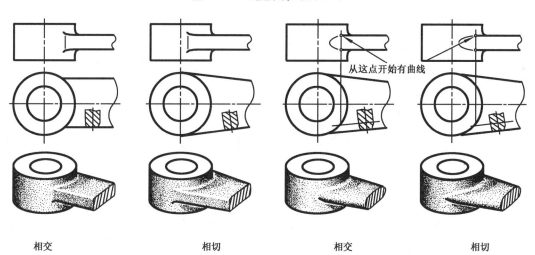

相交   相切   相交   相切

（a）断面为长方形   （b）断面为长圆形

图 10-5   过渡线画法（三）

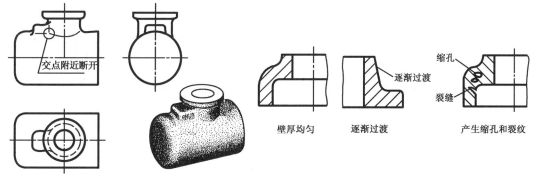

壁厚均匀   逐渐过渡   产生缩孔和裂纹

图 10-6   过渡线画法（四）   图 10-7   铸件壁厚

10.2.2   机加工件工艺结构

1）倒角、倒圆：为了便于装配和操作时的安全，需在轴与孔端部加工成 45°、30°或 60°的倒角。

为了避免阶梯轴轴肩的根部因应力集中而产生断裂,在轴肩根部加工成圆角过渡,称为倒圆,如图 10-8 所示。倒角和倒圆的数值见附表 C-3。

2)退刀槽和砂轮越程槽:在车削不通孔、车螺纹、磨削加工时,为了便于退出刀具,或使砂轮加工完成后退出加工位置。常在加工部位终端加工出退刀槽或砂轮越程槽,如图 10-9 所示。其数值见附表 C-2、附表 C-4。

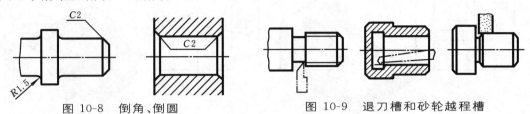

图 10-8　倒角、倒圆　　　　　　图 10-9　退刀槽和砂轮越程槽

3)凸台和沉孔:为了保证零件接触面间的装配或安装质量,并减少加工面,降低加工成本,可在铸件上铸出凸台或加工出沉孔,如图 10-10 所示。

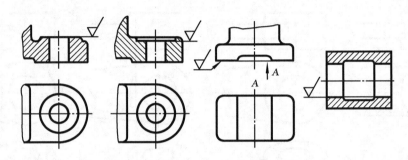

图 10-10　凸台和沉孔等结构

4)钻孔结构:用钻头钻孔时,应尽量使钻头垂直于被钻表面,避免钻头沿斜面或在曲面上钻孔而使钻头折断。为了解决这样的问题,铸造时可铸出与钻孔垂直的凸台平面或凹坑,以改善钻头的工作条件,如图 10-11(a)所示。钻削加工的不通孔,在孔的底部有 120°的锥角,钻孔深度尺寸不包括锥角;在钻阶梯孔的过渡处也存在 120°锥角的圆台面,其孔深也不包括锥角,如图 10-11(b)所示。

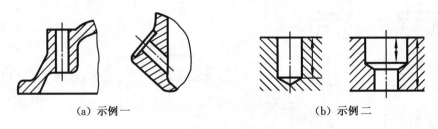

(a)示例一　　　　　　　　　　(b)示例二

图 10-11　钻孔工艺结构

10.3　零件的视图选择

各种不同的零件,有不同的结构形状。怎样用图样完整、清晰、合理地表达零件,是比较重要的问题。所以画零件图必须选择一个好的视图表达方案,其关键在于分析零件的结构特点,合理地选择主视图和其他视图,以及灵活地应用各种表达方法。

10.3.1 主视图的选择

表达物体信息最多的那个视图,应作为主视图,通常是物体的工作位置、加工位置或安装位置。

绘制零件图首先应选择主视图,因为它是零件图的核心,画图和看图都要从主视图开始,所以主视图选择的是否合理直接影响视图表达方案的好坏。选择主视图时应考虑以下两个方面:

(1) 确定主视图的投射方向

主视图应能明显、充分地反映零件的形体特征,以及各形体之间的相互关系。这样选择的主视图能够很容易地让人看懂零件的形状结构。图 10-12(a)为表达轴的一组视图,图中的主视图能够较多地反映出零件的结构形状,因此这个主视图选择的比较合适。

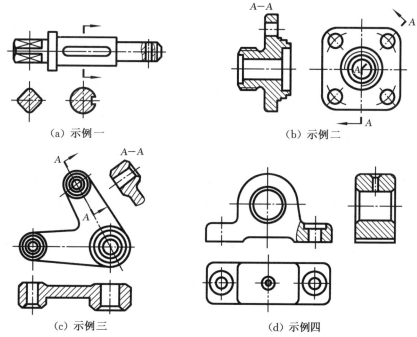

(a) 示例一　　　　　　　　　(b) 示例二

(c) 示例三　　　　　　　　　(d) 示例四

图 10-12　主视图的选择

(2) 安放位置

主视图表达的零件位置,一般应遵循以下原则:

1) 零件的加工位置:选择主视图时应尽量与零件的加工位置一致,加工零件时看图较方便,可以减少看图所产生的差错,并能提高劳动生产率,如图 10-12(a)、图 10-12(b)所示。

2) 零件的工作位置(或自然位置):零件在机器上都有一定的工作位置,选择主视图时应尽量与零件的工作位置一致。这样便于在装配时,视图与物体相互对照,如图 10-2(c)、图 10-2(d)所示。

3) 安装位置:安装位置指的是零件在机器中安装的自然位置,如图 10-12(b)所示。

选择主视图时,并不一定能全部符合上述各原则,此时应优先考虑形体特征原则。

10.3.2　其他视图的选择

在主视图确定以后,选择其他视图应按下述原则选取:

1) 视图数量的选择:看主视图中对零件的哪些结构没有表达清楚,考虑需要用几个视图,每个视图应表达什么,用什么表达方法。

选择视图时,要根据零件的复杂程度和内外结构来全面考虑所需的其他视图,使每一视图都有一个表达重点。但应注意:在表达正确、完整、清晰的前提下,视图数量尽量最少,以免重复,而使视图层次表达不清。

2)内外兼顾:利用视图表达零件的外部形状,为达到内外兼顾的目的,充分利用全剖、半剖、局剖等各种表达方法来表达零件的内部结构。但应注意,不要单纯为了减少视图数量而在一个视图中采用过多的局部剖视图,以免将零件剖得过于破碎而影响读图。

3)虚线的利用:一般应采用剖视的方法把不可见轮廓线转化成可见的轮廓线,使看图更清晰;但在不影响图形清晰和标注尺寸的前提下,若用少量的虚线,可减少一个视图,又能减轻看图和画图的负担的情况下,可保留少量的虚线。

4)合理布置视图:利用基本视图周围的小空间表达零件某些部位的结构,使图样表达清晰、美观,又有利于图纸的充分利用。

10.3.3 典型零件的视图选择

机械零件的视图选择,主要是根据零件的结构形状来确定零件的表达方案。而结构形状类似的零件在表达方案上有共同的特点。一般零件按结构形状不同,大致分为四种类型:轴套类、轮盘类、叉架类、箱壳类。

(1)轴套类零件

轴的作用一般用于传递运动和扭矩。套类零件一般装在轴上,起轴向定位等作用。

1)结构分析:轴套类零件的结构形状,一般在同一轴线上具有阶梯状的回转体。在此类零件上经常可以看到轴肩、倒角、退刀槽、销孔、中心孔、键槽等结构。

2)表达方案的分析:轴套类零件一般采用车床、磨床和铣床加工。表达方案按下述分析确定,如图 10-13 所示。

① 主视图的选择:轴套类零件一般应按形状特征和加工位置选择主视图。轴的中心线侧垂放置,大头在左,小头在右。一般只画一个基本视图(主视图)。

② 其他视图的选择:由于轴套类零件只采用一个基本视图,因此对于零件结构没表达清楚的部分常采用断面、局部剖视、局部视图、局部放大图等来表达。

对于形状简单而较长的零件,可采用折断的方法表示。实心轴一般不采用全剖的画法,但轴上未表达清楚的内部结构可采用局部剖视。对于空心套则需要剖开表达它的内部结构形状,外部形状简单时可采用全剖,外部形状复杂时可采用半剖或局剖。

(2)轮盘类零件

轮盘类零件包括:手轮、带轮、齿轮、链轮、端盖、轴承盖等。轮类零件一般用于传递运动和扭矩。盘类零件主要起支承、密封和压紧作用。

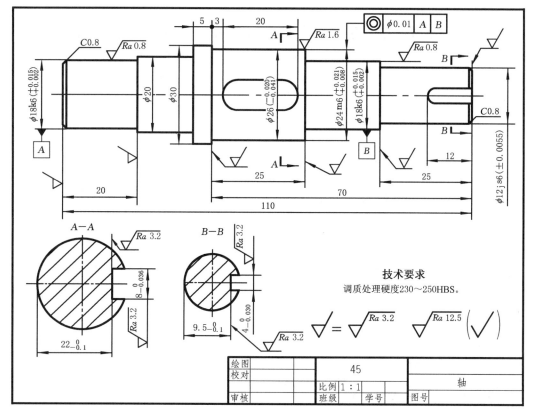

图 10-13　轴类零件

1) 结构形状分析:轮盘类零件如图 10-14 所示,零件的主体多数是由共轴线的回转体构成,轴向尺寸小而径向尺寸较大,其径向分布有螺孔、光孔、销孔、轮辐等结构。一般为铸件或锻件。

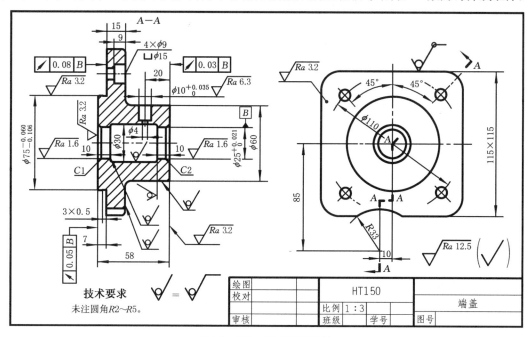

图 10-14　轮盘类零件

2）表达方案分析

① 主视图的选择：轮盘类零件常采用两个基本视图，常按形体特征和加工位置选择主视图。其轴线侧垂放置，一般取非圆视图作主视图，并经常在主视图中采用相交平面剖切、平行平面剖切和局部剖等。对于有些不以车床加工为主的零件，主视图的选择，一般按形状特征及工作位置来确定。

② 其他视图的选择：主视图确定以后，其他视图一般采用左视图（或右视图），它主要表达零件上均匀分布的孔、肋、槽等在零件上的相对位置以及结构形状。此外，有时还采用断面、局部剖视、局部放大图等。

（3）叉架类零件

叉架类零件包括各种用途的拨叉、支架等。拨叉主要用于各种机械的操纵机构；支架主要起支承和连接作用。

1）结构分析：叉架类零件一般为铸件或锻件。零件的结构形状较为复杂，而且倾斜的结构较多。结构主要分为工作部分、安装部分和连接部分。零件形状很不规则，如图 10-15 所示。

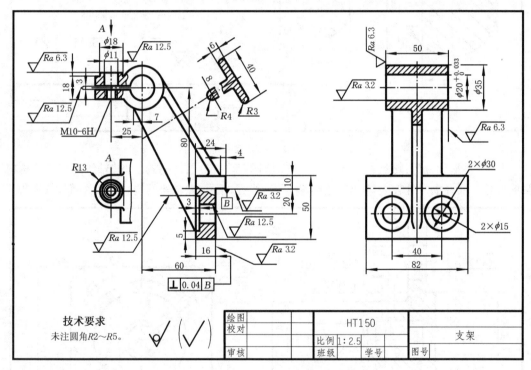

图 10-15　叉架类零件

2）表达方案分析

① 主视图的选择：由于叉架类零件结构形状较为复杂，虽然加工面不多，但还需必要的机械加工。所以选择主视图时主要按形状特征和工作位置确定。

② 其他视图的选择：叉架类零件结构形状较为复杂，一般需要两个以上的基本视图。由于它的某些结构不平行于基本投影面，所以常采用斜视图，倾斜于基本投影面的剖切平面剖切所得的剖视图来表达等；由于肋板较多，经常采用移出断面、重合断面；零件上的一些内部结构可采用局部剖视；对于某些较小的结构也可采用局部放大图。

160

（4）箱壳类零件

箱壳类零件是机器的主要零件,内外结构均较复杂,在机器中起包容、支承、定位的作用。常见的箱壳类零件有:齿轮箱、泵体、阀体、机座等,如图 10-16 所示。

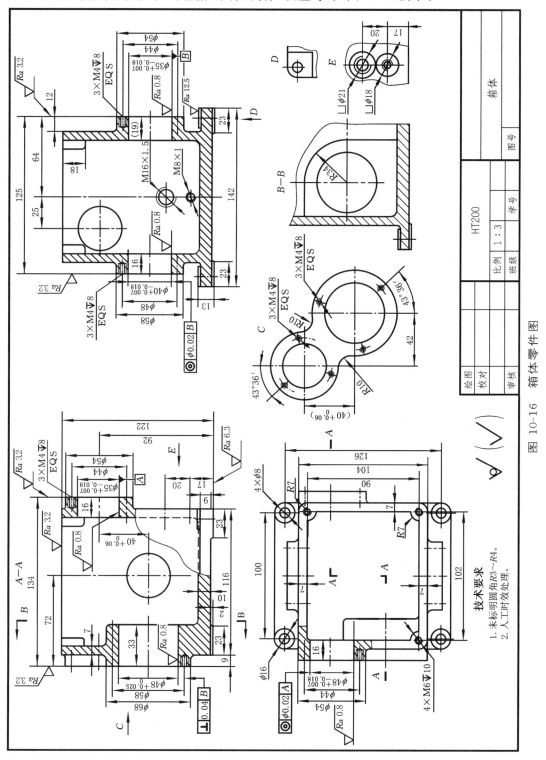

图 10-16　箱体零件图

161

1) 结构分析:箱壳类零件多为铸件或者焊接件。结构最复杂,加工过程一般需要各种加工工艺及设备。加工工序包括:车、刨、铣、镗、磨等各种加工方法。

2) 表达方案的分析

① 主视图的选择:由于加工工序较多,采用的加工设备较多,因此,箱壳类零件的主视图应按形体特征原则和工作位置原则来确定。通常选择以主要孔的轴线为侧垂线的剖视图为主视图,以满足镗孔工艺的要求。表达方法可采用单一剖切面的全剖或平行平面剖切,平行平面和相交平面组合剖切等,也可以采用外形图作主视图(内部结构复杂用剖视,外部形状复杂则采用视图表示外形)。

② 其他视图的选择:根据箱壳类零件的结构特点,一般需要三个以上的基本视图,并可以运用各种表达方法。例如,经常采用各种剖视图,并且要注意相贯线、截交线及铸造时出现的过渡线的画法。总之,表达方案应认真考虑,不要产生零件结构的表达遗漏。

10.4　零件图的尺寸标注

在第 6 章介绍了国家标准中有关尺寸标注的一般规定;第 7 章学习了组合体尺寸的标注方法。零件图上的尺寸是制造、测量和检验零件的重要依据,因此,零件图中的尺寸标注必须满足以下要求:

1) 尺寸标注必须正确,即应符合《机械制图》国家标准中有关尺寸的规定;

2) 尺寸标注必须完整,不遗漏、不重复;

3) 尺寸标注必须合理,即所标注尺寸应满足设计和工艺要求;

4) 尺寸标注必须清晰、整齐和美观,便于阅读。

需要指出的是,零件图尺寸的合理标注,需要丰富的实践经验和设计制造的专业知识。这只能靠以后的学习、实践等不断的积累。本章着重介绍尺寸合理标注的初步知识。

10.4.1　尺寸的分类

零件图中的尺寸,一般分为定形尺寸、定位尺寸、总体尺寸(前面已述)和功能尺寸。所谓的功能尺寸,是指那些影响产品工作性能、精度、互换性的重要尺寸,这类尺寸一定要直接标注出来。

10.4.2　尺寸基准及其选择

1) 尺寸基准的定义:按照零件的功能、结构和工艺方面的要求,零件在机器中或加工、测量、检验时,用以确定其位置的点、线、面称为尺寸基准。

每个零件有长、宽、高三个方向的尺度,每个方向至少有一个基准,选作基准的点、线、面分别称为基准点(如球的直径尺寸以球心为基准,平面圆的直径尺寸以圆心为基准)、基准线(如回转类零件的直径尺寸以轴线为基准)和基准面(如零件的对称面、重要端面均可作为基准)。如图 10-17 所示,选择轴上回转面的轴线、主要装配面作为基准;在图 10-18 中选择主

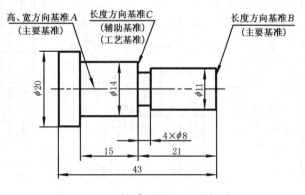

图 10-17　基准、轴的尺寸标注

要支承面、定位面和对称面以及轴线作为基准。

2）基准的分类：按照其作用的不同，基准可分为设计基准和工艺基准。

① 设计基准：在设计机器时，确定零件起点位置的一些点、线、面。例如，在设计一对支座来支承轴承和轴时，要求两支座孔的轴线同高。因此，在图 10-18 中，以支承面 B 作为基准，直接标注出高度尺寸 21±0.02 以保证两支座孔的轴线到底面的高度近乎相等（误差很小）；以对称面 C 为基准标注支座各结构长度方向的尺寸，以后端面 D 为基准标注宽度方向的尺寸，则基准面 B、C 和 D 分别为高度方向、长度方向和宽度方向的设计基准。

② 工艺基准：零件在加工、测量和检验时所使用的基准。如图 10-17 所示轴，在车床上加工时，以轴肩面 C 为基准加工尺寸 15，故基准 C 是工艺基准。又如图 10-18 所示，以高为 21±0.02 的轴线为基准加工孔 $\phi8H8$，此轴线也是工艺基准。

根据尺寸基准重要性的不同，基准又分为主要基准和辅助基准。如图 10-17、图 10-18 所示。

③ 主要基准：对零件的使用性能和装配精度有影响的尺寸称为主要尺寸；决定主要尺寸的基准称为主要基准。

④ 辅助基准：除主要基准外的其余基准称为辅助基准。

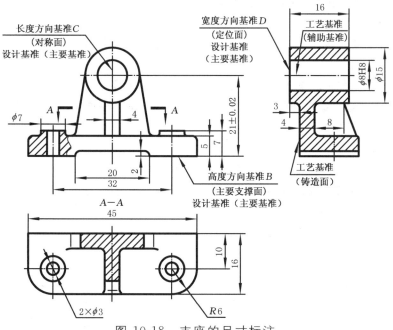

图 10-18　支座的尺寸标注

3）尺寸基准的选择：选择尺寸基准，就是选择从设计基准出发标注尺寸，还是从工艺基准出发标注尺寸。

从设计基准出发标注尺寸，反映设计要求，保证零件在机器中的正确位置，满足工作性能。从工艺基准出发标注尺寸，反映工艺要求，使零件便于加工和测量。当然，设计基准和工艺基准最好统一起来。如图 10-18 中的 B、C 既是设计基准又是工艺基准，从而标注的尺寸能同时满足设计和工艺要求。

10.4.3　尺寸标注的形式

1）链状法：把尺寸注写成链状的方法，如图 10-19(a)所示。在机械制造中，链状法常用于标注一系列中心孔之间的距离、阶梯状零件尺寸要求十分精确的各段以及组合刀具加工零件等。其缺点是总体尺寸难以保障。

2）坐标法：把各个尺寸从一事先选定的基准注起的方法，如图 10-19（b）所示。坐标法用于标注需要从一个基准定出一组精确尺寸的零件。其缺点是，零件在相邻两个尺寸之间的那段尺寸的精度难以保障。

3）综合法：链状法与坐标法混合的方法，如图 10-19（c）。标注尺寸时多采用综合法。

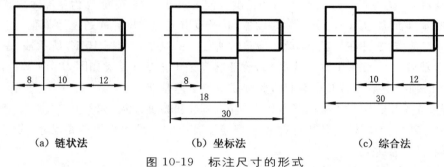

（a）链状法　　　　　（b）坐标法　　　　　（c）综合法

图 10-19　标注尺寸的形式

10.4.4　零件图中尺寸标注的合理性

（1）设计要求标注尺寸

1）功能尺寸要直接注出：功能尺寸是指那些影响产品工作性能、精度、互换性的重要尺寸，如下述各种尺寸：

① 直接影响零件传动准确性的尺寸，如两齿轮的中心距；

② 直接影响机器工作性能的尺寸，如车床尾座中心高和轴承座轴线到底面的距离和孔径等；

③ 两零件的配合尺寸；

④ 确定零件安装位置的尺寸。

如图 10-18 中的尺寸 21 ± 0.02、$\phi 8H8$ 和 32 等是功能尺寸。又如图 10-20 中的尺寸 A_1、A_2、A_3、A_4 和 A_5 都是直接影响机器性能的主要尺寸，必须分别在双联齿轮轴、右轴套、箱体、箱盖和左轴套的零件图中直接标出。这样可避免加工误差的积累，保证设计要求。

2）两零件的配合尺寸要一致：如图 10-21 所示，尾座和床身的燕尾槽的尺寸 A、B、$30°$ 要一致。

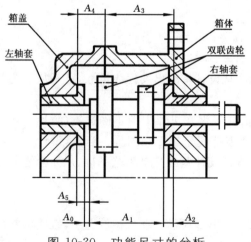

图 10-20　功能尺寸的分析

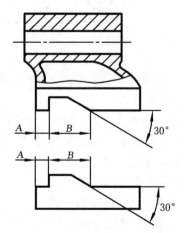

图 10-21　两零件的配合尺寸应一致

3）不要标注成封闭尺寸链：如图 10-22（a）所示，零件的尺寸注成了封闭尺寸链。这种标注，可能在主要尺寸上造成较大误差，保证不了设计要求。因此，可在尺寸链中选择一个不重要的环（每一个尺寸叫做一个环）不注尺寸，如图 10-22（b）所示，这一环称为开口环。这时，开口环的尺寸误差是其他各环尺寸误差之和。因为它是不重要的一个尺寸，误差大一点对设计要求无大的影响。有时为了便于设计和加工时参考，也注成封闭尺寸链，但必须根据需要把某个尺寸用圆括号括起来作为参考尺寸，如图 10-22（c）所示。

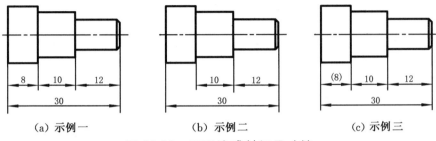

（a）示例一　　　　　　（b）示例二　　　　　　（c）示例三

图 10-22　不要注成封闭尺寸链

（2）工艺要求标注尺寸

不影响产品的工作性能、零件间的配合性质和精度的尺寸称为非功能尺寸。标注非功能尺寸时，应从工艺要求出发，考虑加工顺序和测量方便。

1）按加工顺序标注尺寸：按加工顺序标注尺寸，符合加工顺序，便于看图和生产。图 10-23 为一台阶轴，各段直径尺寸以轴线为设计基准标注；轴向尺寸 $12_{-0.14}^{0}$、21 以轴肩为设计基准标注，如图 10-23（a）所示；其余各段轴向尺寸都按加工顺序标注，图 10-23（b）所示。该轴在车床上加工，其加工顺序和尺寸标注，如图 10-24 所示。

2）按不同加工方法集中标注尺寸：一个零件需要经过几种加工方法（如车、铣、刨、磨等）才能制成时，最好按不同加工方法标注尺寸。如图 10-25 所示，轴上有两键槽是在铣床上加工，它们的有关尺寸 14、10、3N7、$7_{0}^{+0.1}$ 和 2、6、2N9、$6.5_{0}^{+0.1}$ 均集中标注，便于铣槽时查阅。

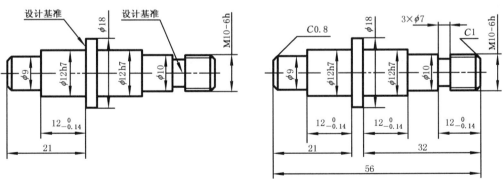

（a）按设计基准标注尺寸（仅标注与设计基准　　　（b）按加工顺序标注尺寸
　　　直接关联的尺寸）

图 10-23　轴的尺寸标注

3）按便于测量标注尺寸：如图 10-26（a）中的尺寸 C 不便于测量，而图 10-26（b）中改注成尺寸 D 后就便于测量。图 10-27（a）中键槽的尺寸 A 不便于测量，而图 10-27（b）中的尺寸 B 便于测量。

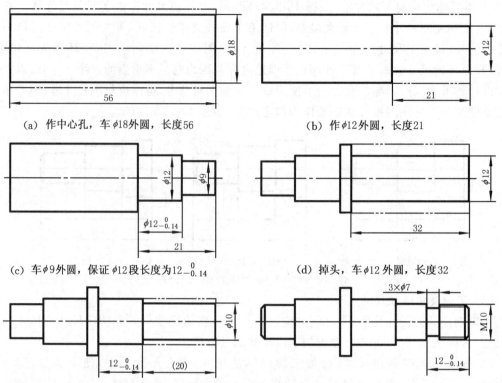

(a) 作中心孔,车φ18外圆,长度56　　　　(b) 作φ12外圆,长度21

(c) 车φ9外圆,保证φ12段长度为$12_{-0.14}^{0}$　　(d) 掉头,车φ12外圆,长度32

(e) 车φ10外圆,长度20,保证φ12段长度为$12_{-0.14}^{0}$　(f) 距右端面$12_{-0.14}^{0}$车退刀槽3×φ7,车M10螺纹

图 10-24　按加工顺序标注轴的其余尺寸

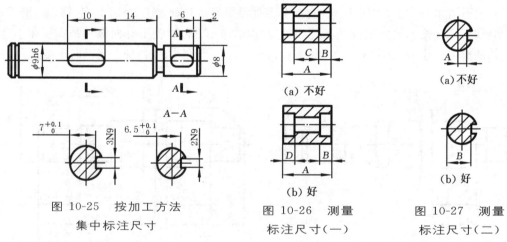

图 10-25　按加工方法
集中标注尺寸

(a) 不好

(b) 好

图 10-26　测量
标注尺寸(一)

(a) 不好

(b) 好

图 10-27　测量
标注尺寸(二)

　　4) 零件毛坯的尺寸标注:标注零件毛坯面的尺寸时,在同一方向有一个毛坯面以加工面为基准标注尺寸,其余毛坯面有尺寸联系。如图 10-28(a)所示,由于毛坯的制造误差较大,加工底面时很难同时保证尺寸 5 和尺寸 13。如图 10-28(b)所示,若按尺寸 5 加工底面,则在加工顶面时难以保证尺寸 19 和尺寸 6。如图 10-28(c)所示,先按尺寸 5 加工底面,再按尺寸 19 加工顶面,而尺寸 8 为非加工面之间的尺寸,是毛坯制造中得到的,这种尺寸标注是合理的。

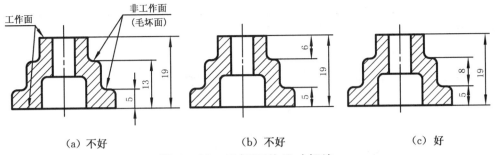

（a）不好　　　　　　　　（b）不好　　　　　　　（c）好

图 10-28　毛坯面的尺寸标注

（3）零件上常见结构的尺寸标注

零件上常见结构要素的尺寸注法见表 10-1，尺寸标注实例如图 10-13～图 10-16 所示。

表 10-1　零件常见结构要素的尺寸注法

零件结构类型		标　注　方　法	说　　明
螺孔	通孔	3×M6-6H　3×M6-6H　　　3×M6-6H	3×M6 可以旁注，也可直接注出。旁注法为左侧第一个图形
	不通孔	3×M6-6H▽10　3×M6-6H▽10　　3×M6-6H▽10	螺孔深度可与螺孔直径连注，也可分开注出
		3×M6-6H▽10▽12　3×M6-6H▽10▽12　3×M6-6H▽10▽12	需要注出孔深时，应明确标注孔深尺寸
光孔	一般孔	4×φ5▽10　4×φ5▽10　　　4×φ5▽10	4×φ5 表示直径为 5 mm 的 4 个光孔，孔深可与孔径连注，也可分开注出
	精加工孔	4×φ5$^{+0.012}_{0}$▽10▽12　4×φ5$^{+0.012}_{0}$▽10▽12　4×φ5$^{+0.012}_{0}$▽10▽12	光孔深为 12 mm，钻孔后需精加工至 φ5$^{+0.012}_{0}$ mm，深度为 10 mm
	锥销孔	锥销孔φ5 装配时作　锥销孔φ5 装配时作	φ5 为与锥销孔相配的圆锥销小头直径，锥销孔通常是相邻两零件装在一起时加工的
沉孔	锥形沉孔	6×φ7 ▽φ13×90°　6×φ7 ▽φ13×90°　90° φ13 6×φ7	锥形部分尺寸可以旁注，也可直接注出

零件结构类型		标 注 方 法	说 明
沉孔	柱形沉孔		柱形孔的小直径为 ϕ6 mm,沉孔直径为 ϕ10 mm,深度为 3.5 mm,均需标注
	锪平面		锪平面 ϕ16 的深度不需标注,一般锪平到不出现毛面为止
键槽	平键键槽		这样标注便于测量
	半圆键键槽		这样标注便于选择铣刀(铣刀直径为 ϕ)及测量
锥轴、锥孔			当锥度要求不高时,这样标注便于制造模样
			当锥度要求准确并为保证一端直径尺寸时,这样标注便于测量和加工
退刀槽			这样标注便于选择退刀槽加工刀具。退刀槽宽度应直接注出。直径 D 可直接注出,也可注出切入深度 a
倒角			倒角 45° 时,可与倒角的轴向尺寸连注。倒角不是 45° 时,要分开标注
平面			在没有表示出正方形实形的图样上,该正方形的尺寸可用 $a \times a$(a 为正方形边长)表示,否则要直接标注

10.5　零件图中的技术要求

在零件图中,除了视图和尺寸外,还需注明制造、检验、修饰和使用等方面的要求,一般称为技术要求。

技术要求有下列几个方面的内容:表面结构、极限与配合、形状和位置公差、零件使用的材料和要求、热处理和表面修饰的说明、对特殊加工和检验的要求。其中表面结构、极限与配合,形状和位置公差用国家标准规定的代号在视图中标注,也可在标题栏的上方或左边空白处用文字说明。

10.5.1　表面结构

(1)表面结构概念

表面结构是表面粗糙度、表面波纹度、表面缺陷、表面几何形状的总称。表面粗糙度主要是由所采用的加工方法形成的。表面波纹度主要是由机床和工件的振动等原因形成的。一般图样中不要求标注。

零件表面无论加工得多么光滑,在放大镜下观察,仍可以看到高低不平的加工痕迹,如图 10-29 所示。表面粗糙度是指零件表面上具有的较小间距和峰谷所组成的微观几何形状特征。它反映了零件表面的加工质量,对于机械零件表面的耐磨性、疲劳强度、配合性能、密封性、接触刚度,耐腐蚀性、涂漆性能以及外观质量等都有很大的影响,直接关系到机器的使用寿命。但是,较高的表面质量会使生产成本增加。因此在设计中适当的选择零件的表面粗糙度是非常重要的。

零件表面质量的主要评定参数有轮廓算术平均偏差 Ra 和轮廓最大高度 Rz,在生产中评定零件表面质量主要采用轮廓算术平均偏差 Ra 参数值。

轮廓算术平均偏差 Ra 为在取样长度 lr(用于判别被评定轮廓的不规则特性的 X 轴向上的长度)内,轮廓偏距 Y(表面轮廓上的测点到基准线的距离)绝对值的算术平均值,如图 10-30 所示。Ra 可用下式表示:

$$Ra = \frac{1}{lr}\int_0^{lr} |\ y(x)\ |\ \mathrm{d}x \approx \frac{1}{n}\sum_{i=1}^n |\ y_i\ |$$

式中:y_i 为峰谷任一测点到基准线的距离;n 为测点数。

图 10-29　加工痕迹

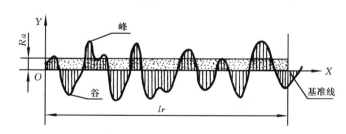

图 10-30　轮廓算术平均偏差

轮廓算术平均偏差 Ra 的数值见表 10-2,设计时优先选用第一系列。

在规定表面粗糙要求时,还应给出测定表面粗糙度的取样长度 lr。取样长度按表 10-3 选取。

表 10-2　轮廓算术平均偏差 Ra 的数值　　　　　　　　　　　　　　　　　　　　　　　　　　μm

第一系列	第二系列	第一系列	第二系列	第一系列	第二系列	第一系列	第二系列
	0.008						
	0.010				1.25	12.5	
0.012			0.125				
	0.016		0.160	1.6			16
	0.020	0.2			2.0		20
0.025			0.250		2.5	25	
	0.032		0.320	3.2			32
	0.040	0.4			4.0		40
0.050			0.50		5.0	50	
	0.063		0.63	6.3			63
	0.080	0.80			8.0		80
0.100			1.00		10	100	

表 10-3　Ra 的取样长度 lr

Ra/μm	lr/mm	Ra/μm	lr/mm
$\geqslant 0.008 \sim 0.020$	0.08	$>2.0 \sim 10.0$	2.5
$>0.02 \sim 0.10$	0.25	$>10.0 \sim 80$	8.0
$>0.10 \sim 2.0$	0.8		

（2）表面结构符号和参数代号

GB/T 131—2006规定,表面结构符号由图形符号和相关参数组成。在没有特别说明时,图样所标注的图形符号和代号是该表面加工后的要求。

1)表面结构符号的画法如图 10-31 所示。图形符号和附加标注比例和尺寸见表10-4。H_2 取决于标注内容。

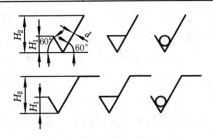

图 10-31　表面结构符号画法

表 10-4　表面结构图形符号和附加标注尺寸

数字和字母高度 h	2.5	3.5	5	7	10	14	20
符号线宽 d'	0.25	0.35	0.5	0.7	1	1.4	2
字母线宽 d							
高度 H_1	3.5	5	7	10	14	20	28
高度 H_2（最小值）	7.5	10.5	15	21	30	42	60

2)表面结构图形符号见表 10-5。

表 10-5　表面结构图形符号及含义

符　号	含　　义	完整符号	含　义
	基本图形符号,未指定工艺方法的表面,当通过一个注释解释时可单独使用		允许任何工艺

符 号	含 义	完整符号	含 义
	扩展图形符号,用去除材料方法获得的表面,仅当其含义是"被加工表面"时可单独使用		去除材料
	扩展图形符号,用不去除材料方法获得的表面,也可用于表示保持上道工序形成的表面,不管这种状况是通过去除材料或不去除材料形成的	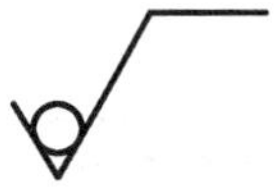	不去除材料

3）表面结构补充要求的注写位置:在完整符号中,对表面结构的要求和补充要求应注写在图 10-32 所示的指定位置。表面结构补充要求包括:表面结构参数代号和数值等。

图 10-32 位置 a～e 分别注写以下内容:

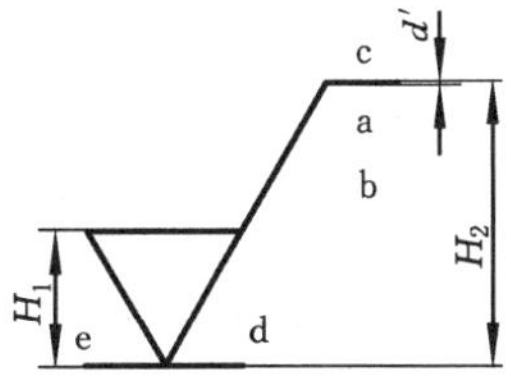

① 位置 a 注写表面结构的单一要求:注写表面结构参数代号、取样长度等。为了避免误解,在参数代号和极限值之间应插入空格;取样长度（单位为 mm）后应有一斜线"/",之后是表面结构参数代号,最后是数值。

② 位置 a 和 b 注写两个或多个表面结构要求:在位置 a 注写第一个表面结构要求。在位置 b 注写第二个表面结构要求。

图 10-32 补充要求的注写位置

③ 位置 c 注写加工方法:注写加工方法、表面处理、涂层或其他加工工艺要求等。如车、铣、磨、镀等加工表面。

④ 位置 d 注写表面纹理和方向。

⑤ 位置 e 注写所要求的加工余量,以 mm 为单位给出数值。

4）表面粗糙度参数的标注。

① 当只标注参数代号、参数值时,它们应默认为参数的上限值;当参数代号、参数值作为单项下限值标注时,参数代号前应加 L。

② 在完整符号中表示双向极限时应标注极限代号,上限值在上方,用 U 表示,下限值在下方,用 L 表示,在不至于引起歧义的情况下,可以不加 U、L。

表面粗糙度参数的标注及含义见表 10-6。

③ 如果需要表示取样长度、加工方法、加工纹理等,其表示法见表 10-7。

表 10-6 表面粗糙度参数的标注及含义

符号、代号、数值	含 义	符号、代号、数值	含 义
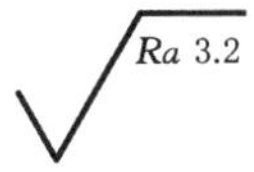 $\sqrt{}$ Ra 3.2	任意加工方法,单向上限值,R 轮廓,算术平均偏差 3.2 μm	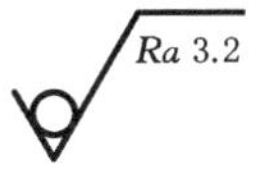 $\sqrt{}$ Ra 3.2	不允许去除材料,单向上限值,R 轮廓,算术平均偏差 3.2 μm
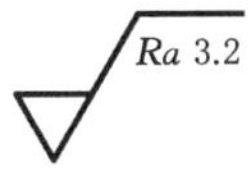 $\sqrt{}$ Ra 3.2	去除材料,单向上限值,R 轮廓,算术平均偏差 3.2 μm	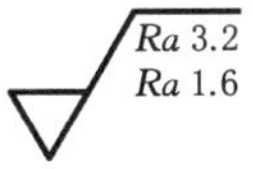 $\sqrt{}$ Ra 3.2 Ra 1.6	去除材料,双向极限,R 轮廓,上限值:算术平均偏差 3.2 μm;下限值:算术平均偏差 1.6 μm
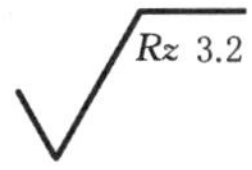 $\sqrt{}$ Rz 3.2	任意加工方法,单向上限值,R 轮廓,粗糙度最大高度 3.2 μm	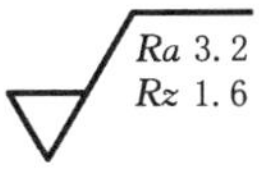 $\sqrt{}$ Ra 3.2 Rz 1.6	去除材料,双向极限,R 轮廓,上限值:粗糙度最大高度的最大值 3.2 μm;下限值:粗糙度最大高度的最小值 1.6 μm

符号、代号、数值	含 义	符号、代号、数值	含 义
$\sqrt{}$ $Rz\ 200$	任意加工方法，单向上限值，R 轮廓，粗糙度的最大高度 200 μm	$\sqrt{}$ $Rz\ 12.5$ $Ra\ 3.2$	去除材料，双向极限，R 轮廓，上限值：粗糙度最大高度的最大值12.5 μm，下限值：算术平均偏差3.2 μm

表 10-7　取样长度、加工方法、镀涂或其他表面处理和表面加工纹理方向的标注方法

符 号	含 义	符 号	含 义
$\sqrt{}$ 0.8/Ra 3.2	取样长度 0.8 mm，评定长度 5 个（默认）	$\sqrt{}$ 3	加工余量 3 mm
$\sqrt{}$ 0.8/$Ra3$ 3.2	取样长度 0.8 mm，评定长度 3 个	$\sqrt{}$ ◯	对投影图上封闭的轮廓线所示的各表面有相同的表面粗糙度结构要求
铣 $\sqrt{}$	加工方法为铣削。也可标注镀涂或其他表面处理方法	$\sqrt{}$ M	表面纹理，纹理呈多方向

④ 常见的加工纹理方向见表 10-8。

表 10-8　加工纹理方向符号

符号	说 明	符号	说 明
=	纹理平行于视图所在的投影面	C	纹理呈近似同心圆且圆心与表面中心相关
⊥	纹理垂直于视图所在的投影面	R	纹理呈近似放射状且与表面圆心相关
×	纹理呈两斜向交叉且与视图所在的投影面相交	P	纹理呈微粒，凸起、无方向
M	纹理呈多方向		

应当指出，上述这些参数不是在每一表面上都这样标注，而是根据实际需要，标注所需参数。

（3）表面粗糙度的选用

1）选用零件表面粗糙度数值时,应在满足零件的工作性能和使用寿命要求的前提下,尽可能选择较大的表面粗糙度参数值,以降低生产成本。

2）在同一零件上,工作表面的粗糙度参数值要小于非工作表面的粗糙度参数值。

3）相互配合的轴和孔,轴的表面粗糙度比孔的表面粗糙度高一级。

4）一般来说,尺寸精度高,表面粗糙度数值小;精度低,表面粗糙度数值大。

为了便于选择表面粗糙度的数值,表 10-9 列举了加工方法能获得的表面粗糙度 Ra 的参数值及与旧的表面光洁度的对照,供选择时参考。

表 10-9　Ra 与旧标准表面光洁度的比较

主要分类	加工方法	表面光洁度等级 ≈
		▽14 ▽13 ▽12 ▽11 ▽10 ▽9 ▽8 ▽7 ▽6 ▽5 ▽4 ▽3 ▽2 ▽1
		$Ra/\mu m$
		0.006　0.012　0.025　0.05　0.1　0.2　0.4　0.8　1.6　3.2　6.3　12.5　25　50
成形	砂型铸造	
	压力铸造	
	精密铸造	
变形	模　锻	
	挤　压	
	辊　压	
分割	车	
	刨	
	插	
	刮	
	钻	
	镗	
	铣	
	拉　削	
	锉	
	磨	
	抛　光	
	滚　光	
	珩　磨	
	研　磨	
	火焰切割	

（4）表面结构在图样上的标注

1）表面结构符号、代号的标注位置与方向（图 10-33）

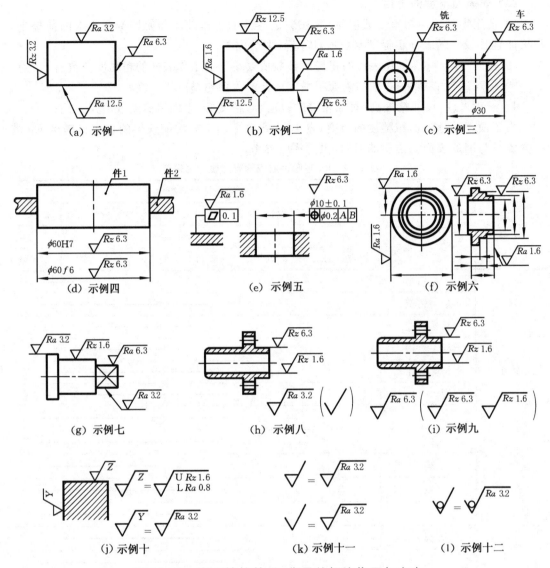

图 10-33 表面结构符号、代号的标注位置与方向

① 表面结构的注写和读取方向与尺寸的注写读取方向一致,见图 10-33(a)。

② 表面结构要求可注写在轮廓线上,其符号应从材料外指向并接触表面。必要时,表面结构符号也可用带箭头或黑点的指引线引出标注,见图 10-33(b)、图 10-33(c)。

③ 在不致引起误解时,表面结构要求可以标注在给定的尺寸线上,见图 10-33(d)。

④ 表面结构要求标注在形位公差框格的上方,见图 10-33(e)。

⑤ 表面结构要求可以直接标注在延长线上,或用带箭头的指引线引出标注,见图 10-33(b)、图 10-33(f)。

⑥ 圆柱和棱柱表面的表面结构要求只标注一次,见图 10-33(f);如果每个棱柱表面有不同的表面要求,则应分别单独标注,见图 10-33(g)。

2) 有相同表面结构要求的简化标注

① 如果在工件的多数(包括全部)表面有相同的表面结构要求,则其表面结构要求可统

174

一标注在图样的标题栏附近。此时(除全部表面有相同要求的情况外),表面结构要求的符号后面应有:在圆括号内给出无任何其他标注的基本符号,见图 10-33(h);在圆括号内给出不同的表面结构要求,见图 10-33(i)。

② 不同的表面结构要求应直接标注在图形中,见图 10-33(h)、图 10-33(i)。

3) 多表面有共同要求的注法

① 多个表面有共同的表面结构要求或图纸空间有限时,可以采用简化标注。

② 可用带字母的完整符号以等式的形式,在图形或标题栏附近,对有相同表面结构要求的表面进行简化标注,见图 10-33(j)。

③ 可用表 10-6 左列的表面结构符号,以等式的形式给出对多个表面共同的表面结构要求,见图 10-33(k)、图 10-33(l)。

表 10-10 为表面粗糙度的标注示例。

表 10-10 表面粗糙度的标注方法

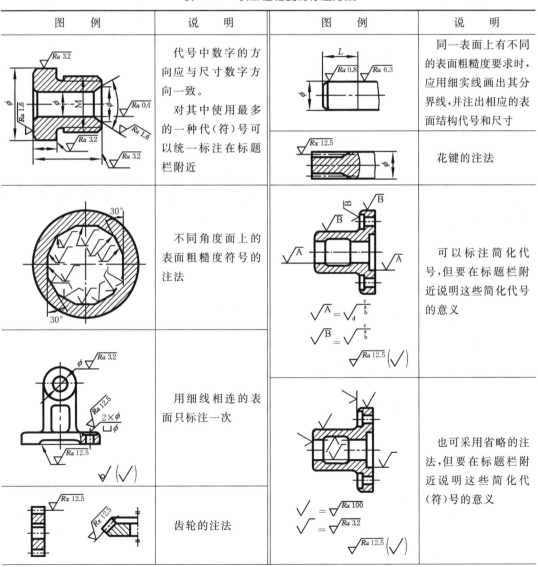

图 例	说 明	图 例	说 明
	代号中数字的方向应与尺寸数字方向一致。对其中使用最多的一种代(符)号可以统一标注在标题栏附近		同一表面上有不同的表面粗糙度要求时,应用细实线画出其分界线,并注出相应的表面结构代号和尺寸
			花键的注法
	不同角度面上的表面粗糙度符号的注法		可以标注简化代号,但要在标题栏附近说明这些简化代号的意义
	用细线相连的表面只标注一次		也可采用省略的注法,但要在标题栏附近说明这些简化代(符)号的意义
	齿轮的注法		

175

图 例	说 明	图 例	说 明
Ra 1.6 Ra 6.3 Ra 12.5 Ra 1.6 6.3	齿槽的注法	*R3 1.6 Ra 6.3 Rz 12.5 φ40*	表面结构和尺寸可以一起标注在延长线上，或分别标注在轮廓线和尺寸线上。单向上限值 $Ra=1.6\ \mu m$；$Ra=6.3\ \mu m$；$Ra=12.5\ \mu m$
抛光 *Ra 1.6*	零件上连续表面及重复要素(孔、槽、齿等)的表面，只标注一次	*C2 A Ra 6.3 A—A Ra 3.2 A*	键槽侧壁的表面粗糙度，单向上限值 $Ra=3.2\ \mu m$。倒角的表面粗糙度，单向上限值 $Ra=6.3\ \mu m$，去除材料的工艺
D.Cr a a₁	表示零件表面镀(涂)后的粗糙度值和镀(涂)前的粗糙度值的注法	*Fe/Ep.Cr50 磨 Rz 12.5 Rz 1.6 50 φ30h7*	示例是三个连续的加工工序。第一道工序：单向上限值 $Rz=1.6\ \mu m$，去除材料的工艺。第二道工序：镀铬无其他表面结构要求。第三道工序：一个单向上限值，仅对长为 50 mm 的圆柱表面有效
D.Cr a a₁	同时表示镀(涂)前及镀(涂)后的表面粗糙度值的方法		
Ra 3.2 Rz 6.3	除一个表面外，所有表面的粗糙度为单向上限值 $Rz=6.3\ \mu m$		

10.5.2 极限与配合

（1）零件的互换性

在日常生活中，如灯泡坏了，在市场上买一个换上，灯就亮了。在装配机器时，在同样规格的零件中任取一件，不经挑选或修配，便可装到机器上，并能满足机器的使用性能和要求，零件的这种性质称为互换性。零件具有互换性不仅有利于机器的修理和装配，更重要的是为机器的现代化大批量生产提供了可能性。零件的互换性，主要是通过规定零件的尺寸系列、尺寸公差、表面形状和位置公差及表面粗糙度等要求来实现的。

（2）尺寸公差

尺寸公差是尺寸的允许变动量。在零件的加工过程中，由于机床加工精度、工具的磨损、测量误差及工人操作水平等因素的影响，不可能把零件的尺寸加工得绝对准确。为了保证零件的互换性，需要将零件尺寸的加工误差限制在一定的范围内，规定出尺寸的允许变动量。

1）基本术语：以图 10-34 为例介绍公差有关术语及定义。

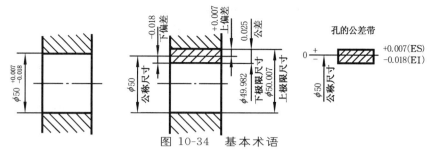

图 10-34　基本术语

① 公称尺寸:图样给出的理想尺寸,如 $\phi50$ 是由设计决定的尺寸。

② 实际要素:通过测量获得的尺寸。

③ 极限尺寸:允许尺寸变化的两个极限值。将加工后允许的最大尺寸称为上极限尺寸,将加工后允许的最小尺寸称为下极限尺寸。如 $\phi50.007$ 为上极限尺寸,$\phi49.982$ 为下极限尺寸。

④ 尺寸偏差(简称偏差):某一尺寸减其公称尺寸所得的代数差。

⑤ 极限偏差:某一极限尺寸减其公称尺寸所得的代数差,极限偏差有:

上极限偏差＝上极限尺寸－基本尺寸＝50.007 mm－50 mm＝＋0.007 mm

下极限偏差＝下极限尺寸－基本尺寸＝49.982 mm－50 mm＝－0.018 mm

上极限偏差、下极限偏差以下简称上偏差、下偏差。上、下偏差可以是正值、负值或零。

国家标准规定,孔的上偏差代号为 ES,下偏差代号为 EI;轴的上偏差代号为 es,下偏差代号为 ei。

⑥ 尺寸公差(简称公差):尺寸的允许变动量。在零件的加工及测量中,零件不可能精确的达到某一设计值,只能接近于设计尺寸,为了保证机器的互换性和性能而规定一个尺寸的允许变动范围称为尺寸公差。

公差＝上极限尺寸－下极限尺寸＝上极限偏差－下极限偏差

例如,50.007－49.982＝0.025 mm;

0.007－(－0.018)＝0.025 mm

⑦ 零线:在极限与配合图解中,表示公称尺寸的一条直线,以其为基准确定偏差和公差,如图 10-34 所示。通常,零线沿水平方向绘制,正偏差位于其上,负偏差位于其下,如图 10-35 所示。

⑧ 公差带和公差带图:在公差带图解中,由代表上偏差和下偏差或上极限尺寸和下极限尺寸的两条直线所限定的一个区域,称为公差带。表示公差大小和其相对零线的位置的示意图,称为公差带图。如图 10-35 所示。

为了便于分析公差,一般将尺寸公差与公称尺寸的关系按放大比例画成公差带图。公差带图可以表示公差的大小和公差带相对零线的位置关系。

2)标准公差和基本偏差:国家标准规定,公差带由标准公差和基本偏差组成。

① 标准公差 IT:极限与配合制中,国家标准所规定的任一公差称为标准公差。标准公差反映了零件尺寸制造的精确程度。标准公差分为 20 个等级,分别为 IT01、IT0、IT1、……、IT18。IT 表示标准公差代号,数字表示公差等级。其中 IT01 级精确程度最高,IT18 级精确程度最低。IT5~IT12 一般用于有配合要求的尺寸,IT12~IT18 用于非配合尺寸。标准公差数值见附表 H-3。

② 基本偏差:基本偏差是指在极限与配合制中,确定公差带相对零线位置的那个极限偏差,即靠近零线的那个偏差,可以是上偏差或下偏差,见图 10-36。

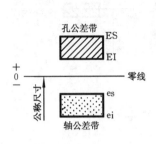

图 10-35 公差带图

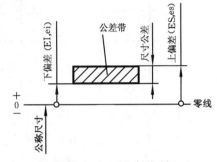

图 10-36 基本偏差

基本偏差代号用拉丁字母表示,孔用大写字母表示,轴用小写字母表示。国家标准对孔和轴各规定了 28 种不同的基本偏差,如图 10-37 所示。可以看出,轴的基本偏差从 a～h 为上偏差,从 j～zc 为下偏差,js 的基本偏差对称于零线可为上偏差($es=+\dfrac{IT}{2}$)或下偏差($ei=-\dfrac{IT}{2}$)。孔的基本偏差从 A～H 为下偏差,从 J～ZC 为上偏差,JS 的基本偏差为上偏差($ES=+\dfrac{IT}{2}$)或下偏差($EI=-\dfrac{IT}{2}$)。

轴和孔的另一个偏差,可根据轴和孔的基本偏差和标准公差,按下式进行计算。

轴的另一偏差:

$ei=es-IT$ 或 $es=ei+IT$

孔的另一偏差:

$EI=ES-IT$ 或 $ES=EI+IT$

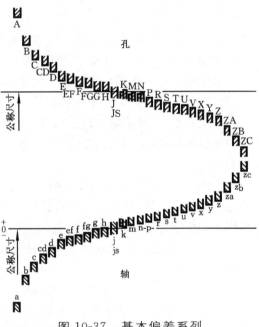

图 10-37 基本偏差系列

3) 公差带表示:由基本偏差代号和公差等级代号组成。

例如,孔的公差带表示 H8、K6、F8、P7 等,轴的公差带表示 f7、h6、k7、m6 等。

4) 带有公差的尺寸标注:标注带有公差的尺寸用基本尺寸后跟所要求的公差带表示或对应的偏差值表示。如 80JS5、ϕ100g6、$100^{-0.012}_{-0.034}$ 等。

例 10-1 已知轴 ϕ35 mm,IT5,求标准公差。

查附表 H-3,标准公差 $\delta=11 \mu$m。

例 10-2 说明 ϕ50H8 的含义。

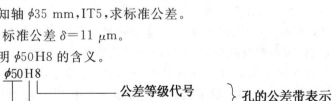

例 10-3 说明 $\phi50f7$ 的含义。

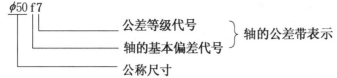

例 10-4 计算 $\phi30k6$ 的极限偏差值。

已知轴的公称尺寸为 30 mm,由附表 H-3 标准公差数值中查得,公差等级 6 级(IT6)的值为 13 μm。小写字母 k 为轴的基本偏差代号。查附表 H-4 轴的基本偏差,$\phi30k6$ 的基本偏差数值为下偏差 ei。公称尺寸 30 在 24~30 mm 的行与公差等级 4~7 级的列相交处数值为 +2 μm。

下偏差 ei=+0.002 mm,上偏差 es=ei+IT=+2+13=15 μm=+0.015 mm。

所以 $\phi30k6$ 可写成 $\phi30k6\binom{+0.015}{+0.002}$。

例 10-5 计算 $\phi50P6$ 的极限偏差。

已知孔的公称尺寸为 50 mm,由附表 H-3 标准公差数值中查得,公差等级 6 级(IT6)的值为 16 μm,大写字母 P 为孔的基本偏差代号。查附表 H-5 孔的基本偏差数值,基本偏差为上偏差 ES。表中 P~ZC,公差等级≤7 级时在数值栏中注明的文字为在公差等级>7 级的相应数值上增加一个 Δ 值。

在公称尺寸 40~50 mm 行与>7 级的 P 列相交处数值为 -26 μm。公差等级6级的 Δ 值为 5 μm。

上偏差 ES = -26 μm+5 μm

$\qquad\qquad$ = -21 μm;

下偏差 EI = ES-IT

$\qquad\qquad$ = -21 μm-16 μm = -37 μm。

所以 $\phi50P6$ 可写成 $\phi50P6\binom{-0.021}{-0.037}$。

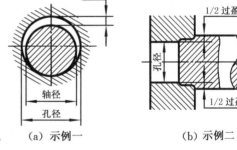

图 10-38 配合

(3)配合与配合制

1)配合:公称尺寸相同的、相互结合的孔和轴公差带之间的关系称为配合,如图 10-38 所示。

根据使用要求的不同,孔与轴的配合松紧不同,国家标准将配合分为三种:

① 间隙配合:具有间隙(包括最小间隙等于零)的配合。此时,孔的公差带在轴的公差带之上,如图 10-39(a)所示。间隙指孔的尺寸减去相配合的轴的尺寸之差为正。

② 过盈配合:具有过盈(包括最小过盈等于零)的配合。此时,孔的公差带在轴的公差带之下,如图 10-39(b)所示。过盈指孔的尺寸减去相配合的轴的尺寸之差为负。

③ 过渡配合:可能具有间隙或过盈的配合。此时,孔的公差带与轴的公差带相互交叠,如图 10-39(c)所示。

2)配合制:国家标准规定了基孔制和基轴制两种配合制。

① 基孔制配合:基本偏差为一定的孔的公差带,与不同基本偏差的轴的公差带形成各种配合的一种制度称为基孔制,如图 10-40 所示。基孔制的孔称为基准孔,其下偏差为零,并用代号 H 表示。在基孔制配合中,轴的基本偏差从 a~h 用于间隙配合;j~zc 用于过渡配合和过盈配合。

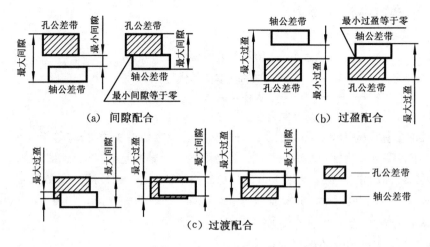

(a) 间隙配合

(b) 过盈配合

(c) 过渡配合

图 10-39　三类配合

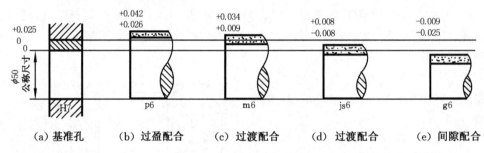

(a) 基准孔　　(b) 过盈配合　　(c) 过渡配合　　(d) 过渡配合　　(e) 间隙配合

图 10-40　基孔制配合

② 基轴制配合:基本偏差为一定的轴的公差带,与不同基本偏差的孔的公差带形成各种配合的一种制度称为基轴制,如图 10-41 所示。基轴制的轴称为基准轴,其上偏差为零,并用代号 h 表示。在基轴制配合中,孔的基本偏差从 A~H 用于间隙配合;J~ZC 用于过渡配合和过盈配合。

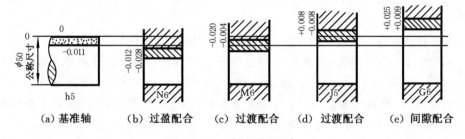

(a) 基准轴　　(b) 过盈配合　　(c) 过渡配合　　(d) 过渡配合　　(e) 间隙配合

图 10-41　基轴制配合

3) 配合制的选择:配合制的选择应从机器的结构、工艺要求和经济性等方面综合考虑。

一般情况下,优先采用基孔制。因为加工相同等级的孔和轴时,孔的加工比轴的加工要困难,特别加工小尺寸的精确孔时需要采用价格昂贵的定值刀具和量具。这种刀具、量具每种规格一般只用于加工一种尺寸的孔,故需要量大。如采用基孔制就可以减少刀具和量具的数量,而轴的加工需要的刀具少。这样就可以降低制造成本。

在下列情况下采用基轴制较有益:

① 当使用冷拔的标准传动轴时,如尺寸足够精确,就不需加工,此时采用基轴制较经济。

② 与标准件配合时,如滚动轴承内圈与轴的配合应采用基孔制,而外圈与轴承座孔的配合应采用基轴制,如图 10-42 所示。

③ 同一公称尺寸的轴上各个部位需要分别装上不同配合精度的零件时,为了简化轴的加工和便于轴的装配,往往采用基轴制更为有利,如图 10-43 所示。

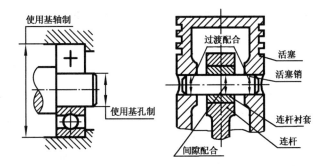

图 10-42　滚动轴承配合　图 10-43　同直径轴上的不同配合

4) 常用优先选择的配合:孔、轴公差带组成大量的配合,使设计使用非常复杂。在长期的生产实践中对优先和常用的公差带作了明确的规定。在这个基础上还对常用的配合和优先选用的配合,也作了明确规定,使选用更方便,见附表 H-6～附表 H-8。

(4) 极限与配合在图样上的标注

1) 在装配图中的标注方法:配合用相同的公称尺寸后跟孔、轴公差带表示。孔、轴公差带表示写成分数形式,分子为孔的公差带表示,分母为轴的公差带表示,形式如下:

公称尺寸 $\dfrac{\text{孔的公差带表示}}{\text{轴的公差带表示}}$　或　公称尺寸孔的公差带表示/轴的公差带表示

标注示例如图 10-44 所示。

① 基孔制标注形式: $\phi 50 \dfrac{\text{H8}}{\text{f7}}$ 配合含义: ϕ 表示圆柱形零件,公称尺寸 50 mm,基孔制,基准孔公差带表示 H8 与轴的公差带表示 f7 的配合为间隙配合。

② 基轴制标注形式: $\phi 50 \dfrac{\text{P7}}{\text{h6}}$ 配合含义: ϕ 表示圆柱形零件,公称尺寸 50 mm,基轴制,基准轴公差带表示 h6 与孔的公差带表示 P7 的孔配合为过盈配合。

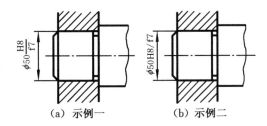

（a）示例一　　　（b）示例二

图 10-44　装配图中配合的标注

2) 在零件图中公差的标注方法:在零件图上标注公差有以下三种形式:

① 标注偏差数值,如图 10-45(a)所示。这种注法在公称尺寸的右面标上、下偏差数值,单位为 mm。偏差数值的字体比尺寸数字小一号。当偏差数值为零时仍应标出。对不为零的偏差,应注出正负号(注意:上、下偏差数值个位对齐)。若上、下偏差数值相同而符号相反时,在公称尺寸后面,加±号填写偏差值,此时偏差数字高度与尺寸数字高度相同。这种注法应用于单件生产和小批量生产。

② 标注公差带表示和偏差数值,如图 10-45(b)所示。这种注法在公称尺寸后面标出公差带表示和上、下偏差数值,并将偏差数值用括号括起来。这种标注方法用于产量不固定的情况,有利于设计和审图。

③ 标注公差带表示如图 10-45(c)所示。这种注法和采用专用量具检验零件统一起来,以适应大批量生产的需要,因此,不需标注偏差数值。

3）极限偏差的查表应用：在设计中，配合选定以后，零件图的尺寸公差带表示后面应标出极限偏差数值（上、下偏差）。极限偏差数值可由查表的方法确定。附表 H-1 列出了轴的极限偏差数值。附表 H-2 列出了孔的极限偏差数值。数值的单位为 μm。

例 10-6 查表确定孔 $\phi 50H8$ 的极限偏差。

查附表 H-2 孔的极限偏差，在表中公称尺寸 $>40\sim50$ 行与孔公差带表示 H8 的列相交处查出 $^{+39}_{\ 0}\mu m$，并写成 $\phi 50H8(^{+0.039}_{\quad 0})$。

例 10-7 查表确定轴 $\phi 50f7$ 的极限偏差。

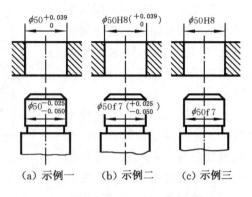

图 10-45　零件图中尺寸公差的标注

查附表 H-1 轴的极限偏差，在表中公称尺寸 $>40\sim50$ 行与轴公差带表示 f7 的列相交处查出 $^{-25}_{-50}\mu m$，并写成 $\phi 50f7(^{-0.025}_{-0.050})$。

10.5.3　形状公差和位置公差

在机器中某些要求精度较高的零件，不仅需要保证尺寸公差，还要保证几何形状和相对位置的准确性，这样才能满足零件的使用要求和互换性，所以形状公差和位置公差同尺寸公差、表面粗糙度一样，是保证产品质量的一项重要指标。

（1）形状公差和位置公差

1）形状公差：被测量的单一实际要素的形状对其理想要素形状的变动量，称为形状误差。单一实际要素的形状所允许的变动全量称为形状公差。

图 10-46 所示为轴与基准孔的配合示例。图 10-46(a)中的轴加工后虽符合规定的尺寸公差要求，但由于产生形状误差（双点画线所示的情况），使轴与孔无法装配。

2）位置公差：被测量零件相关要素间的实际位置相对其理想位置的变动量称为位置误差。

相关要素间的实际位置相对其理想位置的变动全量称为位置公差。如图 10-47 所示，将轴装入衬套，由于衬套的 B 面对轴线产生位置误差（垂直度误差），使轴孔装配后 B 面和 A 面不能按要求紧密结合。因此加工零件时对重要的工作面和轴线，应规定形状误差和位置误差的最大允许值，即形状公差和位置公差（简称形位公差）。

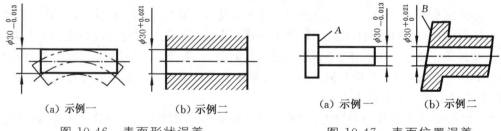

图 10-46　表面形状误差　　　　　图 10-47　表面位置误差

（2）形位公差的代号和标注

1）形位公差代号

形位公差在图样中用代号标注，无法用代号标注时，允许在技术要求中用文字说明。形位公差代号如图 10-48 所示。

① 形位公差有关项目的符号：形位公差共有 14 项，其中形状公差 6 项，位置公差 8 项。符号用粗实线绘制。各项符号见表 10-11。

表 10-11　形位公差各项目的符号

分类	项目	符号	分类		项目	符号
形状公差	直线度	—	位置公差	定向	平行度	//
	平面度	▱			垂直度	⊥
	圆度	○			倾斜度	∠
	圆柱度	⌭		定位	同轴度	◎
形状或位置公差	线轮廓度	⌒			对称度	=
	面轮廓度	⌓			位置度	⊕
				跳动	圆跳动	↗
					全跳动	⌰

② 形位公差框格和指引线（图 10-48）：形位公差的框格用细实线绘制，分为两格或多格两种，框格可水平和竖直放置，框格内填写的内容规定如下：

第一格内填写形位公差符号；第二格内填写形位公差数值和有关符号；第三格和以后各格填写基准代号的字母和有关符号。

用带箭头的指引线将被测要素与公差框格的一端相连，指引线用细实线绘制，箭头指向公差带的宽度方向或直径。

③ 基准代号：基准代号由基准符号、方框、连线、字母组成。在使用的字母中不得采用 E、I、J、M、O、P。方框内字母水平书写，见图 10-49。

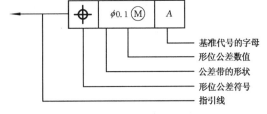

图 10-48　形位公差代号

2）被测要素和基准要素的标注方法

① 当被测要素或基准要素为线或表面时，指引线的箭头应指在该要素的轮廓线或其延长线上。基准符号应靠近该基准要素或延长线，必须与尺寸线错开，如图 10-50 所示。

② 当被测要素或基准要素为轴线、球心或中心平面时，指引线的箭头或基准符号应与该要素的尺寸线对齐，如图 10-51 所示。

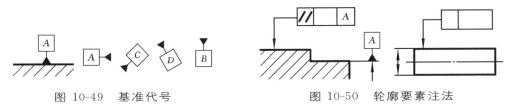

图 10-49　基准代号　　　　　图 10-50　轮廓要素注法

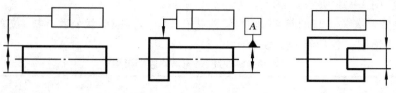

图 10-51 中心要素注法

③ 当指引线的箭头或基准符号与尺寸线的箭头重叠时,则该尺寸线的箭头可以用指引线的箭头或基准代号的短粗线代替,如图 10-52 所示。

④ 当同一被测要素有多项形位公差要求,而其标注方法又一致时,可以将这些框格绘制在一起,并引用一根指引线,如图 10-53(a)所示。

⑤ 当多个被测要素有相同的形位公差(单项或多项)要求时,可以从框格引出的指引线上绘制多个指示箭头,并分别与各被测要素相连,如图 10-53(b)所示。

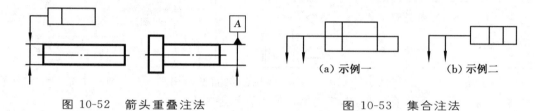

图 10-52 箭头重叠注法   图 10-53 集合注法

⑥ 为了说明公差框格中所标注的形位公差的其他附加要求,或为了简化标注,可以在公差框周围(一般是上方或下方)附加文字说明。

在用文字作附加说明时,属于被测要素数量的说明应写在公差框格的上方,属于解释性的说明(包括对测量方法的要求)应写在公差框格的下方,如图 10-54 所示。

3) 公差数值和有关符号的标注方法

① 图样上所标注的形位公差数值,其被测范围为箭头所指的整个轮廓要素或中心要素。

② 如果被测范围仅为被测要素的某一部分时,则用粗点画线表示其范围,并标出尺寸,如图 10-55 所示。

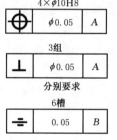

图 10-54 要素数量及说明注法

③ 公差框格中所给定的公差值为公差带的宽度或直径。当给定的公差带为圆或圆柱时,应在公差数值前加注符号"ϕ",如图 10-56(a)所示。当给定的公差值为球时,应在公差数值前加注"$S\phi$",如图 10-56(b)所示。

④ 理论正确尺寸确定被测要素的理想形状、方向、位置的尺寸。理论正确尺寸用加方框的数字表示,如 $\boxed{30}$、$\boxed{\phi 80}$、$\boxed{45°}$。这种尺寸不附加公差,其实际尺寸由给定的形位公差控制,如图 10-57 所示。

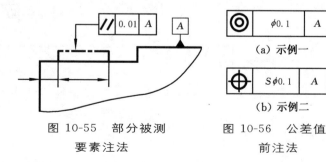

图 10-55 部分被测要素注法   图 10-56 公差值前注法

（3）形状公差和位置公差的示例

形状公差和位置公差见附表 H-9。图 10-58 所示为一张零件图的形位公差标注实例。

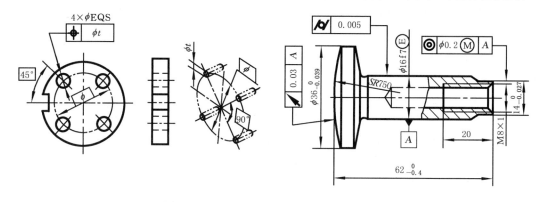

图 10-57　位置度的注法　　　　图 10-58　圆柱度的注法

10.5.4　零件常用的工程材料、热处理和表面处理

如何选择使用材料可查附录 A。

热处理和表面处理对金属材料力学性能（如强度、弹性、塑性、韧性和硬度）的改善和零件的耐磨性、耐热性、耐腐蚀性、耐疲劳性的提高有显著作用。根据零件不同的要求，常见的热处理和表面处理方法见附录 B。

10.6　读零件图

读零件图的目的就是根据零件图想像出零件的结构形状，了解零件的尺寸及技术要求等，以便在制造过程中拟定合理的加工工艺方案，制造出合格的零件。

10.6.1　读零件图的方法和步骤

（1）分析零件的作用

1）看标题栏：根据标题栏了解零件的名称、材料、比例、重量、图号等；

2）按零件图的名称和图号查阅装配图及说明书等有关资料，综合分析，大致了解零件的作用、性质和结构特点等。

（2）分析表达方案

1）分析视图时，首先确定主视图，看视图表达采用了几个基本视图，在基本视图上采用了哪些表达方法。确定各视图之间的投影关系，并认清剖视、断面的剖切位置和投射方向，以及在视图中所采用表达方法的作用和目的。

2）分析各视图的表达重点及表达内容。分析时应从主视图着手，分析各视图中重点表达了什么，并将相关视图结合起来分析，才能分析清楚。

（3）分析结构形状

零件的结构形状是按设计要求和工艺要求确定的。了解零件的结构形状是读图的重要目的。

1）利用形体分析法和线面分析法，对零件的图样按投影关系进行分析，弄清各部分的结构形状。

2）分析结构时应按以下顺序看图：首先看懂零件的外部形状结构；其次利用剖视图、断

185

面图等看清零件的内部结构以及零件的内外交线等。根据零件主要组成部分的相对位置,想像出零件的整体形状。

3）要按设计、工艺等方面的要求,对零件进行具体结构分析,并弄清零件工艺结构及细部形状。

（4）分析尺寸

1）找出长、宽、高三个方向的主要尺寸基准。从主要基准出发,分析主要尺寸和尺寸标注形式。

2）结合结构分析和形体分析,确定功能尺寸、定形尺寸、定位尺寸和总体尺寸。

3）分析、查阅零件与相关零件有连接关系的尺寸。

经过分析,确定尺寸标注是否完整、合理,是否符合设计和工艺要求。

（5）分析了解技术要求

首先根据图样的符号及技术要求的文字注释,分析零件的表面粗糙度、尺寸公差、形位公差、表面修饰、热处理以及其他技术要求。确定零件的加工表面和加工精度,分析合理性和经济性;研究拟定合理的、适当的加工制造工艺方案。

最后看零件的工艺结构及设计结构是否合理,尺寸是否有遗漏和重复,极限与配合、形位公差、表面结构是否恰当等,找出不足之处并改正,使零件图更加完善。

10.6.2 读零件图举例

如图 10-59 所示为蜗轮、蜗杆减速器箱体的零件图。

1）分析零件的作用:零件的名称为箱体,材料是铸铁;零件为蜗轮、蜗杆减速器的箱体,箱内安装蜗轮、蜗杆、轴承及端盖等零件。

2）分析表达方案及分析结构形状:该零件图采用主视、左视、俯视三个基本视图。主视图采用全剖视图,主要表达零件的内部结构。俯视图采用了半剖视图表达箱体俯视的外部结构和采用 C—C 剖切平面所表达的内部结构。左视图采用了半剖视图,表达了零件左视方向的内外部形状、$4 \times M4$ 螺孔的表面位置及 2 个 $\phi 10H7$ 孔等。在左视图中还作了一个表达底板上孔的局部剖视。A 向视图重点表达 $4 \times M3$ 螺孔的位置及前端面的外部形状。通过各基本视图以及 A 向局部视图,就可以想像出箱体的外形结构。通过 C—C 剖视图和 B—B 剖视图及主视图的全剖视图可以想像出零件的内部结构形状。

3）尺寸标注分析:找出零件的主要尺寸基准。$\phi 48$ 孔的左端面为长度基准,以这个基准标出尺寸 20、70。零件的底面为高度基准,以这个基准标出尺寸 20（$\phi 10H7$ 孔的定位尺寸）。宽度基准为零件的前后对称平面,以这个基准平面对称标出尺寸 54、60、30 等宽度尺寸。

4）分析技术要求:图中 $\phi 48H7$、$\phi 25H7$、$\phi 10H7$ 为较重要的配合尺寸。分析其他技术要求及对箱体毛坯质量的要求。

5）综合分析:总结上述内容并进行综合分析,就可对零件的内外结构形状、尺寸、技术要求等有比较全面的了解。

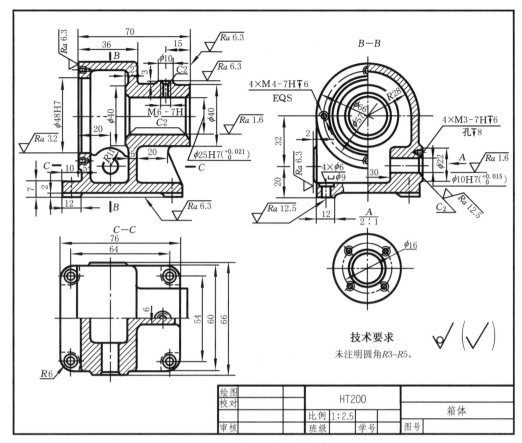

图 10-59　蜗轮、蜗杆减速箱零件图

第11章 装配图

11.1 装配图的作用和内容

11.1.1 装配图的作用

装配图用以表示产品及其组成部分的连接装配关系。它是表达机器或部件的工作原理、零件之间的装配关系和相互位置,以及装配、检验、安装时所需要的尺寸数据和技术要求等的技术文件。

在设计过程中,一般都是先画出装配图,再根据装配图设计零件并绘制零件图。在生产过程中,装配图是制定装配工艺规程,进行装配、检验、安装及维修的技术依据。

11.1.2 装配图的内容

图 11-1(a)所示为球心阀,图 11-1(b)所示为实际生产用的装配图,其具体内容如下:

1) 一组图形:选择一组视图及恰当的表达方法,正确、完整、清晰和简便地表达出机器(或部件)的工作原理、零件之间的装配关系和连接方法,以及零件的主要结构形状;

2) 必要的尺寸:由装配图拆画零件图以及装配、调整、检验、安装、使用机器的需要,在装配图中必须注出反映机器(或部件)的性能、规格、安装情况、部件或零件间的相对位置、配合要求等尺寸;

3) 技术要求:用文字或符号注出机器(或部件)的安装精度、装配方法、调整、检验、使用等方面的要求;

4) 标题栏、序号和明细栏:为方便组织生产和管理工作,按一定的格式,将零、部件进行编号,并填写标题栏和明细栏。

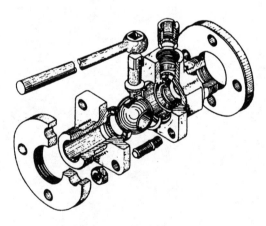

(a) 球心阀的立体图

图 11-1 球心阀

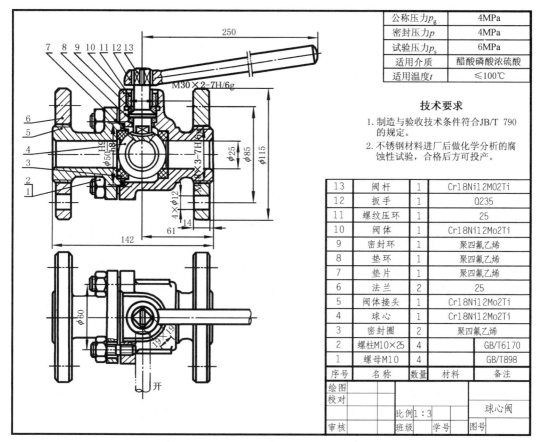

公称压力p_g	4MPa
密封压力p	4MPa
试验压力p_s	6MPa
适用介质	醋酸磷酸浓硫酸
适用温度t	≤100℃

技术要求

1. 制造与验收技术条件符合JB/T 790的规定。
2. 不锈钢材料进厂后做化学分析的腐蚀性试验,合格后方可投产。

13	阀杆	1	Cr18Ni12Mo2Ti	
12	扳手	1	Q235	
11	螺纹压环	1	25	
10	阀体	1	Cr18Ni12Mo2Ti	
9	密封环	1	聚四氟乙烯	
8	垫环	1	聚四氟乙烯	
7	垫片	1	聚四氟乙烯	
6	法兰	2	25	
5	阀体接头	1	Cr18Ni12Mo2Ti	
4	球心	1	Cr18Ni12Mo2Ti	
3	密封圈	2	聚四氟乙烯	
2	螺柱M10×25	4		GB/T6170
1	螺母M10	4		GB/T898
序号	名称	数量	材料	备注

绘图				球心阀
校对				
	比例1:3			
审核		班级	学号	图号

(b) **装配图**

续图 11-1

11.2 机器(或部件)的表达方法

绘制零件图所采用的视图、剖视、断面等表达方法,在绘制装配图时,仍可使用。但是零件图所表达的是单个零件,而装配图所表达的则是由若干零件所组成的机器(或部件)。两种图样的要求不同,所表达的侧重面也不同。装配图是以表达机器(或部件)的工作原理和装配关系为中心,采用适当的表达方法把机器(或部件)的内部和外部的结构形状和零件的主要结构表示清楚。为此,除了前面所讨论的各种表达方法外,还有绘制装配图的规定画法和特殊表达方法。

11.2.1 规定画法

为了在读装配图时能迅速区分不同零件,并正确理解零件之间的装配关系,在画装配图时应遵守下述规定:

1) 两个零件的接触面(或基本尺寸相同且相互配合的工作面),只画一条轮廓线,不接触的表面和非配合基本尺寸不同的相邻表面画两条线;若间隙很小时,可夸大表示。

2) 在剖视图中,相接触的两零件的剖面线方向应不同。三个或三个以上零件相接触时,除其中两个零件的剖面线倾斜方向不同外,第三个零件应采用不同的剖面线间隔,或者

189

与同方向的剖面线错开。在各视图中,同一零件的剖面线的方向与间隔必须一致。

3)在装配图中,对一些实心杆件(如轴、手柄、连杆等)和一些标准件(如螺母、螺栓、垫圈、键、销等),若剖切平面通过其轴线(或对称线)剖切这些零件时,则这些零件均按不剖切绘制,即只画零件外形,不画剖面线,如图 11-1 球心阀装配图中的件 13(阀杆)和图 11-2 转子油泵装配图中的件 4(泵轴)。如果实心杆件上有些结构和装配关系需要表达时,可采用局部剖视,如图 11-1 中的件 4(球心)和图 11-2 中的件 4(泵轴)。当剖切平面垂直其轴线剖切时,需画出剖面线,如图 11-2 中的件 4(泵轴)在右视图中则画出了剖面线。

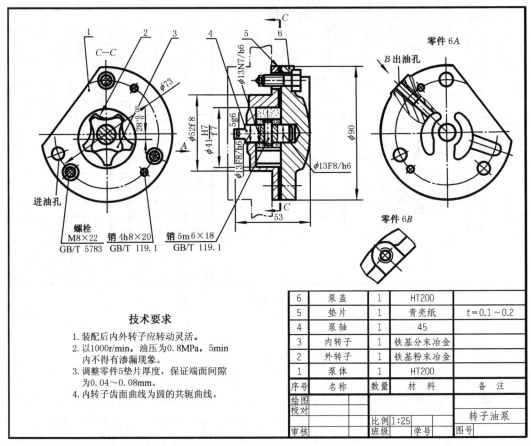

技术要求

1.装配后内外转子应转动灵活。
2.以1000r/min,油压为0.8MPa,5min内不得有渗漏现象。
3.调整零件5垫片厚度,保证端面间隙为0.04~0.08mm。
4.内转子齿面曲线为圆的共轭曲线。

6	泵 盖	1	HT200	
5	垫 片	1	青壳纸	$t=0.1\sim0.2$
4	泵 轴	1	45	
3	内转子	1	铁基分末冶金	
2	外转子	1	铁基粉末冶金	
1	泵 体	1	HT200	
序号	名 称	数量	材 料	备 注
绘图				
校对				转子油泵
		比例1:25		
审核		班级	学号	图号

图 11-2　转子油泵装配图

11.2.2　特殊画法

为了适应机器(或部件)结构的复杂性和多样性,画装配图时可根据表达的需要,选用以下画法。

(1)拆卸画法

当某一个或几个零件在装配图的某一视图中遮住了大部分装配关系或其他零件时,可假想拆去一个或几个零件,只画出所要表达部分的视图。这种画法称为拆卸画法。拆卸画法如需说明时,可加标注"拆去××等"。如图 11-3 所示滑动轴承装配图中俯视图就是拆去轴承盖、螺栓和螺母后画出的。

拆卸画法的拆卸范围,可根据需要灵活选取。图形对称时可以半拆,不对称可以全拆,也可以局部拆卸,此时应以波浪线表示拆卸的范围(半拆时用点画线)。

（2）沿结合面剖切画法

为了表达内部结构，可采用沿结合面剖切画法。图 11-2 转子油泵右视图就是沿泵盖和泵体的结合面剖切后画出的。结合面处不画剖面线。

（3）单独表示某个零件

在装配图中，当某个零件的形状未表达清楚而又对理解装配关系有影响时，可单独画出该零件的一个视图或几个视图，并应在视图上方注出该零件视图的名称。在相应视图的附近用箭头指明投影方向，并注上同样的字母。如转子油泵装配图中，单独画了件 6（泵盖）的两个视图，如图 11-2 所示。

（4）假想画法

用双点画线画出的机件投影叫假想投影。在装配图中，如遇下列情况，可用假想投影表达。

1）为了表示与本部件有装配关系但又不属于本部件的其他相邻零、部件时，可用双点画线画出相邻零、部件的轮廓。图 11-4 中与车床尾座相邻的床身导轨就是用双点画线画出的。

2）当需要表达运动零件的运动范围或极限位置时，可先在一个极限位置上用粗实线画出该零件，再在另一个极限位置上用双点画线画出其轮廓。图 11-4 中车床尾座锁紧手柄的运动范围就是这样表示的。

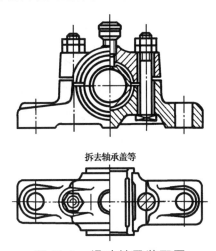

拆去轴承盖等

图 11-3　滑动轴承装配图

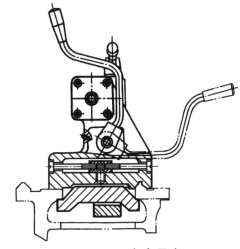

图 11-4　车床尾座

（5）夸大画法

在画装配图时，有时会遇到薄片零件、细丝弹簧、微小间隙等。对这些零件或间隙，无法按其实际尺寸画出，或者虽能如实画出，但不能明显地表达其结构（如圆锥销及锥形孔的锥度甚小时），均采用夸大画法，即可把垫片厚度、弹簧丝直径及锥度等都适当夸大画出。转子油泵装配图中的件 5（垫片）就是夸大画出的，如图 11-2 所示。

（6）简化画法

1）在装配图中，零件的工艺结构，如圆角、倒角、退刀槽等可不画。

2）在装配图中，螺母和螺栓头允许采用简化画法。若干相同的零件组，如螺栓连接等，可只详细地画出一处或几处，其余只需表示装配位置，如图 11-5 所示。

3）在装配图中，滚动轴承的保持架及倒角可省略不画；规定画法一般绘制在轴的一侧，另一侧按特征画法绘制，如图 11-5 所示。

（7）展开画法

为了表达某些重叠的装配关系,如多级传动变速箱,为了表示齿轮传动顺序和装配关系,可以假想将空间轴系按其传动顺序展开在一个平面上,画出剖视图,这种画法称展开画法。如图 11-6 所示的交换齿轮架装配图就是采用了展开画法。

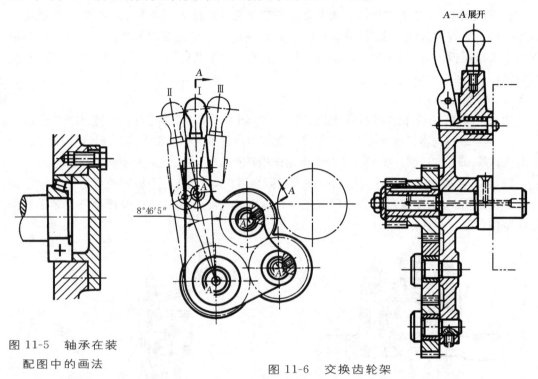

图 11-5　轴承在装
　配图中的画法

图 11-6　交换齿轮架

11.3　装配图的视图选择

画装配图的目的是要满足生产需要,为生产服务。既要保证所画部件结构正确,更要考虑工人在加工、装拆、调整、检验时的工作方便和读图方便。生产上,装配图视图选择的原则是:

1）部件的功用、工作原理、结构和零件之间的装配关系等,要表达完全;

2）视图、剖视图、规定画法及装配关系的表示方法要正确;

3）读图时,清楚易懂。

在选择装配图的视图时,大致分以下三个步骤,下面结合车床尾座图 11-7 及图 11-8 来说明。

从功用和工作原理出发,对机器（或部件）进行解剖,分析它的工作情况,各个零件在机器（或部件）中的作用及零件间的连接关系与配合关系。

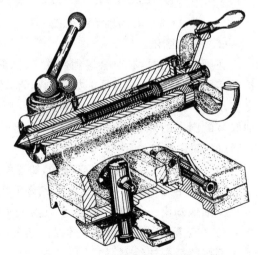

图 11-7　车床尾座的立体图

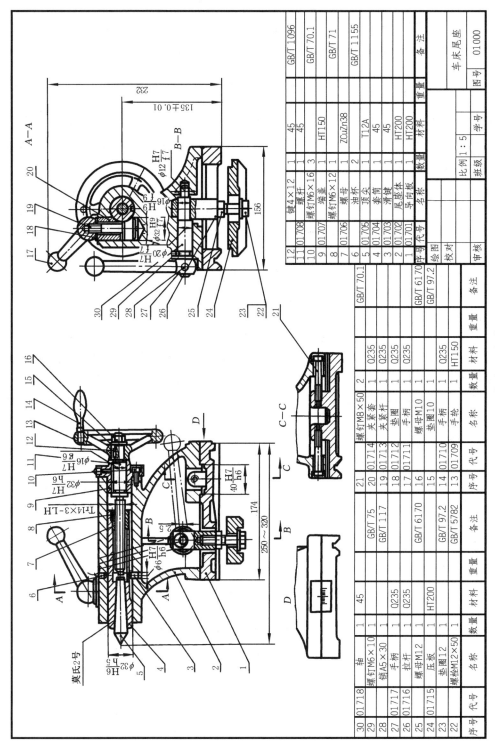

图 11-8　车床尾座装配图

序号	代号	名称	数量	材料	备注
12		键 4×12	1	45	GB/T 1096
11	01708	螺杆	1	45	GB/T 70.1
10		螺钉M6×16	3		GB/T 71
9	01707	端盖	1	HT150	
8		螺钉M6×12	1		
7	01706	螺母	1	ZCuZn38	GB/T 1155
6		油杯	2		
5	01705	顶尖	1	T12A	
4	01704	套筒	1	45	
3	01703	滑座键	1	45	
2	01702	尾座体	1	HT200	
1	01701	导向板	1	HT200	
序号	代号	名称	数量	材料	备注

					重量		车床尾座
绘图			比例 1∶5	学号			
校对			班级			图号	01000
审核							

21	01714	螺钉M8×50	2		
20		夹紧套	1	Q235	
19	01713	夹紧杆	1	Q235	
18	01712	垫杆	1	Q235	
17	01711	手柄	1	Q235	
16		螺母M10	1		GB/T 6170
15		垫圈10	1		GB/T 97.2
14	01710	手柄	1	Q235	
13	01709	手轮	1	HT150	
序号	代号	名称	数量	材料	备注

30	01718	轴	1	45	
29		螺钉M6×10	1		
28		销A5×30	1		GB/T 75
27	01717	手柄	1	Q235	
26	01716	拉杆	1	Q235	GB/T 117
25		螺母M12	1		
24	01715	压板	1	HT200	GB/T 6170
23		垫圈12	1		GB/T 97.2
22		螺栓M12×50	1		GB/T 5782
序号	代号	名称	数量	材料	备注

如图11-7及图11-8所示的尾座,主要功用是靠顶尖5与车床主轴上的卡盘共同对工件进行中心定位,以便加工。

现在分析它的细部结构:顶尖5是装在套筒4中,套筒4用螺钉8与螺母7固定;滑键3限制套筒4只能作轴向移动。在转动手轮13时,通过键12使螺杆11旋转,再通过螺母7的作用,使套筒4带着顶尖作轴向移动。

当顶尖移动到所需的位置时,转动手柄17,使夹紧杆19与夹紧套20将套筒4锁紧。

整个尾座靠导向板1放置在床身导轨上,并沿床身滑移。轴30上的外圆 $\phi 16 \dfrac{H9}{f9}$ 是一个偏心圆柱,在手柄27带动轴30旋转时,这个偏心圆柱就带动拉杆26和压板24上下运动,将尾座锁紧在床身上或者松开。

螺钉21用于调整顶尖尾座的横向位置。必要时可以与主轴调偏,直接车出圆锥表面。

通过这样的分析,对尾座各部分的结构和装配关系建立起清楚的概念,并分清了主要部分和次要部分,这样才有可能把机器(或部件)的结构和装配关系表达得完全和清楚。由上面的分析可以看出,尾座的结构和装配关系可以分为四个部分:套筒和顶尖移动部分、套筒夹紧部分、尾座固定在床身导轨上的夹紧装置和尾座横向调整装置。

11.3.1 主视图的选择

装配图上要表达的内容确定后,应首先选择主视图,然后确定其他视图。主视图应能清楚地反映出与工作原理有关的主要装配关系。对车床尾座来说,从前面的分析可以看出,通过手轮、螺杆带动套筒及顶尖移动,是体现尾座功用的主要部分。尾座的主视图应当反映出这部分装配关系的情况,同时考虑到要表示尾座横向调整用的方形导轨和内六角螺钉,所以确定以通过套筒轴线纵向剖开的局部剖视为主视图,如图11-9所示。它同时也反映了尾座的工作位置。

11.3.2 其他视图的选择

根据表达要完全的要求,对机器(或部件)上的各部分装配关系逐一进行检查,针对还没有表示清楚的部分,选择合适的视图或剖视图。如前所述,尾座的结构和装配关系共有四个部分,在主视图确定后可以看出:

1)套筒移动部分:在主视图上完全表示清楚了。

2)套筒夹紧部分:在主视图上没能表示出来,因此选取了 $A-A$ 剖视,如图11-9所示。

3)尾座在床身上的夹紧装置:在主视图上只表示了一部分手柄27与轴30的装配情况,轴30与拉杆26的装配情况却没有表示清楚,因此选择了通过轴30的轴线剖切的 $B-B$ 剖视图来表示,如图11-9所示。

4)尾座的横向调整装置:在主视图上也没有表示清楚,因此选择了沿螺钉21轴线剖切的 $C-C$ 剖视来表示。为了表示出这部分的装配情况,再加一个 D 向视图,如图11-9所示。

11.3.3 表达方案的调整

(1)对已选定的方案进行调整

调整时要注意从全局出发,使最后的表达方案符合表达要完全、正确、清楚的要求。

对图11-9所示的初步确定的尾座装配图的方案,再进一步分析以后,可作以下调整:

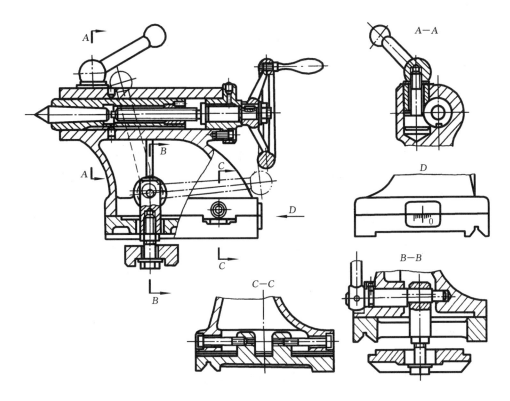

图 11-9 车床尾座装配图的初步方案

1) 主视图采用了局部剖视,虽然画图比较简单,但是尾座体 2 和导向板 1 上面横向移动的方导轨处内部结构没有表示出来,会给拆零件图、设计零件带来困难。因此改用全剖视,既能表示出方导轨的形状,又能表示零件的结构。虽然螺钉 21 的头部形状被剖掉了,但螺钉是标准件,对看图影响不大。

2) 表示套筒夹紧部分的 A—A 剖视和表示尾座夹紧装置的 B—B 剖视,图形比较零散,不能给人以整体的概念,因此把这两个图合并成为左视图。这样,既有完整的概念,又与主视图有密切的投影联系,方便读图。

3) C—C 剖视和 D 向视图所表示的内容是相关的,都表示横向调整装置,因此在布置图面时,将这两个图靠在一起。图 11-8 即为经过调整最后确定的方案。

(2) 在调整时要注意两点

1) 分清主次,合理安排。一台机器(或部件)有许多装配部分,在表达时一定要分清主次,把主要装配关系部分表示在基本视图上。对于次要的装配关系部分如果不能兼顾,可以表示在单独的剖视图或向视图上。每个视图或剖视图所表达的内容应该有明确的目的。

2) 注意联系,便于读图。所谓联系是指在工作原理或装配关系方面的联系。为了读图方便,在视图表达上要防止不适当的过于分散、零碎的方案,尽量把一个完整的装配关系,表示在一个或几个相邻的视图上。

对本章所附的装配图,可运用本节所讲的方法来分析研究它们的视图选择方法,这里不再详述了。

11.4　装配图的尺寸标注

在装配图上标注尺寸与零件图完全不同。零件图是为制造零件用的,所以在图上需要注出全部尺寸。而装配图是为装配机器和部件用的,或在设计时拆画零件图用的,所以在图上只需注出与机器或部件性能、装配、安装、运输有关的尺寸。

（1）性能尺寸（规格尺寸）

它是表示机器或部件的性能和规格的尺寸,这类尺寸是在画图之前就确定了的,作为设计的一个主要数据。如图 11-1 所示,球心阀的管口直径 $\phi25$,它和液体进出量有关。

（2）装配尺寸

1) 配合尺寸。它是表示两个零件之间配合性质的尺寸,如图 11-2 所示,转子油泵装配图上的 $\phi41\frac{H7}{f7}$ 由公称尺寸和孔与轴的公差带表示所组成,是拆画零件图时,确定零件尺寸偏差的依据。

2) 相对位置尺寸。它是表示装配机器和拆画零件图时,需要保证的零件间相对位置的尺寸,如图 11-2 所示转子油泵装配图中的尺寸 $\phi73$。

（3）安装尺寸

机器或部件安装在基础上或与其他机器或部件相连接时所需要的尺寸就是安装尺寸,如图 11-1 所示球心阀装配图中的尺寸 $\phi85$(安装孔径位置)、$\phi12$(安装孔径尺寸)。

（4）外形尺寸

表示机器或部件外形轮廓的尺寸,即总长、总宽和总高。它反映了部件的大小,提供了部件在包装、运输和安装过程中所占空间的尺寸,如图 11-2 所示转子油泵装配图中的尺寸 53(总长)、$\phi90$(总高和总宽)是外形尺寸。

（5）其他重要尺寸

其他重要尺寸是在设计中经过计算确定或选定的尺寸,但又未包括在其他几类尺寸之中。这类尺寸在拆画零件图时不能改变。

以上所列的各类尺寸,彼此并不是绝对无关的,实际上有的尺寸往往同时具有几种不同的含义,因此在实际标注装配图的尺寸时,需要认真细致的分析考虑。

11.5　装配图的零部件序号、明细栏及技术要求

装配图上对每个零件都必须编注序号或代号,并填写明细栏,以便统计零件数量,进行生产的准备工作。同时,在看装配图时,根据序号查阅明细栏,以了解零件的名称、材料和数量等,有利于看图和图样管理。

11.5.1　零、部件序号

标注零、部件序号(或代号)常用的形式,如图 11-10、图 11-14 所示。

1) 序号(或代号)应注在图形轮廓线的外边,并填写在指引线的横线上或圆内,横线或圆用细实线画出。指引线应从所指零件的可见轮廓内引出,并在末端画一小圆点,如图 11-11所示,序号字体应比图内尺寸数字大 1~2 号。若在所指部分内不宜画圆点时(很

薄的零件或涂黑的剖面),可在指引线末端画出指向该部分轮廓的箭头,如图 11-12 所示。

2) 装配图中相同的零件应只编一个序号,不能重复。对同一标准部件(如滚动轴承、油杯等),在装配图上只编一个序号。

3) 序号应该依顺时针或逆时针方向顺序排列整齐,如图 11-1(b)所示,在整个图上无法连续时,可在某个图的水平或垂直方向顺序排列。

4) 指引线相互不能相交,当通过有剖面线的区域时,指引线尽量不与剖面线平行。

5) 指引线允许画成折线,但只能曲折一次,如图 11-13 所示。一组紧固件及装配关系清楚的零件组,允许采用公共指引线,如图 11-14 所示。

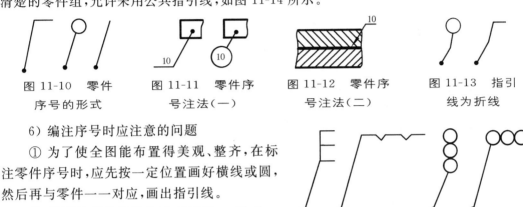

图 11-10　零件　　　图 11-11　零件序　　　图 11-12　零件序　　　图 11-13　指引
序号的形式　　　　　号注法(一)　　　　　号注法(二)　　　　　线为折线

6) 编注序号时应注意的问题

① 为了使全图能布置得美观、整齐,在标注零件序号时,应先按一定位置画好横线或圆,然后再与零件一一对应,画出指引线。

② 常用的序号编排方法有两种,一种是一般零件和标准件混合一起编排,如球心阀装配图[图 11-1(b)];另一种是将一般零件编号填入

图 11-14　紧固件的注法

明细栏中,而标准件直接在图上标注规格、数量和国家标准代号(图 11-2),或另列专门表格。

11.5.2　明细栏

明细栏是机器或部件中全部零件的详细目录,其内容与格式如图 11-15 所示。明细栏紧靠在标题栏的上方,外框为粗实线,内格竖线为粗实线,水平线为细实线,假如地方不够,也可在标题栏的左方再画一排,如图 11-8 所示。明细栏中,零件序号编写顺序是从下往上,以便增加零件时可以继续向上画格。对较复杂的机器或部件也常使用单独的明细栏,装订成册,作为装配图的附件。

明细栏应按照国家标准规定的格式和内容编制,如图 11-15 所示。

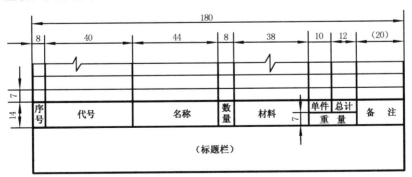

图 11-15　明细栏的格式和内容

11.5.3 技术要求

在图的下方空白处,写出装配或检验该机器或部件时所必须遵守的技术要求,如图 11-1、图 11-2 所示。技术要求一般应注写以下几方面的内容:

1)装配要求

① 装配后应保证的精度要求,如保证的间隙、平行度、同轴度等;

② 需要装配后加工的说明;

③ 装配时的要求,如各油封不得漏油等;

④ 装配时指定的装配方法,如轴承加热装配等。

2)检验要求

① 基本性能的检验方法和条件,如油压试验;

② 装配后应保证的精度及检验方法的说明;

③ 其他检验要求。

3)使用要求

① 产品基本性能、维护、保养方面的要求;

② 使用操作时的注意事项;

③ 防护涂饰要求。

11.6 装 配 结 构

在设计过程中,一定要细致考虑部件的结构,并分析在这种结构情况下,零件的加工和装配是否方便。不合理的结构不仅会给生产带来困难,甚至可使整个部件报废。当然,要使部件结构设计得合理,一方面需要有一定的实践经验和必要的机械知识,但更重要的是作调查研究,在实践中不断提高。本节仅就几种常见的装配结构作一些介绍,以便在设计、画图时参考。

11.6.1 接触面和配合面

1)避免在同一方向有两组面同时接触。当两个零件接触时,在同一方向上的接触面只能有一组。图 11-16(a)～图 11-6(c)是平面接触的情况,图 11-16(d)是圆柱面配合的情况。

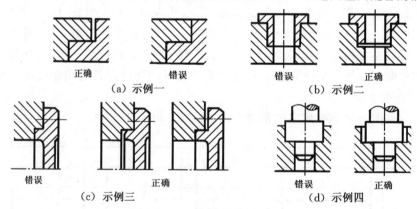

图 11-16 接触面和配合面

2)轴肩与孔的端面相接合时,为保证紧密接触,孔边要制有倒角或倒圆或轴根要切槽,如图 11-17 所示。

3)锥面配合时,锥体顶部与锥孔底部间必须留有空隙,否则不能保证锥面配合,如图 11-18 所示。

4)为了保证接触良好,接触面需经机械加工。合理地减少加工面积,不但可以降低加工费用,而且可以改善接触情况。

5）为了保证连接件(螺栓、螺母、垫圈)和被连接件间的良好接触,在被连接件上作出沉孔、凸台等结构,如图 11-19 所示。沉孔和凸台的尺寸,可根据连接件的尺寸,从有关手册中查取。

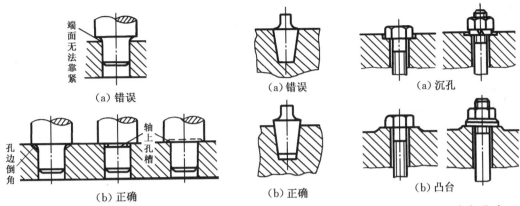

（a）错误

（b）正确

图 11-17　轴肩和孔

（a）错误

（b）正确

图 11-18　锥面结合

（a）沉孔

（b）凸台

图 11-19　沉孔和凸台

6）为了减少接触面,在轴承底座与下轴衬的接触面上开一环形槽,其底部挖一凹槽,如图 11-20所示。轴衬凸肩处有退刀槽是为了改善两个相互垂直表面的接触情况。

11.6.2　螺纹连接的合理结构

1）为了保证拧紧,可适当加长螺纹尾部;在螺杆上加工出退刀槽;在螺孔上作出凹坑或倒角,如图 11-21 所示。

2）为了便于拆装,必须留出扳手和装、拆螺栓的活动空间,如图 11-22、图 11-23 所示。

3）在图 11-24(a)中,螺栓无法拧紧,须加手孔或改用双头螺柱,如图 11-24(b)、图 11-24(c)所示。

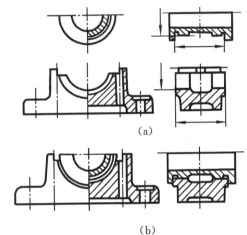

（a）

（b）

图 11-20　轴承底座

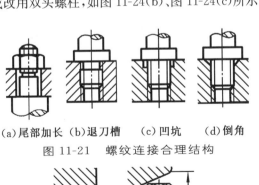

（a）尾部加长　（b）退刀槽　（c）凹坑　（d）倒角

图 11-21　螺纹连接合理结构

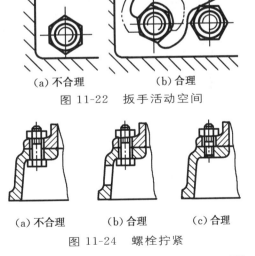

（a）不合理　　　　（b）合理

图 11-22　扳手活动空间

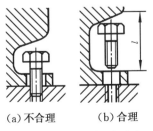

（a）不合理　　　（b）合理

图 11-23　螺栓拆装空间

（a）不合理　　（b）合理　　（c）合理

图 11-24　螺栓拧紧

11.6.3 考虑维修时拆卸方便

图 11-25 表示滚动轴承装在箱体轴承孔中及轴上。若设计成图 11-25(a)、图 11-25(c)的形式,将无法拆卸;如果改成图 11-25(b)、图 11-25(d)的形式,就可以很容易的将轴承顶出。

图 11-26 所示,在零件上加一个衬套,若设计成图 11-26(a)的形式,在更换套筒时很难拆卸。如果像图 11-26(b)那样,在箱体上钻几个螺钉孔,拆卸时就可用螺钉将套筒顶出。

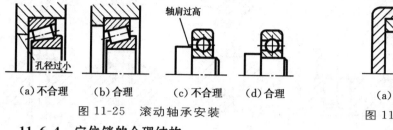

(a)不合理　(b)合理　　(c)不合理　(d)合理

图 11-25　滚动轴承安装

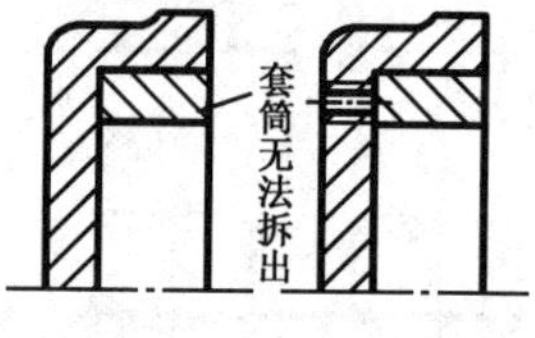

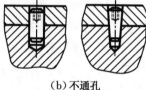

(a)不好　　(b)好

图 11-26　套筒安装

11.6.4 定位销的合理结构

为了保证重装后两零件间相对位置的精度,常用圆柱销或圆锥销定位,所以对销及销孔要求较高。为了加工销孔和拆卸销子方便,在可能的条件下,将销孔做成通孔,如图 11-27(a)所示。如果条件不允许钻成通孔,销可采用带螺纹孔的销,如图 11-27(b)所示。

11.6.5 滚动轴承的固定、间隙调整及密封装置结构

1) 滚动轴承的固定:为防止滚动轴承产生轴向移动,须采用一定的结构来固定其内、外圈,常用的固定结构有:

① 用轴肩固定(图 11-28)。

② 用弹性挡圈固定[图 11-29(a)]。弹性挡圈[图11-29(b)]为标准件。

(a)通孔

(b)不通孔

图 11-27　定位销装配结构

③ 用轴端挡圈固定[图 11-30(a)]。轴端挡圈[图 11-30(b)]为标准件。为了使挡圈能够压紧轴承内圈,轴颈的长度要小于轴承的宽度,否则挡圈起不了固定轴承的作用。

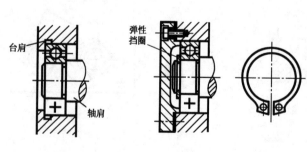

图 11-28　用轴肩固定轴承内外圈

(a)内外环的固定　(b)弹性挡圈

图 11-29　用弹性挡圈固定轴承内外圈

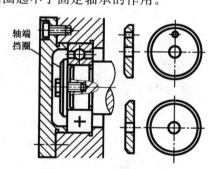

(a)轴承固定　(b)轴端挡圈

图 11-30　用轴端挡圈固定轴承内圈

④ 用圆螺母及止动垫圈固定[图 11-31(a)]。圆螺母及止动垫圈均为标准件,如图 11-31(b)、图 11-31(c)所示。

⑤ 用套筒固定(图 11-32)。图中双点画线表示轴端安装一个带轮,中间安装套筒,以固定轴承内圈。

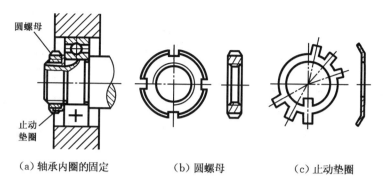

(a) 轴承内圈的固定　　(b) 圆螺母　　(c) 止动垫圈

图 11-31　用圆螺母及止动垫圈固定

2) 滚动轴承间隙的调整：由于轴在高速旋转时会引起发热、膨胀，因此在轴承和轴承盖的端面之间要留有少量的间隙(一般为0.2～0.3 mm)，以防止轴承转动不灵活或卡住。常用的调整方法有：更换不同厚度的金属垫片，如图 11-33(a)所示；用螺钉调整止推盘，如图 11-33(b)所示。

3) 滚动轴承的密封：滚动轴承需要进行密封，一方面是防止外部的灰尘和水分进入轴承，另一方面也要防止轴承的润滑剂渗漏。常用的密封方法如图 11-34 所示。各种密封方法所用的零件，有些已经标准化，如密封圈等，有些局部结构也已标准化，如轴承盖的密封圈槽、油沟等。

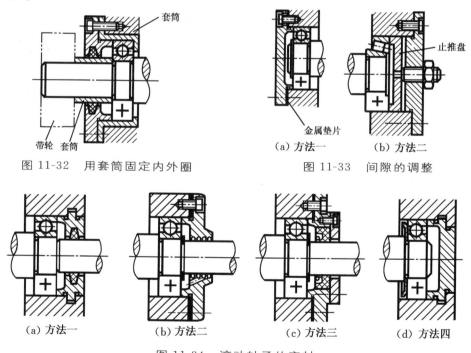

图 11-32　用套筒固定内外圈

(a) 方法一　　(b) 方法二

图 11-33　间隙的调整

(a) 方法一　　(b) 方法二　　(c) 方法三　　(d) 方法四

图 11-34　滚动轴承的密封

11.6.6　防松结构

机器运转时，由于受到振动和冲击，螺纹联接件可能发生松动，有时甚至造成严重事故。因此，在某些机构中需要防松，图 11-35 示出了几种常用的防松结构。

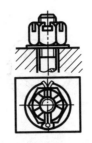 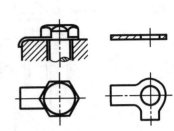

(a)用双螺母锁紧　(b)用弹簧垫圈锁紧　(c)用开口销六角槽形螺母锁紧　(d)用双耳止动垫片锁紧

图 11-35　常用的防松结构

1）用双螺母锁紧[图 11-35(a)]：它依靠两螺母在拧紧后，螺母之间产生的轴向力，使螺母牙与螺栓牙之间的摩擦力增大而防止螺母自动松脱；

2）用弹簧垫圈锁紧[图 11-35(b)]：当螺母拧紧后，垫圈受压变平而对螺母产生一反作用力，依靠这个反作用力，使螺母牙与螺栓牙之间的摩擦力增大而防止螺母松脱；

3）用开口销防松[图 11-35(c)]：开口销直接锁住了六角槽形螺母，使之不能松脱；

4）用止动垫片锁紧[图 11-35(d)]：拧紧后，弯倒止动垫片的止动边即可锁紧螺母；

5）用止动垫圈防松[图 11-31(c)]：这种装置常用来固定安装在轴端部的零件。轴端开槽，止动垫圈与圆螺母联合使用，可直接锁住螺母。

11.6.7　防漏结构

在机器或部件中，为了防止内部液体外漏，同时防止外部灰尘、杂质侵入，要采用防漏措施。图 11-36 示出了两种防漏的典型例子。用压盖或螺母将填料压紧起到防漏作用，压盖要画在开始压填料的位置，表示填料刚刚加满。

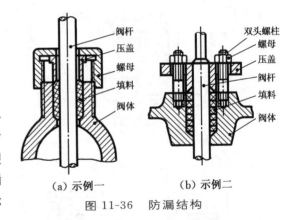

（a）示例一　　　（b）示例二

图 11-36　防漏结构

11.7　画装配图

在画图前，要了解所画的对象。在设计时，应根据设计要求进行调查研究，确定结构，进行计算，然后即可开始画图。在画图过程中，还要对各部分的详细结构不断完善。

由现有设备测绘，也要先搞清机器或部件的工作原理、用途，以及各零件之间的装配关系和相互位置，才能着手画图。此时一般是先画装配示意图、画零件草图，最后画装配图。

11.7.1　选择表达方案

以图 11-37 所示的齿轮油泵为例，说明表达方案的选择。

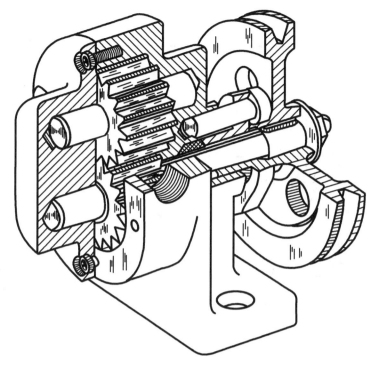

图 11-37　齿轮油泵的立体图

（1）主视图的选择

一般情况下，主视图应将机器或部件按工作位置放置，并能反映总体结构特征、工作原理及主要零件装配关系等。由于组成部件的各零件都集中在一个主体零件内，用视图不能表达内部结构及装配关系，因此，一般都采用剖视，即沿装配干线将部件剖开。齿轮油泵主视图采用局部剖视图，主要表达了装配体的工作位置、主要形状特征、工作原理以及零件之间的装配关系等，如图 11-38 所示。

（2）其他视图的选择

主视图选定以后，再考虑其他视图，分析还有哪些工作原理、装配关系以及零件的主要结构还没有表达清楚，一般情况下，每一种规格的零件至少应在图中出现一次。齿轮油泵左视图表达出齿轮的啮合情况和工作原理、泵盖的定位、装配形式，同时表达了泵体上的两个安装孔位置等。

11.7.2　画装配图的步骤

1）确定比例、合理布局：根据装配体大小和复杂程度确定比例和图幅，同时要考虑标题栏、明细栏、零件序号、尺寸标注和技术要求等内容的布置。

2）画底稿，先画装配体的主要结构：一般可先从主视图画起，从主要结构入手，由主到次；从装配干线出发，由内向外，逐层画出；再画次要结构和细节，如图 11-39 所示。

3）描深加粗、标注尺寸、编写序号、填写标题栏和明细栏：装配图底稿绘制完成后，经仔细检查无误后，再描深加粗全图；之后标注必要尺寸；最后编排零件序号、填写标题栏、明细栏和技术要求等。

4）检查修改，完成全图，如图 11-38 所示。

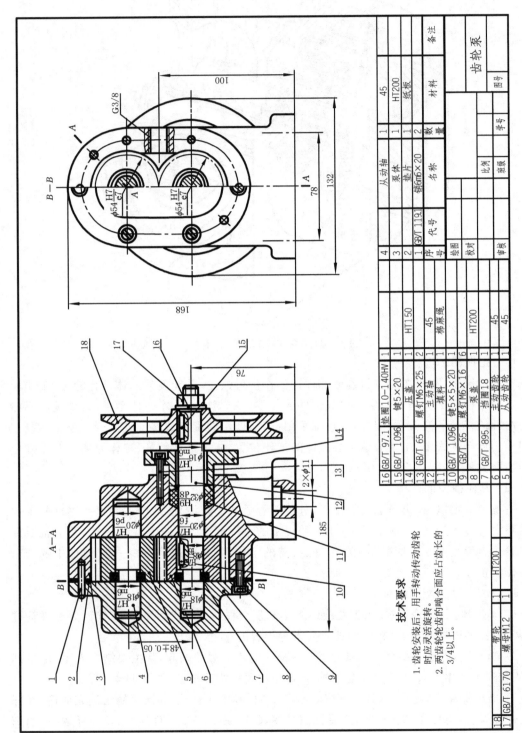

技术要求

1. 齿轮安装后, 用手转动传动齿轮
时应灵活旋转。
2. 两齿轮轮齿的啮合面应占齿长的
3/4以上。

| 18 | | 带轮 | 1 | HT200 | |
| 17 | GB/T 6170 | 螺母M12 | 1 | | |

16	GB/T 97.1	垫圈10—140HV	1		
15	GB/T 1096	键5×20	1		
14		压盖	1	HT150	
13	GB/T 65	螺钉M6×25	2	45	
12		主动轴	1	45	
11		填料	1	棉麻绳	
10	GB/T 1096	键5×5×20	1	45	
9	GB/T 65	螺钉M6×16	6	45	
8		挡圈18	1	HT200	
7	GB/T 895	泵盖	1	45	
6		主动齿轮	1	45	
5		从动齿轮	1	45	
4		从动轴	1	45	
3		泵体	1	HT200	
2		垫片	2	纸板	
1	GB/T 1191	锥6m6×20	1		
序号	代号	名称	数量	材料	备注

绘图		比例		齿轮泵	
校对		班级			
审核		学号		图号	

图 11-38 齿轮油泵装配图

204

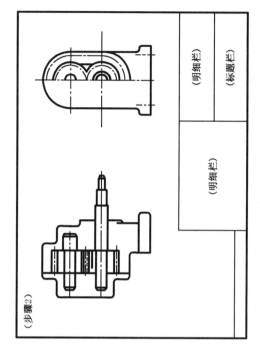

（步骤2）

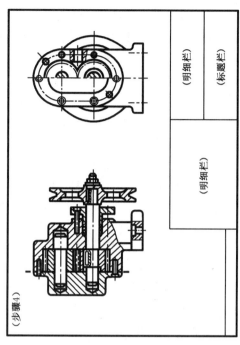

（步骤4）

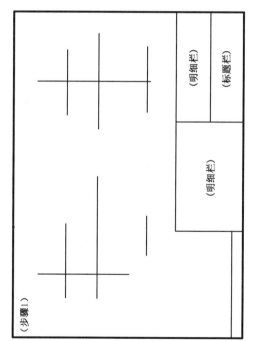

（步骤1）

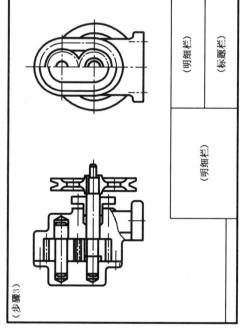

（步骤3）

图 11-39　装配图画图步骤

11.8　读装配图和拆画零件图

在生产、科学实验及技术交流的实际工作中,经常需要阅读装配图。因此,工程技术人员必须具备熟练阅读装配图的能力。阅读装配图的目的和要求是:

1) 了解该部件或机器的用途、性能和工作原理;

2) 弄清楚各零件的作用、相对位置、结构形状及装配关系和各零件间的连接关系。

以图 11-40 的传动器为例,说明怎样阅读装配图,以及怎样从装配图中拆画零件图。

11.8.1　读装配图的方法和步骤

(1) 概括了解

从有关资料和标题栏中了解部件或机器的名称、大致的用途及工作状况。从明细栏中了解各零件的名称、数量,并找出他们在装配图中的位置,初步了解各零件的作用。

分析视图,弄清楚各视图、剖视图、断面图等各图样的投影关系及其表达意图,如图 11-40 所示传动器装配图。由标题栏知道该部件的名称是传动器,是传动系统中的中介传动机构;根据外形尺寸知道该部件的实际大小。进一步找到 13 种零件的名称和他们在装配图中的位置。其中主视图采用了全剖视图,重点表达沿轴线方向各个零件的装配关系及其箱体的内部结构;左视图主要表达该部件外形结构,并且在左视图中采用了一个局部剖视图,用来表达箱体的内部结构。

(2) 分析工作原理和装配关系

分析部件或者机器的工作原理,一般应从运动关系入手,并进一步弄清楚零件之间的装配关系和配合性质。如图 11-40 所示传动器装配图,从主视图中看出,传动器工作时,皮带轮(件 2)在动力机的带动下,通过键(件 1)将力和运动传给轴(件 3),轴在轴承(件 8)的支撑下转动,在轴的另一端装有齿轮(件 11),齿轮与轴用键连接,从而由齿轮输出力和运动。

(3) 分析零件

分析零件是阅读装配图进一步深入的阶段。分析零件,需要将每个零件的结构形状和各零件之间的连接和装配关系等进一步分析清楚。要分析零件,首先应分离零件。根据零件的序号,先找到某个零件在各个视图中的位置和范围,再遵循投影关系,并借助同一零件在几个视图中的剖面线方向和间隔相同的画法和原则,来区分零件的投影。将零件的投影分离后,采用形体分析法和结构分析法,逐步看懂零件的结构和形状。如图 11-40 所示传动器装配图中的端盖(件 5),它的作用主要是密封和定位,其结构如图 11-41 所示。

(4) 综合归纳、想象整体

综合各部分的结构形状,进一步分析部件或机器的工作原理,传动链和装配关系,零件的拆装顺序以及所标注的尺寸和技术要求等。通过归纳总结,加深对部件或机器整体的全面认识。

11.8.2　拆画零件图的方法和步骤

一般在设计过程中是先画装配图,然后再根据装配图拆画零件图。所以,由装配图拆画零件图是设计的一个重要环节。下面以拆画图 11-40 传动器装配图中的序号为 5 的端盖零件(图 11-41)和序号为 7 的箱体零件(图 11-42)为例,简单叙述拆画零件图的方法步骤。

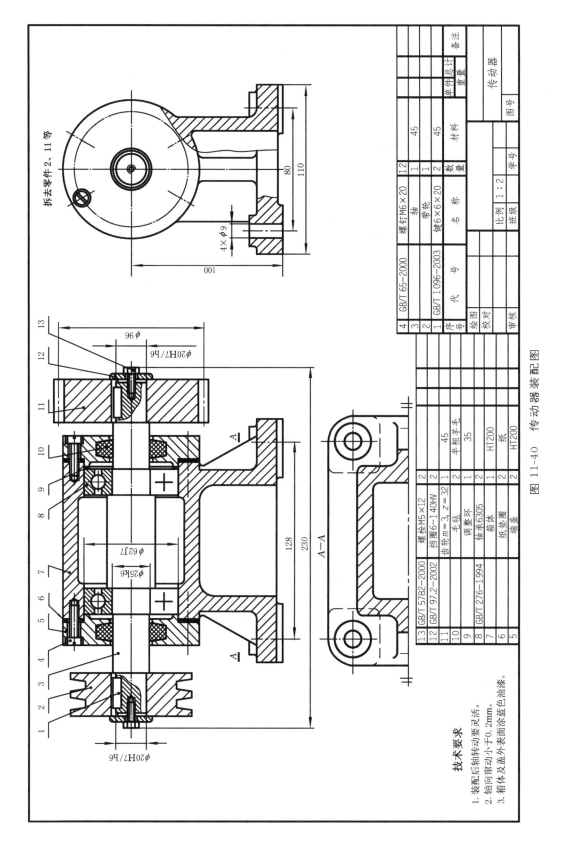

拆去零件 2、11 等

$4 \times \phi 9$

100

80
110

13
12
11
10
9
8
7
6
5
4
3
2
1

$\phi 96$

$\phi 20H7/h6$

$\phi 62J7$

$\phi 25k6$

$\phi 20H7/h6$

128

230

A—A

A

A

技术要求

1. 装配后轴转动要灵活。
2. 轴向窜动小于 0.2mm。
3. 箱体及盖外表面涂蓝色油漆。

13	GB/T 5782—2000	螺栓M5×12	2		
12	GB/T 97.2—2002	挡圈6—1 40HV	2		
11		齿轮m=3, z=32	1	45	
10		毛毡	2	半粗羊毛	
9		调整环	1	35	
8	GB/T 276—1994	轴承6305	2		
7		箱体	1	HT200	
6		纸垫圈	2	纸	
5		端盖	2	HT200	
4	GB/T 65—2000	螺钉M6×20	12		
3		轴	1	45	
2		带轮	1	45	
1	GB/T 1096—2003	键6×6×20	2		
序号	代 号	名 称	数量	材料	单件 总计 备注
					重量

绘图					传动器
校对		比例 1:2	图号		
审核		班级	学号		

图 11-40　传动器装配图

207

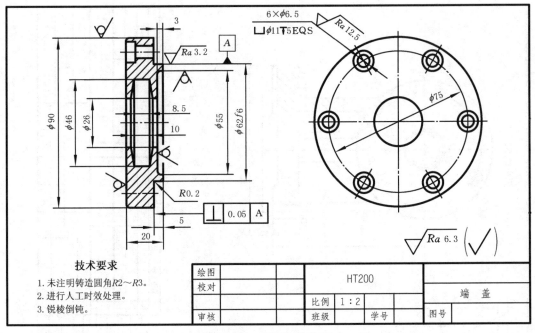

图 11-41　端盖零件图

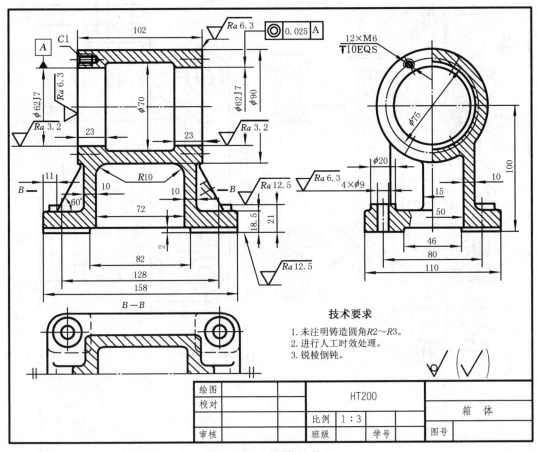

图 11-42　箱体零件图

（1）确定表达方案

1）弄清楚零件的类型、结构形状：在看懂装配图的基础上，再进一步分析所要拆画零件的结构形状，将其彻底弄清楚。有些结构形状需要与其相关零件的结构形状和工艺要求结合起来进行分析、判断。

2）选择主视图：在选择表达方案时，首先应选择主视图。零件的主视图可以与装配图中零件的主视图相同，也可以根据零件的类型和选择主视图的原则重新选择，这需要由所绘制零件的形状特征来确定。

3）视图数量的选择：要根据不同的零件作具体分析、比较，最后确定出比较合理的表达方案。如图 11-41 所示端盖的零件图，其表达方案即符合盘盖类的视图表达方法，又与装配图中零件的主视图一致。而左视图主要用来表达端盖的外部形状。

图 11-42 是由传动器装配图拆画出的箱体零件图。

（2）补全零件的局部结构形状

在装配图中，被省略和被遮挡的结构，如倒角、圆角、退刀槽、砂轮越程槽等，在零件图中需要全部画出或统一标注。如图 11-41 中的圆角。

（3）标注零件图上的尺寸

1）凡装配图上已注明的有关零件的尺寸，都是重要尺寸，应该按照装配图上所注的尺寸数值标注。有配合要求的尺寸，应标注出公差带表示或尺寸偏差数值。

2）在装配图上未注明的尺寸，应当遵照以下原则来确定。有国家标准规定的尺寸，应查国家标准或者《机械设计手册》来确定尺寸，如图 11-41 端盖零件图中的 $\phi26$、$\phi46$、$\phi55$ 和 3、8.5、5 等尺寸就是查《机械设计手册》得来的。有些能够根据一定的计算原则和方法计算出来的尺寸应当计算得出。另外一些尺寸，直接在装配图中按比例量取，并取整或化作标准数值后，标注在零件图上。在标注尺寸之前，应先确定尺寸基准。标注尺寸应考虑便于加工和测量。

（4）标注表面粗糙度

零件各个表面的作用不同，对其表面的粗糙度数值要求也不同，在零件图上要注写表面粗糙度符号和数值等。一般情况下，有相对运动或配合要求的表面粗糙度数值应比较小；对有密封、耐蚀、装饰的表面，粗糙度数值要求也较小；自由表面的粗糙度数值比较大。这些均能够通过查阅《机械设计手册》来确定。

（5）注写零件的技术要求

技术要求是零件图的重要内容，拟定的技术要求是否正确、合理，将直接影响零件的加工质量、加工成本和零件的工作性能。在制定技术要求时，应根据零件在部件或机器中的作用，参考有关技术资料或类似产品的图纸，用类比法进行选择。

图 11-43 是由传动器装配图拆画出的轴零件图。

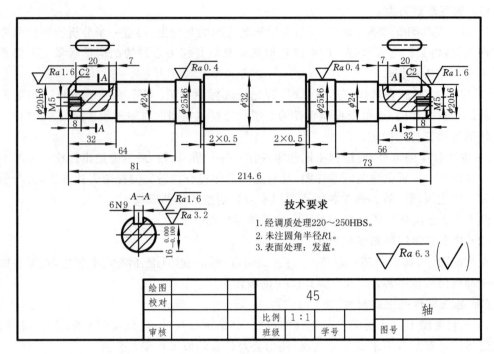

技术要求

1. 经调质处理220～250HBS。
2. 未注圆角半径R1。
3. 表面处理：发蓝。

$\sqrt{Ra\,6.3}$ $(\sqrt{})$

绘图			45			轴	
校对							
			比例	1:1			
审核			班级		学号	图号	

图 11-43　轴零件图

第12章 直线、平面投影及相贯线的扩展知识

12.1 直线投影的扩展知识

12.1.1 求一般位置直线的实长及其对投影面的倾角

从研究直线投影过程中可知,特殊位置直线的投影能反映线段的实长及其对投影面的倾角,而一般位置直线的投影,既不能反映该线段的实长,又不能反映该线段对投影面的倾角。但是,如果有了线段的两个投影,这条线段的长度及空间位置就完全确定了,因此就可以根据这两个投影,通过图解法(直角三角形法),求出线段的实长及其对投影面的倾角。

图 12-1(a)为一般位置线段 AB 的立体图。在垂直于 H 面的 $ABba$ 平面内,过点 A 作 $AB_0 /\!/ ab$,则 $\triangle ABB_0$ 为直角三角形。在此三角形中,直角边 $AB_0 = ab$,即等于线段 AB 的水平投影;而另一直角边 $BB_0 = z_B - z_A$,即等于线段 AB 两端点的 z 坐标差;斜边 AB 则为线段 AB 的实长,$\angle BAB_0 = \alpha$,即等于该线段对 H 面的倾角。

可见,如能作出直角 $\triangle ABB_0$,就能求出 AB 实长及 α 角。

从线段 AB 的投影图[图 12-1(b)]中可见,直角三角形的两条直角边为已知,则该直角三角形的实形即可作出。具体作图方式有以下两种:

1) 在水平投影上作图,过 b 作 ab 的垂线 bb_0,使 $bb_0 = z_B - z_A$,连接 ab_0,即为线段 AB 的实长,$\angle b_0 ab$ 即为 α 角;

2) 在正面投影上作图,过 a' 作 OX 轴的平行线与 bb' 交于 b_0'($b_0'b_0' = z_B - z_A$),量取 $b_0'A_0 = ab$,连接 $b'A_0$,即为线段 AB 的实长,$\angle b_0'A_0b'$ 即为 α 角。

按上述类似的分析方法,可利用直线的正面投影 $a'b'$ 及 A、B 两点的 y 坐标差作出直角三角形 $a'b'B_1$,则斜边 $a'B_1$ 就是 AB 的实长,$\angle B_1a'b'$ 就是对 V 面的倾角 β,如图 12-1(c)所示。

利用侧面投影 $a''b''$ 及 A、B 两点的 x 坐标差作出直角三角形,可求出线段 AB 的实长及其对 W 面的倾角 γ,如图 12-1(c)所示。

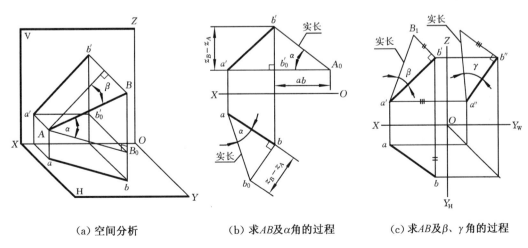

(a) 空间分析　　　　(b) 求AB及α角的过程　　　　(c) 求AB及β、γ角的过程

图 12-1　直角三角形法求实长及倾角

例 **12-1** 已知线段 AB 的水平投影 ab，及端点 A 的正面投影 a'，并知其对 H 面的倾角 α 为 $30°$，试求线段 AB 的正面投影［图 12-2(a)］。

根据线段 AB 的水平投影 ab 和 α 角，可求出两点 A、B 的 z 坐标差，并依照点的投影规律求出 b'，即可得到线段 AB 的正面投影 $a'b'$。

作图步骤［图 12-2(b)］：

1）作直角三角形 abB_0，并使 $\angle baB_0 = 30°$，则 bB_0 即为两端点 A、B 的 z 坐标差；

2）自 a' 作直线平行于 OX 轴，自 b 作直线垂直于 OX 轴，这两直线交于 b'_0 点，然后在直线 bb'_0 上，由 b'_0 向上或向下量取一线段等于 bB_0 的长度，得到点 b' 或 b'_1，则 $a'b'$ 或 $a'b'_1$ 均为所求线段 AB 的正面投影，即本题有两解。

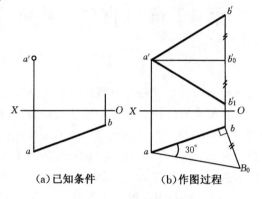

(a) 已知条件　　　　(b) 作图过程

图 12-2　求线段正面投影

例 **12-2** 如图 12-3 所示，已知 $\triangle ABC$ 的投影，试求 $\triangle ABC$ 的实形。

作图步骤（图 12-3）：

先求出三角形各边实长，作图确定三角形的实形。从投影图上判断，BC 边为正平线，故 $b'c'$ 等于实长，不必再求；用直角三角形法分别求出 AB 边的实长 $\text{I}b$ 和 AC 边的实长 $\text{II}c$。用三边的实长作成的 $\triangle ABC$ 即为所求。

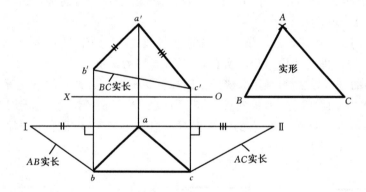

图 12-3　求三角形实形

例 **12-3** 如图 12-4(a) 所示，已知直线 AB 的正面投影和水平投影，试定出属于直线 AB 的点 S 的投影，使 AS 的实长等于已知长度 L。

作图步骤［图 12-4(b)］：

1）先用直角三角形法求出直线段 AB 的实长 $a'\text{I}$。

2）在 $a'\text{I}$ 上截取长度为 L 的线段 $a'\text{II}$。过点 II 画作图线 $\text{II}s' /\!/ \text{I}b'$。$\text{II}s'$ 交 $a'b'$ 于 s'，由 s' 定出 s，点 $S(s, s')$ 即为所求。

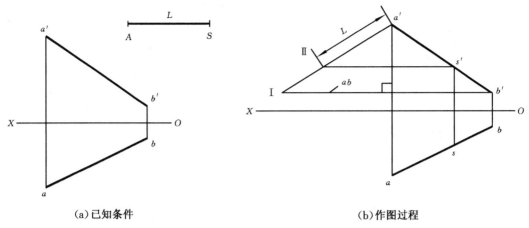

(a)已知条件   (b)作图过程

图 12-4　求点 S 的投影

12.1.2　直角投影定理

当互相垂直的两直线同时平行于同一投影面时,在该投影面上的投影仍为直角。当互相垂直的两直线都不平行于投影面时,投影不是直角。除以上两种情况外,这里将要讨论的一种情况是作图时经常遇到的,它是处理一般垂直问题的基础。

(1)垂直相交两直线的投影

定理Ⅰ　垂直相交的两直线,其中有一条直线平行于一投影面时,则两直线在该投影面上的投影仍反映直角。

证明:如图 12-5(a)所示,设相交两直线 $AB \perp AC$,且 $AB /\!/ H$ 面,AC 不平行 H 面。显然,$AB \perp$ 平面 $AacC$(因 $AB \perp AC$,$AB \perp Aa$)。由 $ab /\!/ AB$,则 $ab \perp$ 平面 $AacC$,因此 $ab \perp ac$,亦即 $\angle bac = 90°$。

图 12-5(b)是它们的投影图,其中 $a'b' /\!/ OX$ 轴(AB 为水平线),$\angle bac = 90°$。

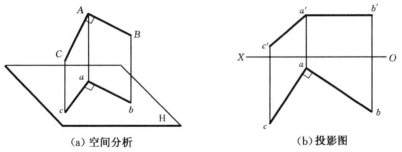

(a)空间分析   (b)投影图

图 12-5　直角投影定理

定理Ⅱ(逆)　相交两直线在同一投影面上的投影成直角,且有一条直线平行于该投影面,则空间两直线的夹角必是直角[证明可参照图 12-5(a)]。

例 12-4　求点 A 到直线 BC 的距离[图 12-6(a)]。

由点 A 向 BC 作垂线,得垂足 K,AK 即为所求的距离。已知 BC 为水平线,根据直角投影定理,过 A 作 BC 的垂线,其水平投影为直角。

作图过程如图 12-6(b)所示,过 a 作 bc 的垂线,得交点 k,即垂足 K 的水平投影;过 k 作 OX 轴的垂线与 $b'c'$ 交于 k',即垂足 K 的正面投影;用直角三角形法求出距离实长,即为 aa_0。

213

例 12-5 已知菱形 $ABCD$ 的对角线 BD 的两个投影和另一对角线 AC 一个端点 A 的水平投影 a，试完成菱形的两面投影[图 12-7(a)]。

作图过程如图 12-7(b)所示，过 a 和 bd 的中点 e 作 ac，并使 $ae=ec$，由 e 得 e'，因 BD 为正平线，过 e' 作 $d'b'$ 的垂直平分线，再由 a、c 作 OX 轴垂线得 a'、c'，连线得菱形投影图。

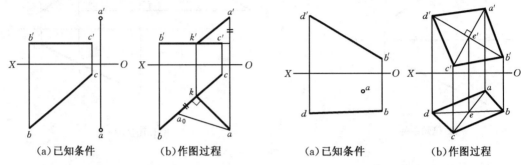

| (a)已知条件 | (b)作图过程 | (a)已知条件 | (b)作图过程 |

图 12-6　求点到直线的距离　　　图 12-7　用直角投影定理作图示例

（2）交叉垂直两直线的投影

上面讨论了相交成直角的两直线的投影情况，现将上述定理加以推广，讨论交叉成直角的两直线的投影情况。初等几何已规定对交叉两直线的角度是这样度量的：过空间任意点作两直线分别平行于已知交叉两直线，所得相交两直线的夹角，即为交叉两直线所成的角。

定理Ⅲ　交叉垂直的两直线，其中有一条直线平行于一投影面时，则两直线在该投影面上的投影仍反映直角。

对交叉垂直的情况证明：如图 12-8(a)所示，设交叉两直线 $AB \perp MN$，且 $AB /\!/ H$ 面，MN 不平行 H 面。过直线 AB 上任意点 A 作直线 $AC /\!/ MN$，则 $AC \perp AB$。由定理Ⅰ知，$ab \perp ac$。由 $AC /\!/ MN$，则其投影 $ac /\!/ mn$。故 $ab \perp mn$。

图 12-8(b)是它们的投影图，其中 $a'b' /\!/ OX$ 轴（AB 为水平线），$ab \perp mn$。

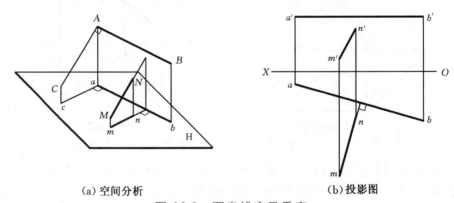

(a)空间分析　　　　　　　　(b)投影图

图 12-8　两直线交叉垂直

定理Ⅳ（逆）　交叉两直线在同一投影面上的投影成直角，且有一条直线平行于该投影面，则两直线的夹角必是直角[证明可参照图 12-8(a)]。

例 12-6　已知水平线 AB 及正平线 CD，试过定点 S 作它们的公垂线的平行线[图 12-9(a)]。

作图过程如图 12-9(b)所示,过点 S 的水平投影 s 作 $sl \perp ab$,过点 S 的正面投影 s' 作 $s'l' \perp c'd'$。$SL(sl,s'l')$ 即为所求的公垂线的平行线。因为根据定理Ⅳ,必有 $SL \perp AB$ 及 $SL \perp CD$。

应该指出,投影图中同一投影面上的投影的交点并非交点的投影,而是重影点的投影。

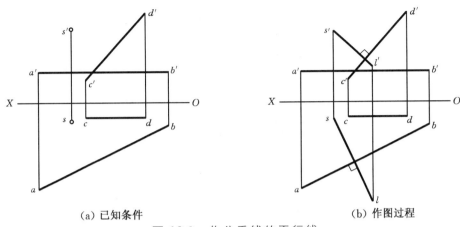

(a) 已知条件   (b) 作图过程

图 12-9　作公垂线的平行线

12.2　平面投影的扩展知识

12.2.1　平面上的直线和点

（1）平面上的直线

直线在平面上的几何条件如下:

1）一直线若通过平面上的两点,则此直线必在该平面上。

如图 12-10(a)所示,由两相交直线 AB 和 BC 决定一平面 P。在 AB 和 BC 上各取点 D 和 E,则过 D、E 两点的直线一定在平面 P 上。

2）一直线若通过平面上的一点,又平行该平面上的一直线,则此直线也必在该平面上。

如图 12-10(b)所示,由直线 AB 和点 C 决定一平面 Q,过点 C 作直线 CD 平行于 AB,则 CD 一定在平面 Q 上。

在投影图中,根据这两个条件之一,就可以在平面上取直线。

在两相交直线 AB 和 AC 所确定的平面上作任意一直线时,根据上述原理可有两

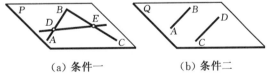

（a）条件一   （b）条件二

图 12-10　直线在平面上的条件

种方法:第一种方法按上述第一个条件,在 $a'b'$ 上任取 d',并在 ab 上得 d,在 $a'c'$ 上任取 e',在 ac 上得 e,连接 de 和 $d'e'$,则由此两投影所表示的直线 DE 即为所求,如图 12-11(a)所示;第二种方法按上述第二个条件,过 b 作 bd 平行于 ac,过 b' 作 $b'd'$ 平行于 $a'c'$,则由此两投影 bd 和 $b'd'$ 所表示的直线 BD 也为所求,如图 12-11(b)所示。

（2）平面上的点

由初等几何可知,如果点位于平面内的任一直线上,则此点位于该平面内。因此,若在平面上取点,必须先在平面内取一直线,然后再在此直线上取点。

如图 12-12 所示,在由两相交直线 AB、AC 所确定的平面上,取一直线 $MN(mn$、$m'n')$,

再在 MN 上取一点 $E(e、e')$，则 E 点必在此平面上。

总之，在平面上取直线时，要利用平面上的点；在平面上取点时，又要利用平面上的直线，它们之间是有密切联系的。

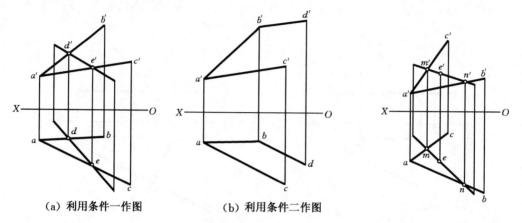

(a) 利用条件一作图　　　　(b) 利用条件二作图

图 12-11　在平面上取直线的方法　　　　图 12-12　在平面上取点

例 12-7　已知 $\triangle ABC$ 上一点 E 的正面投影 e'，求其水平投影 e［图 12-13(a)］，同时判断点 D 是否在 $\triangle ABC$ 平面上［图 12-13(b)］。

求平面上点的投影，或者判断一个点是否在平面上，均可利用点在平面上的几何条件作图来解决。

求 $\triangle ABC$ 上点 E 的水平投影。已知点 E 是 $\triangle ABC$ 上的点，若连接 AE，并延长使与 BC 相交于 G，则 AG 必是 $\triangle ABC$ 平面上的直线，只要作出直线 AG 的投影，即可根据点、线从属性求出点 E 的水平投影。在投影图上连接 $a'e'$，并延长使之与 $b'c'$ 交于 g'，求出其水平的投影 ag，过 e' 作投影连线与 ag 的交点 e 即为所求，如图 12-13(a)所示。

判断点 D 是否在 $\triangle ABC$ 上，若点 D 是 $\triangle ABC$ 上的点，则点 D 必在 $\triangle ABC$ 上的某一条直线上。现连接 $a'd'$，设它与 $b'c'$ 的交点为 f'，由 f' 可求得 f，则 af、$a'f'$ 为 $\triangle ABC$ 上的直线 AF 的投影，若 AF 通过 D，则 af 应通过 d，而作图结果 d 不在 af 上，即点 D 不在 AF 线上，可断定点 D 不在 $\triangle ABC$ 平面内，如图 12-13(b)所示。

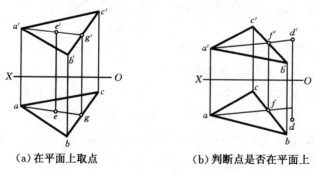

(a)在平面上取点　　　　(b)判断点是否在平面上

图 12-13　在平面上取点并判断点是否在平面上

例 12-8　四边形 $ABCD$ 为一平面，已知其水平投影 $abcd$ 和正面投影 $a'b'c'$，试完成此四边形的正面投影［图 12-14(a)］。

只要求出点 D 的正面投影 d' 即可作出四边形的正面投影，因为 A、B、C 三个点已决定

216

了一个平面，D 点是四边形 ABCD 的一个顶点，所以它一定在△ABC 所决定的平面内。因此，已知 d 应能作出 d'。

作图步骤[图 12-14(b)]：

1）连接 ac 及 bd，得交点 m；

2）连接 a'c'，由 m 可在 a'c'上定出 m'；

3）连接 b'm'并延长；

4）由 d 作 OX 轴垂直线与 b'm'的延长线交于 d'，d'即为点 D 的正面投影；

5）连接 a'd'和 c'd'，即得四边形的正面投影。

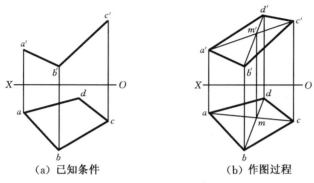

（a）已知条件   （b）作图过程

图 12-14 完成四边形的投影

12.2.2 平面上的投影面平行线

在平面上可以取任意直线，但在实际应用中为作图方便，常是取平面上的投影面平行线。平面上的投影面平行线有三种，即平面上的水平线、正平线和侧平线。这些平行线既要符合投影面平行线的投影特性，又要符合从属于平面的特性，因此其投影特性具有双重性。

例如若要在△ABC 平面上（图 12-15）作水平线 MN 时，应根据水平线的正面投影平行 OX 轴的投影特点，又要使其通过△ABC 上的两个点，所以作图时先在△a'b'c'上作直线 m'n'∥OX 轴，然后由 m'、n'求出水平投影 m、n，连接 m、n 即为所求。

同理，根据正平线的水平投影平行 OX 轴的投影特点，即可在△ABC 上作出正平线。具体作图方法如图 12-16 所示。

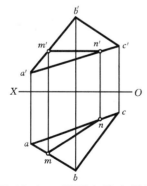

图 12-15 平面上的水平线

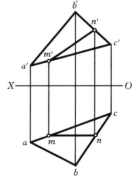

图 12-16 平面上的正平线

12.2.3 属于平面的最大斜度线

1) 最大斜度线:属于平面并垂直于该平面内投影面平行线的直线,称为该平面的最大斜度线;垂直于平面内水平线的直线,称为对水平投影面的最大斜度线;垂直于平面内正平线的直线,称为对正立投影面的最大斜度线;垂直于平面内侧平线的直线,称为对侧立投影面的最大斜度线。

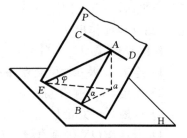

图 12-17　最大斜度线

如图 12-17 所示,直线 CD 是属于平面 P 的水平线,垂直于 CD 且属于平面 P 的直线 AB 是对 H 面的最大斜度线。显然,P 平面对 H 面的所有最大斜度线都相互平行。

如图 12-18 所示,平面由 $\triangle ABC$ 给定,作属于平面对水平投影面的最大斜度线,先任意引一水平线 $CD(cd,c'd')$,再根据直角投影定理,在平面上任作 CD 的垂线 $BE(be,b'e')$,BE 便是对水平投影面的最大斜度线。

2) 最大斜度线对投影面的角度最大:如图 12-17 所示,水平线 CD 对 H 面的角度为 $0°$,最大斜度线 AB 对 H 面的角度为 α,属于平面的其他位置直线对 H 面的角度 φ 均小于 α。也就是说,最大斜度线对投影面的角度是最大的,故称为最大斜度线。

3) 平面对投影面的角度:最大斜度线的几何意义之一是用它来测定平面对投影面的角度。两面角的大小是由平面角测定的。如图 12-17 所示,平面 P 与 H 面构成两面角,其倾角 α 即为最大斜度线对 H 面的角度。

在图 12-19 中,$\triangle ABC$ 为给定的一平面,为求该平面对 H 面的角度,先任作一属于该平面对 H 面的最大斜度线 BE,再用直角三角形法求出线段 BE 对 H 面的角度 α 即可。

欲求该平面对 V 面的角度 β,则要用对 V 面的最大斜度线,如图 12-20 中的 BF。作出 BF 对 V 面的角度 β 即可。

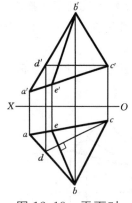

图 12-18　平面对
H 面的最大斜度线

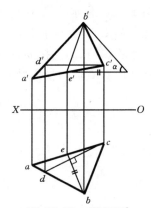

图 12-19　平面对
H 面的角度

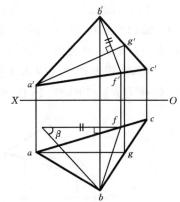

图 12-20　平面对 V 面的角度

例 12-9 如图 12-21 所示,试过正平线 AB 作一与 V 面呈 30°的平面。

因平面上最大斜度线与 V 面的倾角反映该平面与 V 面的倾角,又因平面的最大斜度线相互平行,故只要作出任一条与 V 面的倾角为 30°的最大斜度线与已知正平线 AB 相交即可。

作图步骤(图 12-21):

在正平线 AB 上任取一点 $C(c,c')$。过 c' 作与 $a'b'$ 垂直的线段 $c'd'$,过 d' 作夹角为 30°的图线 $d'1'$ 与 $a'b'$ 交于点 $1'$,$1'c'$ 即为线段 CD 的 y 坐标差,由此得 d,连接 cd。线段 CD 与水平线 AB 组成的平面即为所求。

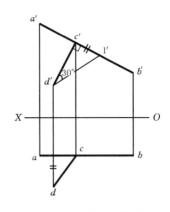

图 12-21　作与 V 面呈 30°的平面

12.3　直线与平面及平面与平面的相对位置

直线与平面及两平面的相对位置可分为平行、相交和垂直三种。它们的几何性质在初等几何中都有相应的定理和说明。本节主要研究这些几何性质反映在投影图上的关系。

12.3.1　平行关系

(1) 直线与平面平行

若一直线与平面上的任意一条直线平行,则直线与该平面平行,如图 12-22 所示。CD 在 H 面上,若 $AB /\!/ CD$,则 $AB /\!/ H$ 面。

例 12-10 如图 12-23(a)所示,过已知点 M 作一正平线平行于 $\triangle ABC$。

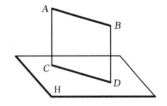

图 12-22　直线与平面平行

可先在 $\triangle ABC$ 所确定的平面上任作一正平线,再过点 M 作与其平行的直线即可。

作图步骤[图 12-23(b)]:

1) 过 a 作 OX 轴平行线交 bc 于 d,求出 d' 点,AD 即为 $\triangle ABC$ 上的正平线;

2) 过 m 和 m' 点分别作 $ef /\!/ ad$、$e'f' /\!/ a'd'$,EF 即为所求。

当直线与投影面垂直面平行时,投影面垂直面的积聚性投影一定平行于直线的同面投影,或者直线在此投影面上的投影也有积聚性。如图 12-24 所示,$\triangle ABC$ 是铅垂面,MN 倾斜于 H 面,EF 垂直于 H 面,又 $MN /\!/ \triangle ABC$,故 $mn /\!/ abc$,且 EF 一定平行于 $\triangle ABC$,$e(f)$ 也有积聚性。

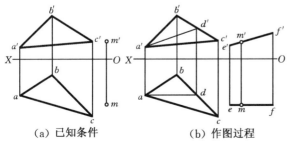

(a) 已知条件　　　(b) 作图过程

图 12-23　过已知点作正平线平行于已知平面

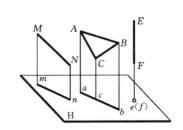

图 12-24　空间分析

219

（2）两平面平行

如果一平面上的两相交直线，对应平行于另一平面上的两相交直线，则此两平面平行。如图 12-25 所示，相交两直线 *AB*、*BC* 在平面 *P* 上，另相交两直线 *EF*、*FG* 在平面 *Q* 上，又 *AB∥EF*、*BC∥FG*，则 *P*、*Q* 两平面一定平行。

例 12-11　如图 12-26(a)所示，试过 *K* 点作一平面与△*ABC* 平行。

根据两平面平行的几何条件，可过 *K* 点作两相交直线对应平行于△*ABC* 上的两相交直线即可。

作图步骤[图 12-26(b)]：

1）过 *k′* 作 *k′f′∥a′b′*、*k′e′∥b′c′*；

2）过 *k* 作 *kf∥ab*、*ke∥bc*，*KE* 与 *KF* 两相交直线确定的平面即为所求。

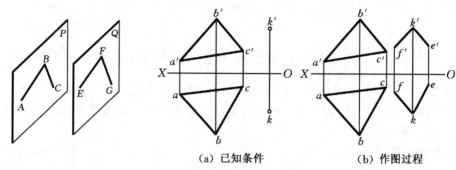

图 12-25　两平面平行	（a）已知条件　　　（b）作图过程 图 12-26　过 *K* 点作平面平行于已知平面

12.3.2　相交关系

直线与平面相交只有一个交点，该交点是直线与平面的共有点。它既属于直线又属于平面；同时交点又是直线可见与不可见的分界点，如图 12-27 所示。

两平面的交线是一直线，该直线为两平面共有线，也是平面可见与不可见的分界线，如图 12-29 所示。求交线时，可先求交线上任意两个点，而后用直线连接即可。

（1）一般位置直线与特殊位置平面相交

由于特殊位置平面的某些投影有积聚性，故交点可直接得出。

如图 12-27(a)为直线 *MN* 与铅垂面△*ABC* 相交。△*ABC* 的水平投影积聚成一直线 *abc*。根据交点的性质，交点 *K* 的水平投影一定属于△*ABC* 的水平投影；同时，交点 *K* 又属于直线 *MN*，它的水平投影必属于 *MN* 的水平投影，故 *mn* 和 *abc* 的交点 *k* 即为交点 *K* 的水平投影。再在 *m′n′* 上作出正面投影 *k′*。点 *K*(*k*,*k′*)即为直线 *MN* 和△*ABC* 的交点。

注意，直线 *MN* 上有一段被△*ABC* 遮挡，故在正面投影中需判别直线投影的可见性。

点 *K* 将直线 *MN* 分成两段，其中 *KN* 一段的正面投影中，有一部分被△*ABC* 遮挡，其 V 面投影不可见。故交点是直线上可见与不可见部分的分界点。在图 12-27(b)中，取一对位于同一正垂线上的重影点 Ⅰ(1,1′)和 Ⅱ(2,2′)。点 Ⅰ(1,1′)属于 *MK*；点 Ⅱ(2,2′)属于 *BC*，也就是属于△*ABC*。从水平投影上可知，点 Ⅰ 在点 Ⅱ 前面，因此，直线 *MK* 位于△*ABC* 之前，故其 V 面投影可见。或者，用同一正垂线上的一对重影点 Ⅲ(3,3′)和 Ⅳ(4,4′)，可以

220

判定直线 NK 位于 $\triangle ABC$ 之后,其 V 面投影有一段不可见。所以在正面投影上把 $m'k'$ 画成粗实线,$k'n'$ 段在 $\triangle ABC$ 之后不可见的部分画成细虚线。水平投影面上,因 $\triangle ABC$ 积聚成一直线,则不需判别可见性。

图 12-28 为直线 MN 和正垂面 P_V 相交,由于 P_V 有积聚性,故 $m'n'$ 和 P_V 的交点 k' 即为所求交点的正面投影。然后,在 mn 上作出对应于 k' 的水平投影 k。$K(k,k')$ 即为所求的交点。

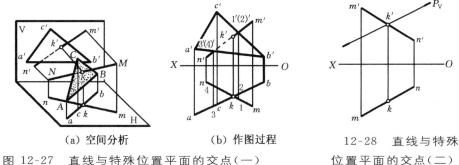

(a) 空间分析　　　　(b) 作图过程

图 12-27　直线与特殊位置平面的交点(一)

12-28　直线与特殊
位置平面的交点(二)

(2) 一般位置平面与特殊位置平面相交

求两平面的交线可以看作是求两个共有点的问题。如图 12-29(a) 所示,求两平面 $\triangle ABC$ 和 $\triangle DEF$ 交线,只要求出属于交线的任意两点(如 M 和 N)即可,显然,M、N 是 AC、AB 两边与 $\triangle DEF$ 的交点。

$\triangle DEF$ 是铅垂面,直线 AC、AB 与特殊位置平面交点的求法在前面已研究过,因此两平面的交线可方便作出,如图 12-29(b)所示。

可见性的问题可根据两平面的相对位置进行判断。由于 $\triangle DEF$ 水平投影有积聚性,将 $\triangle ABC$ 分成两部分,其中 $CMNB$ 在前,故

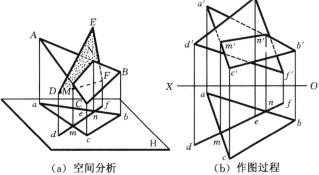

(a) 空间分析　　　　(b) 作图过程

图 12-29　一般位置平面与特殊位置平面的交线

$c'm'n'b'$ 可见,画成粗实线,$\triangle DEF$ 在后,有一部分正面投影画成细虚线;其中 AMN 在后,故有一部分正面投影画成细虚线,$\triangle DEF$ 相对应部分的正面投影画成粗实线。当然也可根据对 V 面重影点判断正面投影的可见性。

(3) 一般位置直线与一般位置平面相交

如图 12-30 所示,求直线 EF 和 $\triangle ABC$ 的交点 K 时,因直线和平面都是一般位置,无积聚性投影可用,故需采用辅助平面法作图。

由于交点既在直线上,又在平面上,因此交点的各投影必位于平面上过交点所作的任一条直线的同面投影上。

如图 12-30(a)所示,包含已知直线 EF 作一垂直于投影面 H 的辅助平面 P 与已知 $\triangle ABC$ 相交,其交线 MN 与已知直线 EF 共面,因此它们必定相交,交点 K 就成为这两直线的共有点。而交线 MN 又在 $\triangle ABC$ 上,故点 K 也在 $\triangle ABC$ 上,成为直线 EF 与 $\triangle ABC$

的共有点,即 K 点就是所求交点。由此可得出求一般位置直线与一般位置平面的交点的作图方法:

1) 包含已知直线作一辅助平面;

2) 求出辅助平面与已知平面的交线;

3) 求出交线与已知直线的交点,即为所求的交点。

作一般位置直线与一般位置平面的交点的作图步骤[图 12-30(c)~图 12-30(e)]:

1) 重合已知直线 EF 的一个投影作铅垂面 P 为辅助平面,如图 12-30(c)中 P_H 与 ef 重合。

2) 作出 P_H 与 △ABC 的交线 MN(mn,m'n'),如图 12-30(d)所示。

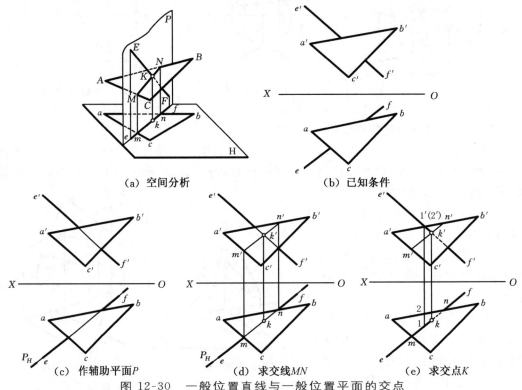

（a）空间分析　　　　　（b）已知条件

（c）作辅助平面P　　　（d）求交线MN　　　（e）求交点K

图 12-30　一般位置直线与一般位置平面的交点

3) m'n' 与 e'f' 相交得 k',再由 k' 求出 k,即为所求交点的两个投影。

4) 判别可见性,完成作图。判别可见性时可应用判定交叉两直线重影点可见性的方法。在图 12-30(e)中,a'b' 与 e'k' 的重合点 1'、2' 为 EK,AB 的重影点 Ⅰ、Ⅱ 的正面投影,由此可判定 e'k' 为可见,应画成粗实线;直线 EF 以交点 K 为界,EK 为可见,而 KF 为不可见,故 k'f' 的一段应画成细虚线。同理,根据对 H 面的重影点可判定水平投影 ek 一段为可见,而 kf 一段为不可见。

（4）两个一般位置平面相交

1) 用直线与平面求交点的方法求两平面的共有点:两个一般位置平面求交线,可以用属于一平面的直线与另一平面求交点的方法来确定共有点。

如图 12-31 所示为两三角形 △ABC 和 △DEF 相交。可分别求出 EF 和 ED 两条边与 △ABC 的交点 M(m,m') 和 N(n,n')。MN 便是两个平面的交线。由于 △ABC 是一般位置平面,所以求交点时,过 ED 和 EF 分别作辅助面 P 和 Q。交线 MN 求出后,需用重影点分别判断正面投影和水平投影的可见性,可见投影画成粗实线,不可见投影画成细虚线。

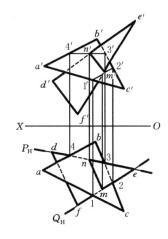

图 12-31　两个一般位置
平面的交线

2) 用三面共点法求两平面的共有点:图 12-32 为用三面共点法求两平面共有点的示意图。图中给定两平面 S 和 R,为求该两平面的共有点,取任意辅助平面 P 与 S,R 分别交于直线Ⅰ Ⅱ和Ⅲ Ⅳ,而Ⅰ Ⅱ和Ⅲ Ⅳ的交点 M 为三面所共有,所以必是 S 和 R 两平面的共有点。同理,作辅助平面 Q 可再找出一个共有点 N。MN 即为 S、R 两平面的交线。

如图 12-33 中,△ABC 和一对平行线 EF、GH 各确定一平面。为求两平面的交线,取水平面 P 为辅助平面。利用 P_V 有积聚性,分别求出平面 P 与原有两个平面的交线Ⅰ Ⅱ($12,1'2'$)、Ⅲ Ⅳ($34,3'4'$)。Ⅰ Ⅱ和Ⅲ Ⅳ的交点 $M(m,m')$ 就是一个共有点。同理,以辅助平面 Q 再求出一个共有点 $N(n,n')$。MN 即为所求的交线。

为作图方便,辅助平面应取特殊位置面,通常取投影面平行面。

用三面共点法求共有点是画法几何的基本作图方法之一。不但用其求平面的交线,而且还用该方法求曲面交线的问题。

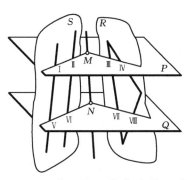

图 12-32　求两平面共有点的示意图

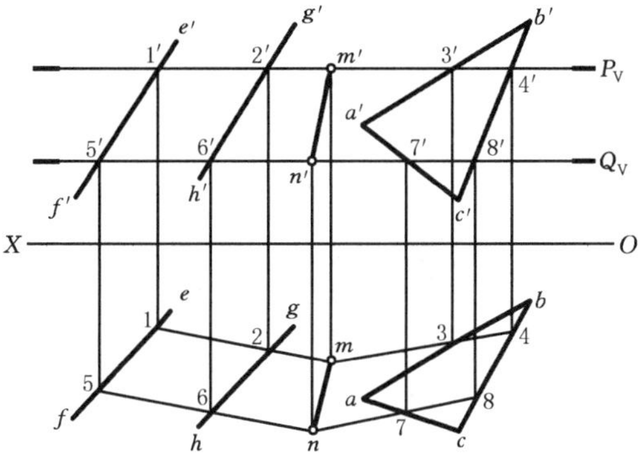

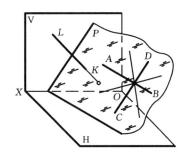

图 12-33　用三面共点法求两个一般
位置平面的交线

12.3.3　垂直关系

(1) 直线与平面垂直

垂直于平面的直线称为该平面的垂线或法线,问题的关键是在投影图中如何确定法线的方向。

从初等几何定理可知,如果一条直线和一平面内两条相交直线都垂直,那么这条直线垂直于该平面。反之,如果一直线垂直于一平面,则必垂直于属于该平面的一切直线。

如图 12-34 所示,平面 P 由相交两直线 AB 和 CD 所确定,AB 为水平线,CD 为正平线,若直线 LK⊥AB,LK⊥CD,则直线 LK 垂直平面 P;反

图 12-34　直线与平面垂直

223

之，若直线 LK 垂直平面 P，则必垂直属于平面 P 的一切直线，包括水平线 AB 和正平线 CD。根据直角投影定理，在投影图中必表现为直线 LK 的水平投影垂直于水平线 AB 的水平投影（$lk \perp ab$），直线 LK 的正面投影垂直于正平线 CD 的正面投影（$l'k' \perp c'd'$），如图 12-35所示。

综上所述，得出如下特性：

若一直线垂直于一平面，则直线的水平投影必垂直于属于该平面的水平线的水平投影；直线的正面投影必垂直于属于该平面的正平线的正面投影；反之，若一直线的水平投影垂直于属于一平面的水平线的水平投影，直线的正面投影垂直于属于该平面的正平线的正面投影，则直线必垂直于该平面。

由此可知，若要在投影图上确定平面法线的方向，必须先确定属于该平面的投影面的平行线的方向。

例 12-12 已知平面由两相交直线 AB 和 CD 确定，试过点 S 作该平面的垂线[图 12-36(a)]。

要作平面的垂线，首先要确定属于平面的投影面平行线的方向，然后按上述特性作图。

作图步骤[图 12-36(b)]：

1）作平面内任一水平线 $AE(ae, a'e')$，过 s 作 $st \perp ae$；

2）作平面内任一正平线 $CF(cf, c'f')$，过 s' 作 $s't' \perp c'f'$；

3）则直线 $ST(st, s't')$ 为所求垂线。

注意，垂线与平面内选取的正平线和水平线不一定相交，投影图中仅利用其平行线的方向。因此，若求垂线与平面的交点（垂足），还需利用 12.3.2 中求直线与平面交点的方法来求得。

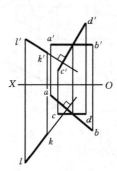

图 12-35　直线与平面垂直

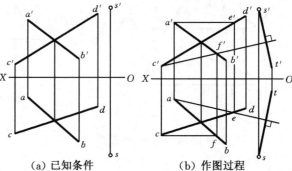

（a）已知条件　　　　（b）作图过程

图 12-36　过点作直线垂直平面

例 12-13 试判断直线 DE 是否与平面△ABC 垂直（图 12-37）。

在平面内任取一条水平线和正平线，然后利用上述特性判断直线是否与它们垂直即可判断出直线是否与平面垂直。作图步骤：

1）由图中可知 AC 为正平线，由于 $d'e' \perp a'c'$，则直线 $DE \perp AC$；

2）再任作一条属于△ABC 的水平线 $AF(af, a'f')$，由于 de 不垂直 af，故直线 DE 不垂直 AF，则

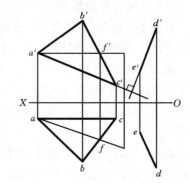

图 12-37　判断直线是否垂直平面

224

直线 DE 与平面△ABC 不垂直。

例 12-14 过点 A 作平面△DEF 的垂线,并求出垂足 K 的投影(图 12-38)。

由于平面△DEF 为铅垂面,过点 A 所作的平面的垂线必为水平线,水平投影必垂直△DEF 积聚的 def 线,交点 k 为垂足的水平投影。

作图步骤:

1)过 a 作直线 $ak⊥def$ 交 def 于点 k;

2)过 a' 作 $a'k'//OX$ 轴,$kk'⊥OX$ 轴交于点 k';

3)则 $AK(ak,a'k')$ 为所求垂线,点 $K(k,k')$ 为垂足。

(2)两平面垂直

由初等几何定理可知:

1)若一直线垂直于一平面,则包含这条直线的一切平面都垂直于该平面。

如图 12-39(a)所示,若直线 AB 垂直平面 P,则包含直线 AB 的平面 Q 和平面 R 均垂直平面 P。

2)如两平面互相垂直,那么过属于第一个平面的任意一点向第二个平面所作的垂线一定属于第一个平面。

如图 12-39(b)所示,平面 Q 垂直平面 R,点 C 属于平面 Q,过点 C 作 CD 垂直平面 R,则 CD 必属于平面 Q。

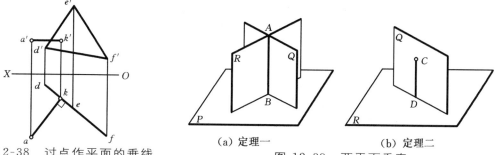

图 12-38　过点作平面的垂线　　　　(a)定理一　　　　(b)定理二

图 12-39　两平面垂直

例 12-15 过点 S 作平面垂直由△ABC 所确定的平面(图 12-40)。

过点作平面的垂线,则包含垂线的一切平面均垂直已知平面。本题有无穷多解。

作图步骤:

1)在平面△ABC 内任取一条水平线(如 CE)及正平线(如 AF);

2)过点 s 作 $st⊥ce$,过点 s' 作 $s't'⊥a'f'$,则直线 $ST(st,s't')$ 为平面△ABC 的垂线;

3)过点 S 任作一直线 $SM(sm,s'm')$,则由相交两直线 ST 与 SM 组成的平面则为题解之一。

例 12-16 试判断由相交的水平线与正平线确定的平面与平面△ABC 是否垂直(图 12-41)。

只要能在一平面内作出一条直线垂直于另一平面,则两平面垂直。由于直线 EF 与直线 MN 分别为水平线和正平线,因此判断能否在平面△ABC 内作出一直线垂直由 EF 与 MN 组成的平面即可。

作图步骤:过点 A 作由相交两直线 EF 与 MN 组成平面的垂线 $AD(ad⊥ef,a'd'⊥m'n')$,由图中直接可以看出,垂线 AD 不属于平面△ABC,那么两平面也不垂直。

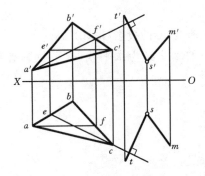

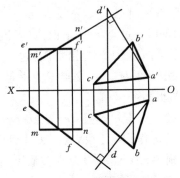

图 12-40　过点 S 作平面垂直已知平面　　　　　　图 12-41　判断两平面是否垂直

12.3.4　综合问题分析与解法

综合性问题是指应用前面已学过的投影原理和作图方法,求解空间几何元素及其相互之间的定位和度量问题。在解题过程中,首先应充分理解题意,根据已知条件分析空间状况,找出已知条件和求解问题之间的从属关系和相对位置关系,确定解题方案,然后按投影规律和基本作图方法把这些空间的解题思路一一化为投影图的作图步骤,并要考虑题目的多解性。

例 12-17　过点 K 作直线 KL 与 $\triangle CDE$ 平行并与直线 AB 垂直(图 12-42)。

方法一　如图 12-43 所示,要使直线 $KL /\!/ \triangle CDE$,满足这一条件的轨迹为过点 K 且与 $\triangle CDE$ 平行的平面 P;要使 $KL \perp AB$,满足这一条件的轨迹为过点 K 且与直线 AB 垂直的平面 Q,那么平面 P 与平面 Q 的交线即为所求直线 KL。

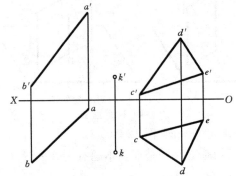

图 12-42　过点 K 作直线平行 $\triangle CDE$,
且垂直直线 AB

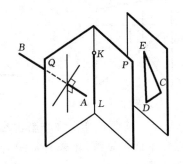

图 12-43　空间分析

作图步骤(图 12-44):

1) 过点 K 作 $\triangle CDE$ 的平行平面 P,平面 P 由平行于 $\triangle CDE$ 中 DC 和 DE 两条直线的相交两直线 $KN(kn, k'n')$ 和 $KM(km, k'm')$ 确定($kn /\!/ dc, k'n' /\!/ d'c', km /\!/ de, k'm' /\!/ d'e'$);

2) 过点 K 作直线 AB 的垂面 Q,垂面 Q 由相交的水平线 $KG(kg, k'g')$ 和正平线 $KF(kf, k'f')$ 确定($kg \perp ab, k'f' \perp a'b'$);

3) 求平面 P 和平面 Q 的交线,其中点 K 为交线上一个点,另一个点 L 用辅助水平面 R 求得;

4) 连接 KL 即为所求。

方法二　假设直线 KL 已作出,如图 12-45 所示,根据几何原理,由于 $KL \perp AB$,则 KL 必在过点 K 且垂直于 AB 的平面 Q 内;$KL /\!/ \triangle CDE$,则也必平行平面 Q 与 $\triangle CDE$ 的交线

MN。为此可先过 K 作直线 AB 的垂面 Q,然后求出平面 Q 与 $\triangle CDE$ 的交线 MN,再过点 K 作直线 $KL \parallel MN$,则直线 KL 为所求,如图 12-46 所示。作图步骤略。

例 12-18 在直线 MN 上取一点 K,使其距 $\triangle ABC$ 所给定平面的垂直距离为 15 mm(图 12-47)。

如图 12-48 所示,与 $\triangle ABC$ 平面距离等于 15 mm 的点的轨迹为两平行平面 P 和 Q,点 K 既在这两个平面内,又在直线 MN 上,因此只要求出直线 MN 与平面 P 和 Q 的交点即可。本题有两解(图 12-49 中只作出一解)。

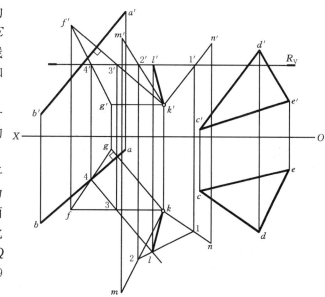

图 12-44　过点 K 作直线平行 $\triangle CDE$,且垂直直线 AB

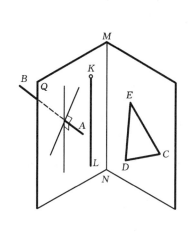

图 12-45　空间分析

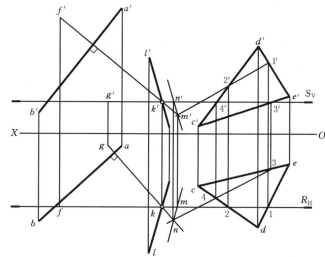

图 12-46　过点 K 作直线平行 $\triangle CDE$,且垂直直线 AB

作图步骤(图 12-49):

1) 由 $\triangle ABC$ 内任一点 C 作 $\triangle ABC$ 的垂线 $CF(cf, c'f')$。为此先在 $\triangle ABC$ 内任作一水平线 $AD(ad, a'd')$ 和正平线 $CE(ce, c'e')$,作 $cf \perp ad$,$c'f' \perp c'e'$。

2) 在垂线上找出距 $\triangle ABC$ 为 15 mm 的点 G。先用直角三角形法求出任意长度 CF 的实长 $C_0 f$,然后截取 $C_0 G_0 = 15$ mm,求得点 $G(g, g')$。

3) 过点 G 作平面 P 平行 $\triangle ABC$。图中由相交两直线 $G\,\mathrm{I}\,(g1, g'1')$ 和 $G\,\mathrm{II}\,(g2, g'2')$ 确定平面 P,$G\,\mathrm{I}\parallel AC$,$G\,\mathrm{II}\parallel BC$。

4) 利用辅助平面 S 求直线 MN 与平面 P 的交点 $K(k, k')$ 即可。

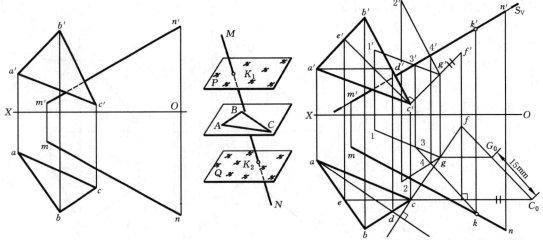

图 12-47 在直线 MN 上取点， 图 12-48 空间分析 图 12-49 在直线 MN 上取点，距
距△ABC 为 15 mm   △ABC 距离为 15 mm

例 12-19 已知矩形 $ABCD$ 的一边 AB 的投影，邻边 BC 平行△EFG 所示的平面，且顶点 C 距 V 面 10 mm，试完成该矩形的两面投影（图 12-50）。

如图 12-51 所示，矩形 $ABCD$ 一边 AB 已知，邻边 $BC \perp AB$，则 BC 必在过点 B 所作的直线 AB 的垂面 P 内。又因为 BC∥△EFG，并且点 C 距 V 面 10 mm，根据这两个条件即可在平面 P 内确定点 C，则矩形投影即可完成。

作图步骤（图 12-52）：

1) 过点 B 作直线 AB 的垂面 P，图 12-52 中用水平线 $BM(bm, b'm')$ 和正平线 $BN(bn, b'n')$ 来确定，$AB \perp BM$，$AB \perp BN$。

2) 在平面 P 内取直线 BT∥△EFG。因为△EFG 为铅垂面，作直线 bt∥efg，利用平面内取点、线的方法在平面 P 内求出正面投影 $b't'$。

3) 根据点 C 距 V 面 10 mm，在直线 BT 的水平投影上确定 c 点，找出对应的正面投影 c'。

4) 作 AD∥$BC(ad$∥$bc, a'd'$∥$b'c')$，DC∥$AB(dc$∥$ab, d'c'$∥$a'b')$，求得矩形 $ABCD$ 的两面投影。

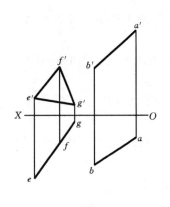

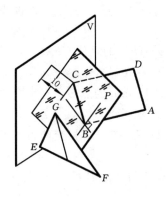

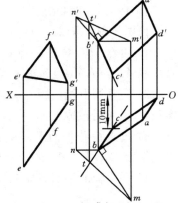

图 12-50 完成矩形 $ABCD$ 图 12-51 空间分析   图 12-52 完成矩形 $ABCD$
　　　的两投影　　　　　　　　　　　　　　　　　　　的两投影

228

例 12-20 求直线 AB 与平面 $\triangle DEF$ 的夹角[图 12-53(b)]。

直线与平面的夹角 θ 由直线 AB 及其在该平面上的正投影的夹角所确定[图 12-53(a)]。根据这个定义求角 θ 时，先要过直线上的一个点(如点 A)，向 $\triangle DEF$ 作垂线并求出垂足 M，再求出直线 AB 与 $\triangle DEF$ 的交点 N，然后求直线 AB 与 MN 的夹角的实形。而直线 AN 和 AM 的夹角 δ 为直线 AB 与 $\triangle DEF$ 的夹角 θ 的余角。求出 δ 角即可得到 θ 角，求 δ 可归结为求 $\triangle ABC$ 的实形问题。

作图步骤[图 12-53(c)]：

过点 A 作直线 AC(C 点任定)垂直于平面 DEF，连接点 B、C 构成 $\triangle ABC$，用直角三角形法分别求出 AB、AC、BC 的实长，作出 $\triangle ABC$ 的实形，所得 δ 角即为 $\angle BAC$；AB 与 DEF 的夹角 θ 为 δ 的余角，即 $\theta=90°-\delta$。

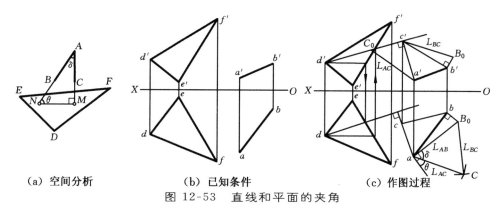

(a) 空间分析 　　　　　(b) 已知条件 　　　　　(c) 作图过程

图 12-53　直线和平面的夹角

12.4　相贯线的扩展知识

12.4.1　利用辅助平面法求相贯线

如图 12-54 所示，若求两立体的相贯线，可作一辅助平面 T，求出该辅助平面与两立体的截交线，则两条截交线的交点即为两立体表面的共有点，即相贯线上的点。作出适当数量的辅助平面，便可得到一系列共有点，再依次把它们连接起来，即为立体的相贯线。这种方法称为辅助平面法。

选择辅助平面的原则如下：

1）应使辅助平面与两立体都相交；

2）应使辅助平面与两立体的交线都是简单的线段或圆；

3）辅助平面应尽量与投影面平行，使截交线的投影反映实形而便于作图。

例 12-21　求圆柱与圆台正交的相贯线(图 12-54)。

由图 12-54(a)可知，圆柱轴线为侧垂线，相贯线的侧面投影在圆柱面的侧面投影圆上。由于相贯线又在圆锥表面上，因此可利用圆锥表面取点的方法，求出相贯线。

作图步骤：

1）求特殊点：相贯线上的特殊点主要是转向轮廓线上的共有点和极限位置点。圆柱的上下两条轮廓线和圆锥的正面轮廓线相交于 I、II 两点，即为相贯线上的最高、最低点，利用面上取点的方法求得 $1''$、$2'' \rightarrow 1'$、$2' \rightarrow 1$、2。圆柱的前、后两条轮廓线与圆锥交于 III、IV 两点，即为相贯线上的最前、最后点，其侧面投影已知。过圆柱轴线作辅助水平面 Q，其水平投影与圆锥交于一水平位置的圆 q,延伸圆柱水平投影的前后两条转向轮廓线与该圆相交,求得 3、4 和 $3'(4')$,如图 12-54(b)所示。

2)求一般点:先在相贯线的已知侧面投影中取点 $5''$、$6''$ 及 $7''$、$8''$,再分别过 $5''$、$6''$ 和 $7''$、$8''$ 点作辅助水平面 P 和 R,分别求出水平面投影 5、6 和 7、8 进而求出 $5'$、$6'$ 和 $7'$、$8'$,如图 12-54(b)所示。

3)判别可见性后,将各点依次光滑连接起来,即得到相贯线的正面和水平投影,如图 12-54(c)所示。

4)补全轮廓线:补全圆锥底面圆的投影及圆柱俯视轮廓线的投影至 3、4 点。

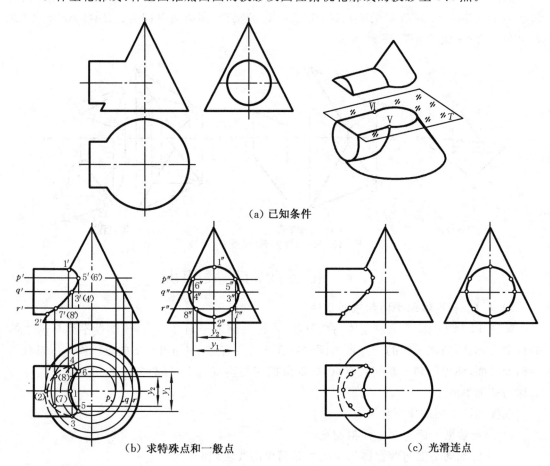

(a)已知条件

(b)求特殊点和一般点   (c)光滑连点

图 12-54   求作圆柱与圆锥相贯的 V、H 面投影

例 12-22   求圆锥与圆球的相贯线(图 12-55)。

图 12-55 中圆锥和圆球的各个投影均无积聚性,不能利用积聚性法,故采用辅助平面法。因为除过锥顶的正平面和侧平面外,其他的正平面和侧平面与圆锥的交线都是双曲线,作图困难,不宜采用;而水平面与圆锥和圆球的交线都是水平纬圆,便于作图,所以应采用水平辅助面。物体前后对称,相贯线也前后对称。

作图步骤:

1)求特殊点:由于两立体前后对称,圆球与圆锥的正面投影轮廓线在对称面上,故它们

230

的交点 1′、5′ 就是空间交点的投影,由此求出 1、(5),Ⅰ、Ⅴ 点为相贯线上的最高和最低点。过球心作一水平辅助面 P,其正面迹线为 P_V。P 面与圆球的交线为球的水平投影轮廓线,P 面与圆锥的交线为一纬圆,两交线的交点 3、7 即为相贯线上点的水平投影,由 3、7 求得 3′、(7′)。显然,3、7 即为相贯线水平投影的虚实分界点。

2) 求一般点:再选作 R 平面,其正面迹线为 R_V,它与圆球和圆锥分别交一纬圆。两纬圆交点的水平投影为(4)、(6),正面投影为 4′、(6′)。用同样的方法还可求出 Ⅱ、Ⅷ 点。

3) 判别可见性并连线:在水平投影中,3(4)(5)(6)7 段相贯线不可见,画成虚线,其余可见,画成粗实线。在正面投影中,前半部分相贯线可见,画成粗实线,后半部分相贯线被粗实线遮挡,不必画出。

4) 检查、加深、完成作图:在水平投影中,圆球的投影轮廓线应加深到 3、7 点;在正面投影中,圆球、圆锥投影的轮廓线都应画到 1′、5′ 点。

注意:这里对相贯线的最右点的求法没有详细说明,其求法读者可参阅有关资料。这里需要说明的是,当特殊点难求时,可将一般点求得足够密,近似找到特殊点。

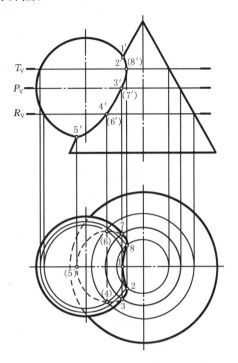

图 12-55 圆锥与圆球的相贯线

例 12-23 求斜置圆柱与侧垂圆柱的相贯线(图 12-56)。

物体前后对称,相贯线也前后对称。侧垂放置的大圆柱的侧面投影有积聚性,则相贯线的侧面投影可直接得到,需要求其水平和正面投影。此题可利用积聚性法及辅助平面法求解,可选择正平面为辅助平面。

作图步骤:

1) 求特殊点:因两圆柱轴线相交,且轴线共面,故正面投影轮廓线的交点 1′、2′ 是相贯线上的最左点和最右点,也是最高点的投影;由此可求出 (1)、2 点。3″、4″ 点为斜置圆柱最前和最后素线与侧垂圆柱面交点(也是最低点)的侧面投影,由此可求出 3、4 及 3′、4′。点 3、4 为相贯线水平投影的虚实分界点。上述各点均利用积聚性法求得。

2) 求一般点:作辅助平面 P,P 面与斜置圆柱交于 A、B 两条素线,这两条素线与侧垂圆柱面交于点 Ⅴ(5、5′、5″)、Ⅵ(6、6′、6″),用同样的方法可求出一系列一般点。

3) 判别可见性并连线:相贯线的正面投影前后重合,故 1′5′3′6′2′ 连成实线;水平投影 423 可见连成实线,4(1)3 不可见,连成虚线。

4) 检查、整理、完成作图:两立体正面投影轮廓线应画到 1′、2′ 为止,斜置圆柱水平投影的轮廓线应画到 3、4 点。

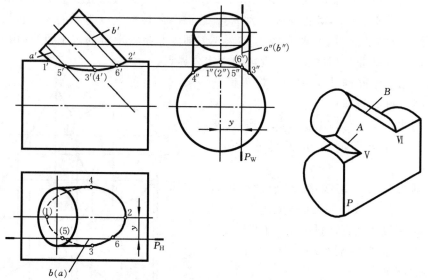

图 12-56　斜交两圆柱的相贯线

12.4.2　利用辅助球面法求相贯线

辅助球面法是用球面作为辅助面求相贯线的方法。

如图 12-57(a)所示,圆弧 N 和任意曲线 M 绕 OO_1 轴旋转,则形成一个回转面,如图 12-57(b)所示。M、N 两母线的交点 A、B 同时绕 OO_1 轴旋转成两个纬线圆。显然,该两圆就是圆球面与另一回转面的交线。这两个纬圆都垂直于轴

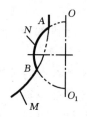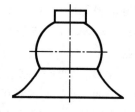

(a)回转面的形成　　(b)球面与回转面相交

图 12-57　回转体与圆球相交

线 OO_1,当轴线平行于某一投影面时,这两个纬圆垂直于轴线所平行的投影面,故它们在该投影面上的投影为垂直于轴线的线段,如图 12-57(b)所示。

如图 12-58 所示,设有一个圆柱体和一个圆锥体相贯,它们的轴线 O_1O_{11} 和 O_2O_{21} 相交于点 O_{21},若以 O_{21} 为球心作一个适当半径的圆球面,则该圆球面与圆锥面产生两条交线(圆 A、圆 B),与圆柱面产生一条交线(圆 C)。因此,圆 B 与圆 C 的交点 Ⅰ、Ⅱ 是三面的共有点,当然就是圆锥体和圆柱体相贯线上的点。如此求出一系列这样的点,再将其连接起来,就求得了相贯线。

由上面的分析可得到求两回转体相贯线的另一种方法——辅助球面法。

当两回转体轴线相交且平行于某一投影面时,

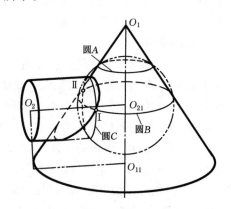

图 12-58　辅助球面法

可以选择球面为辅助面,球心为两回转体轴线的交点,半径根据具体情况而定。求此球面与两回转体表面的交线,则二交线的交点即为相贯线上的点。改变球面的半径,可求得一系列这样的点。

综上所述,辅助球面法应符合下列条件:

1) 两曲面立体应是回转体,因为只有回转体与共轴的球面相交时,交线才是圆;

2) 两回转体的轴线应相交,因为只有两轴线相交,才有公共球心;

3) 两回转体的轴线应同时平行于某一投影面,只有这样,才能使球面与回转体的交线在该投影面上的投影成为线段而便于作图。

例 12-24 求斜置圆柱与圆台的相贯线(图 12-59)。

由已知条件,两回转体的轴线斜交且平行于 V 面,可以利用辅助球面法求解。此立体前后对称,相贯线也前后对称。

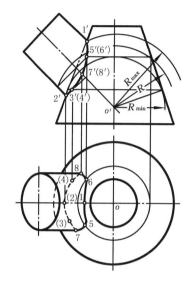

图 12-59　利用辅助球面法求相贯线

作图步骤:

1) 定球心:显然,两立体轴线的交点 O 为球心。

2) 选择适当半径 R 作一辅助球面:R 的选择原则是使球面与两立体表面均相交,且交线也要有交点。根据此原则不难确定球面的最大和最小半径。本题最大、最小半径如图 12-59 所示,最小半径为圆台内切球的半径。

3) 求特殊点:正面投影轮廓线的交点 $1'$、$2'$ 是相贯线上的最高点和最低点的正面投影,由此求出点 1、2。待求出相贯线的正面投影后,由相贯线的正面投影与圆柱面轴线的交点 $7'(8')$ 来求得圆柱面水平投影轮廓线上的点 7、8。若需准确作图,应由锥顶 S(S 为圆台扩展后的锥顶,图中未示出)和圆柱面的最前和最后素线确定的平面为辅助平面,求出该辅助平面与圆锥面的交线,则该交线与圆柱面最前和最后素线的交点即为所求。

4) 求一般点:图中示出辅助球面 R 与圆柱和圆台相交的情况,两条交线在 V 面上的投影为两条线段,它们的交点即为相贯线上的交点 V、Ⅵ 的正面投影 $5'$、$(6')$。它们的水平投影 5、6,是利用纬圆法求得的。

5) 判别可见性并连线:由于相贯线前后对称,故正面投影中,相贯线前后重合,所以,$1'5'7'3'2'$ 可见,画成实线;在水平投影中,75168 可见,连成实线,其余不可见,连成虚线。

6) 检查、整理、完成作图:二立体正面投影轮廓线均画到点 $1'$、$2'$ 为止,圆柱面水平投影轮廓线画到点 7、8 为止。

由上述作图过程看到,用辅助球面法求解相贯线的作图,可在相贯二立体轴线所平行的投影面上的投影中直接作出。

12.4.3　复合相贯

当出现三个或三个以上立体相交时,称为复合相贯。实际机件上经常会遇到复合相贯的情况,此时的相贯线比较复杂,由多段相贯线复合组成,这些相贯线的共有点,称为结合点。复合相贯线的空间分析及作图和前面所讲的方法是一样的,只是在作图前要分析各相贯体的形状及相对位置,再逐个求出彼此相交部分的相贯线。

例 **12-25** 如图 12-60 所示,补全相贯体的三面投影。

分析 1) 读图 12-60,首先根据基本体投影特性,判断相贯体由哪些形体组成。相贯体上方为 U 形凸台,左侧为半圆球,右侧为圆柱,相贯体内部左右方向有一通孔,前后方向有一盲孔。

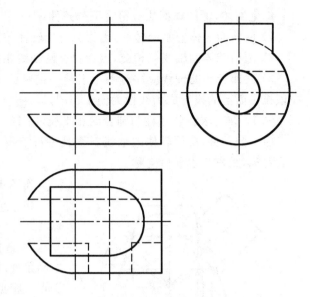

图 12-60 复合相贯

2) 根据各形体结构及其相对位置,分析交线的空间形状。圆柱与半圆球同轴相贯且表面相切,连接处无交线,不需要画图线。U 形凸台左侧的一个侧平面、两个正平面与半圆球相交,其交线为侧平圆弧 A 和正平圆弧 B、C。U 形凸台的两个正平面、右侧半圆柱面与圆柱的交线分别为两段直线 D、E 和空间曲线 F。通孔与半圆球同轴相贯,交线为一个侧平纬圆 G。盲孔与圆柱的交线为空间曲线 H。由水平投影和侧面投影可知,盲孔与通孔前半圆柱面相交且两孔直径相等,交线为两支椭圆弧 I。相贯体的立体图如图 12-61(a)所示。

作图 根据截交线和相贯线的作图方法,依次作各交线的投影。复合相贯体的投影图如图 12-61(b)所示。

1) 作 U 形凸台左侧的平面与半圆球的交线 A、B、C;

2) 作 U 形凸台与圆柱的交线 D、E、F;

3) 作通孔与半圆球的交线 G;

4) 作盲孔与圆柱的交线 H;

5) 作盲孔与通孔交线 I。

作图时,应注意相邻交线的结合点。

例 **12-26** 完成图 12-62(a)所示立体的正面和侧面投影。

先进行形体分析:由投影图可知,该立体前后对称,由两个具有同心孔的圆柱 A 和 B 及半球 C 组成,A 和 B 的轴线互相垂直,且都通过球心。

再进行线面分析:外表面之间的交线,即圆柱面 B 与圆柱面 A、球面 C 及半球的左端平面 D 都相交,交线分别为空间曲线、半圆和两段直线,这两段直线正好在圆柱面 B 对侧面的转向轮廓线上;圆柱面 A 与半球的左端面 D 交于圆弧。

内表面产生的交线,即竖直圆柱孔与水平圆柱孔的轴线相交,它们的直径相同,交线为两半个椭圆;竖直圆柱孔的下部又与外表面 A、C、D 都相交,这些交线与外圆柱面 B 所产生的交线类似。

最后进行投影分析:由于竖直圆柱的内、外表面的水平投影具有积聚性,因此,水平投影已经完成,只需按照上述分析作出各交线的其余两面投影。

作图步骤:

1) 作出圆柱面 B 与各外表面之间交线的正面投影和侧面投影,如图 12-62(b)所示;

2）作出内表面的交线以及圆柱面 A 与平面 D 的交线的正面投影和侧面投影，如图 12-62(c)所示。

图 12-62(d)为完成的三面投影。

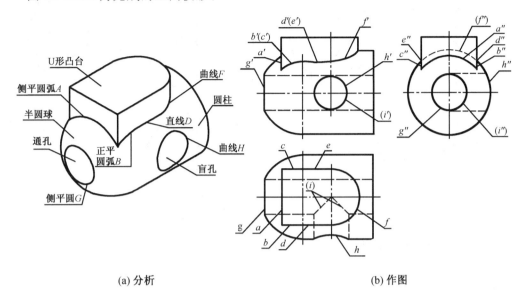

(a) 分析   (b) 作图

图 12-61　复合相贯的立体图和投影图

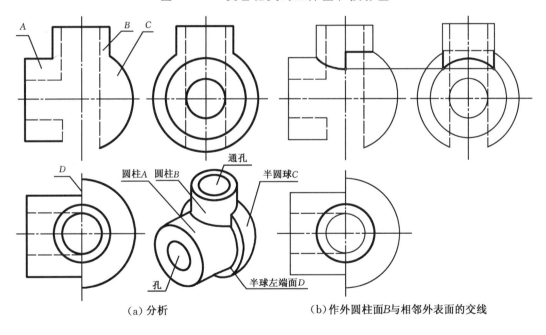

（a）分析   （b）作外圆柱面B与相邻外表面的交线

图 12-62　多个立体表面综合相交作图举例

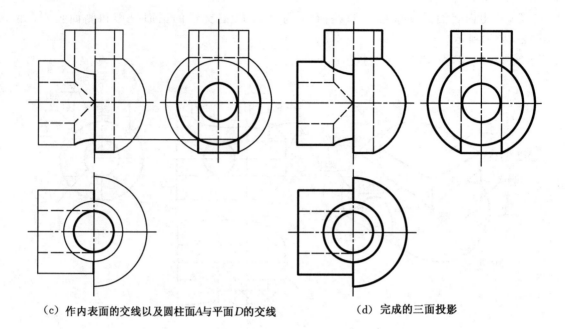

（c）作内表面的交线以及圆柱面A与平面D的交线　　　　　　（d）完成的三面投影

续图 12-62

第13章 换 面 法

13.1 概述

13.1.1 问题的提出

当直线或平面相对于投影面处于特殊位置时,在投影图上可以反映出真实情况(如线段实长、平面图形的实形或倾角等)。此外,在求距离、交点、交线等问题时,若直线或平面处于特殊位置,也利于解题,如表 13-1 所示。

表 13-1 几何元素的各种位置

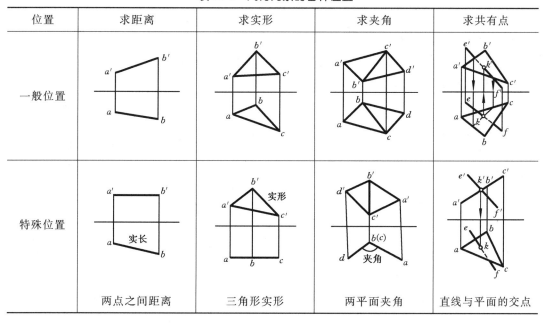

位置	求距离	求实形	求夹角	求共有点
一般位置				
特殊位置	两点之间距离	三角形实形	两平面夹角	直线与平面的交点

从表 13-1 所列几种情况的对比中可以看出,如果能将直线或平面由一般位置变成特殊位置,即可简化解题过程。投影变换就是研究如何改变空间几何元素与投影面的相对位置,以利于解题的方法。

13.1.2 新投影面选择的原则

换面法是保持空间几何元素的位置不动,用新的投影面替换原有投影面,使空间几何元素在新投影体系中处于特殊位置,以利于解题的方法。

应当指出,空间几何元素的形状、大小及位置关系等是客观存在的,它不以投影体系及解题方法的改变而改变,所以在不同的投影体系及解题方法中,一旦求出它们的形状、大小及位置关系等就是它们原有的状态。

如图 13-1 所示,铅垂面△ABC 在 V、H 两投影面体系(简称 V/H 体系)中的两个投影都不反映实形。如取一平行于△ABC 平面且垂直于 H 面的 V_1 面来代替 V 面,则 V_1 面和 H 面将构成新的两投影面体系 V_1/H。在新体系中,△ABC 在 V_1 面上的投影△$a_1'b_1'c_1'$ 将反映△ABC 的实形。

在上述变换过程中，V 面称为原投影面，H 面称为保留投影面，V_1 面称为新投影面。投影轴 X 称为原轴，V_1 面和 H 面的交线 X_1 称为新轴；$\triangle a'b'c'$ 称为原投影，$\triangle abc$ 称为保留投影，$\triangle a_1'b_1'c_1'$ 称为新投影。显然，不能任意选择新投影面，它必须符合下列基本原则：

1）一次只能变换一个投影面，以便使新投影体系与原投影体系保持联系；

2）新投影面必须垂直于一个原有的投影面，使新的投影体系仍为直角投影体系；

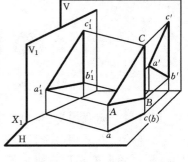

图 13-1　用 V_1 面代替 V 面

3）新投影面必须与空间已知的几何元素处于有利于解题的位置。

13.2　点的投影变换

13.2.1　点的一次换面

点是构成一切几何体的基本元素，因此，首先了解点的投影变换规律，才能较容易地解决线、面等的投影变换问题。

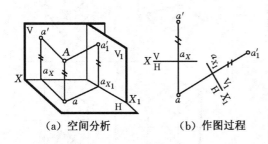

（a）空间分析　　（b）作图过程

图 13-2　点的一次换面（更换 V 面）

下面来研究更换一个投影面时，点的投影变换规律。图 13-2（a）所示点 A 在 V/H 体系中，正面投影为 a'，水平投影为 a。令 H 面不变，取一铅垂面 V_1（$V_1 \perp H$）来代替正立面 V，使其形成新投影体系 V_1/H。在 V_1/H 体系中，仍采用正投影法。

由点 A 向 V_1 面作垂线，其垂足 a_1' 即为点 A 的新的正面投影。令 V_1 面绕新轴 X_1 旋转到与 H 面重合，则得到点 A 在新投影体系中的投影图。显见，a 和 a_1' 两点一定在 X_1 轴的同一垂线上，即 $aa_1' \perp X_1$ 轴。

由于 V/H 体系和 V_1/H 体系具有公共的 H 面，则在变换过程中，点 A 与 H 面的相对位置仍保持不变，因此，点 A 到 H 面的距离（即点 A 的 z 坐标）在变换前后的两个体系中都是相同的，即 $a'a_X = a_1'a_{X_1} = Aa$。

综上所述，可得出点的投影变换规律：

1）点的新投影和保留投影的连线，必垂直于新投影轴（如 $a_1'a \perp X_1$ 轴）；

2）点的新投影到新轴的距离等于原投影到原轴的距离（如 $a_1'a_{X_1} = a'a_X$）。

根据上述分析，在投影图上可按下述步骤作图［图 13-2(b)］：

1）在适当位置取新轴 X_1，确定 X_1 轴相当于确定了新投影面 V_1 的方位；

2）由点 a 向 X_1 轴作垂线，与 X_1 轴相交于点 a_{X_1}；

3）在此垂线上取一点 a_1'，使 $a_1'a_{X_1} = a'a_X$，点 a_1' 即为点 A 的新投影。

如图 13-3 所示，点 A 由 V/H 体系变换成 V/H_1 体系的作图过程是用新的投影面 H_1 来代替 H 面，其作图方法与图 13-2 类似。由于 a 和 a_1 的 y 坐标相同，即 $a_1a_{X_1} = aa_X$，据此便可确定点 A 的新投影 a_1。

13.2.2 点的二次换面

在利用换面法解决实际问题时,更换一次投影面有时不足以解决问题,而需要更换两次或多次。图 13-4 表示更换两次投影面时,求点的新投影的方法,其原理和更换一次投影面相同。

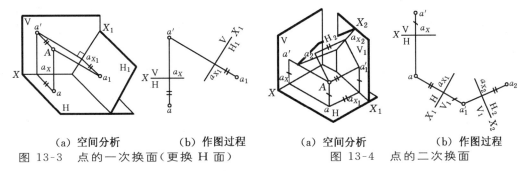

（a）空间分析　　　（b）作图过程　　　　（a）空间分析　　　　（b）作图过程

图 13-3　点的一次换面（更换 H 面）　　　图 13-4　点的二次换面

注意,在更换投影面时,新投影面的选择应符合 13.1.2 所述的三个基本原则。

一个投影面换完以后,在新的两投影面体系中必须交替地更换另一个。如图 13-4(a)中先由 V_1 面代替 V 面,构成新体系 V_1/H;再以这个体系为基础,用 H_2 面代替 H 面,又构成新体系 V_1/H_2。第二次换面所得投影的下角标为 2,依此类推,如图 13-4(b)是点的两次换面的作图过程。

13.3　直线的投影变换

13.3.1　将一般位置直线变换成投影面平行线

如图 13-5 所示,AB 为一般位置直线,若要将它变换成新投影面平行线,可选新投影面 V_1 代替 V 面,使 V_1 面既平行于直线 AB 又垂直于 H 面。这时 AB 在 V_1/H 体系中成为正平线。由于正平线的水平投影平行于投影轴,所以新轴一定平行于直线的水平投影 ab。作图时,可在投影图的适当位置作 X_1 轴平行于 ab。然后分别求出直线 AB 两端点新的正面投影 a_1' 和 b_1',并连接 a_1'、b_1'。由于直线在 V_1/H 体系中平行于 V_1 面,所以 $a_1'b_1'$ 反映线段 AB 的实长,$a_1'b_1'$ 与新轴 X_1 的夹角反映 AB 对 H 面的倾角 α。

同理,也可以用新投影面 H_1 代替 H 面,如图 13-6 所示,使一般位置直线 AB 变换成 H_1 面的平行线,而且新投影与 X_1 轴的夹角反映 AB 对 V 面的倾角 β。作图方法与图 13-5 类似。

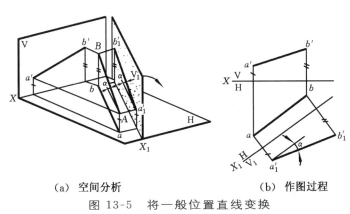

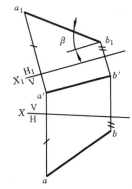

（a）空间分析　　　（b）作图过程

图 13-5　将一般位置直线变换
成投影面平行线（一）

图 13-6　将一般位置直线变换
成投影面平行线（二）

239

13.3.2 将投影面平行线变换成投影面垂直线

如图 13-7(a)所示，AB 为正平线，若要将它变换成新投影面的垂直线，则新投影面 H_1 必垂直于直线 AB 和 V 面。此时在 V/H_1 体系中，直线 AB 成为 H_1 面的垂直线。在图 13-7(b)中，由于此垂直线的正面投影垂直于新轴，所以新轴 X_1 必垂直于 $a'b'$。作图时，先在适当的位置作新轴 $X_1 \perp a'b'$，然后，求得 AB 在 H_1 面上的新投影 $a_1(b_1)$（积聚为一点），可见在 V/H_1 新体系中，AB 直线变成了铅垂线。

如图 13-7(c)所示，将水平线 AB 变换成新投影面 V_1 的垂直线，其作图方法与图 13-7(b)类似。

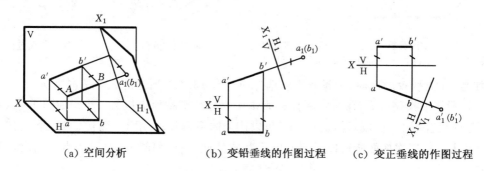

(a) 空间分析　　　　(b) 变铅垂线的作图过程　　　(c) 变正垂线的作图过程

图 13-7　将投影面平行线变换成投影面垂直线

13.3.3 将一般位置直线变换成投影面垂直线

如果想把一般位置直线经过一次换面变成投影面垂直线是不可以的。如果将某投影面一次选在与直线垂直状态的话，因为一般位置直线与投影面都倾斜，那么新建立的投影面与原投影面都不垂直，则不能组成新的直角投影体系。

将一般位置直线变换成投影面垂直线，需经过两次换面，首先将一般位置直线变成投影面平行线，然后将投影面平行线变换成投影面垂直线，见图 13-8。

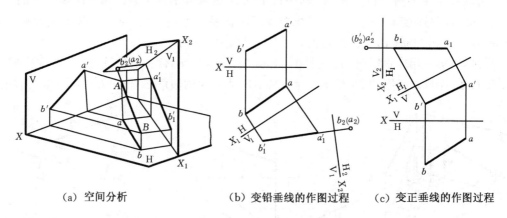

(a) 空间分析　　　　(b) 变铅垂线的作图过程　　　(c) 变正垂线的作图过程

图 13-8　将一般位置直线变换成投影面垂直线

13.4　平面的投影变换

13.4.1 将一般位置平面变换成投影面垂直面

如图 13-9(a)所示，平面 $\triangle ABC$ 在 V/H 体系中为一般位置平面，欲变换成新投影面垂直面，必须作一个新投影面垂直于 $\triangle ABC$，即新投影面要垂直于 $\triangle ABC$ 内的一条直线。为此,可在△ABC上任取一投影面平行线作为辅助线,例如取一水平线CK,再作V_1面垂直于CK,则V_1面满足既垂直于H面又垂直于平面△ABC的要求。投影作图如图13-9(b)所示,先在△ABC上作一水平线CK($ck,c'k'$),然后作新轴$X_1 \perp ck$,并求出△ABC的新投影$a_1'b_1'c_1'$。由于△ABC在V_1/H体系中已成为新投影面的垂直面,所以$a_1'b_1'c_1'$积聚成一条直线,且该直线与新轴X_1的夹角反映△ABC对H面的倾角α。

同理,欲将一般位置平面变换成H_1面的垂直面,则需要在△ABC上作一正平线AM,并使H_1面垂直于该线,其投影作图见图13-9(c)。

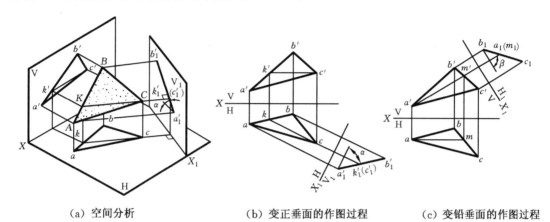

（a）空间分析　　　　　　　（b）变正垂面的作图过程　　　　（c）变铅垂面的作图过程

图 13-9　将一般位置平面变换成投影面垂直面

13.4.2　将投影面垂直面变换成投影面平行面

在图13-10(a)中,已知平面△ABC为一铅垂面,若建立一新投影面V_1与△ABC平行,则V_1面一定垂直于H面。这时在V_1/H体系中,平面△ABC变成正平面,由于正平面的水平投影平行于投影轴,所以新轴X_1必平行于abc。投影作图见13-10(b),先在适当的位置作新轴$X_1 // abc$,然后求出△ABC的新投影$\triangle a_1'b_1'c_1'$,此时,$\triangle a_1'b_1'c_1'$反映△ABC的实形。

图13-10(c)为将正垂面△ABC变换成水平面的示例。其作图方法与图13-10(b)类似。

13.4.3　将一般位置平面变换成投影面平行面

特别注意,如将一般位置平面变换成投影面平行面,需经两次换面。因为如果取新投影面平行于一般位置平面,则新投影面与原体系的投影面都不垂直,不能构成正投影体系,所以要首先将一般位置平面变换成投影面垂直面(图13-9),然后将投影面垂直面变换成投影面平行面(图13-10)。

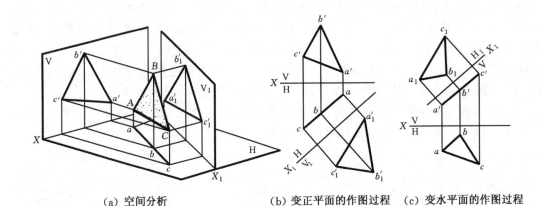

(a) 空间分析　　　　(b) 变正平面的作图过程　　(c) 变水平面的作图过程

图 13-10　将投影面垂直面变换成投影面平行面

13.5　解题举例

应用投影变换方法解题时,首先分析已知条件和待求问题之间的相互关系,再分析空间几何元素与投影面处于何种相对位置,进而确定需几次变换及变换顺序。在解题思路明确的情况下,依据上面所介绍的投影变换方法,确定具体的作图步骤。

例 13-1　求两交叉直线的公垂线(图 13-11)。

直线 AB 与 CD 之间的最短距离为其公垂线的长度,因此,本题可归结为求交叉两直线的公垂线的实长问题。此题介绍以下两种作图方法。

作图步骤:

1) 直线法:观察图 13-11(a),若将两交叉直线之一(如 CD)变成新投影面的垂直线(需两次换面),则公垂线 KL 必平行于新投影面,其新投影反映距离实长,且与另一直线在新投影面上的投影反映直角。其作图步骤如下[图 13-11(b)]:

① 先将直线 CD 在 V_1/H 体系中变成 V_1 面的平行线,再在 V_1/H_2 体系中变成 H_2 面的垂直线,此时 CD 直线的投影积聚为一点,直线 AB 也随之作相应的变换。

② 在 V_1/H_2 新体系中,作公垂线 LK。如前分析可知,LK 一定是水平线,其水平投影 $l_2k_2 \perp a_2b_2$,又 l_2 与 c_2、d_2 投影重合,故可过 l_2 作 a_2b_2 的垂线,垂足即为 k_2。由 k_2 求到 k'_1,因 LK 为水平线,则 $l'_1k'_1 /\!/ X_2$ 轴,故过 k'_1 作 X_2 轴的平行线交 $c'_1d'_1$ 于 l'_1,这样就确定了 CD 线上 L 点的位置。

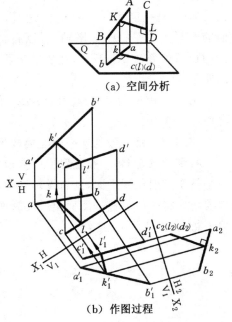

(a) 空间分析

(b) 作图过程

图 13-11　求交叉两直线间的距离(一)

③ 将 LK 返回到原投影体系 V/H 中,得到 lk、$l'k'$,则 $LK(lk, l'k')$ 即为公垂线的投影,而 l_2k_2 反映了它的实长,即交叉二直线 AB、CD 之间的距离。

2) 平面法:观察图 13-12(a),若将两交叉直线 AB、CD 经过投影变换,使其同时平行于一个新投影面 Q。此时两直线的公垂线 KL 必然垂直于 Q 面,K、L 为对 Q 面的一对重影点,$k(l)$ 为该对重影点的投影,而公垂线的实长必在与 Q 面垂直的投影面上反映出来。

为使两交叉直线同时平行于一个新投影面,可通过两直线之一(如 CD),作一直线 $CE\ /\!/\ AB$,则 CD 和 CE 所确定的平面 $\triangle CDE$ 必与 AB 平行,如图 13-12(b)所示。经过两次变换,可使 $\triangle CDE$ 平行于新投影面 H_2(AB 也作相应的变换)。此时在 V_1/H_2 体系中,AB 与 CD 同时平行于 H_2 面,因而两直线在 H_2 面上重影点的投影 $l_2(k_2)$ 即为公垂线的一个投影,由 $l_2(k_2)$ 即可确定公垂线的另一投影 $k_1'l_1'$,则 $k_1'l_1'$ 反映公垂线 KL 的实长。此公垂线在 V_1/H 体系中为 V_1 面的平行线($k_1'l_1'$ 反映实长),故 $kl\ /\!/\ X_1$ 轴,将 K、L 返回到 V/H 体系中,即为所求公垂线 KL 的投影 kl、$k'l'$。

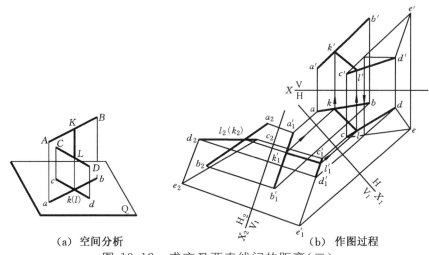

(a) 空间分析　　　　　　　　(b) 作图过程

图 13-12　求交叉两直线间的距离(二)

例 13-2　平行四边形 $ABCD$ 给定一平面 P,试求点 S 至该平面的距离(投影及实长)[图 13-13(a)]。

当平面变成投影面垂直面时,问题便于解答。如图 13-13(a)所示,当平面变成 V_1 面的垂直面时,反映点 S 至平面距离的垂线 SK 为 V_1 面的平行线,则在 V_1 面上的投影 $s_1'k_1'$ 反映实长。当然,如将平面变为 H_1 面的垂直面也可。

作图步骤[图 13-13(b)]:

1) 将一般位置平面 $ABCD$ 变换成投影面垂直面(BC 为水平线),点 S 随同一起变换得 s_1';

2) 过 s_1' 作线 $s_1'k_1'\perp a_1'(d_1')b_1'(c_1')$,垂足为 k_1';

3) 因正垂面的垂线一定是正平线,故 $sk\ /\!/\ X_1$ 轴,由 k_1' 可得到 k,此时 $s_1'k_1'$ 为所求距离;

4) 根据点的变换规律可求到 k'。

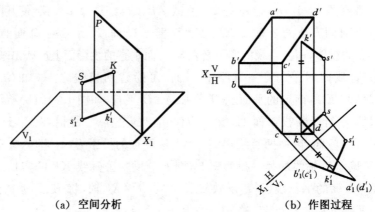

(a) 空间分析   (b) 作图过程

图 13-13 求点到平面的距离

第14章 轴 测 图

轴测图是一种能同时反映立体的正面、侧面和水平面形状的单面投影图,直观性强,一般人都能看懂。但它不能同时反映上述各面的实形,而且对形状比较复杂的立体不易表达清楚,一般作为辅助图样。

14.1 轴测图的基本知识

14.1.1 轴测图的形成

轴测图是将物体连同其参考直角坐标系,沿不平行于任一坐标面方向,用平行投影法将其投射在单一投影面上所得到的具有立体感的图形,如图 14-1 所示。

14.1.2 轴测图的投影特性

由于轴测图是用平行投影法得到的,因此必然具有下列投影特性:

1)立体上互相平行的线段,在轴测图上仍互相平行;

2)立体上两平行线段或同一直线上的两线段长度之比值,在轴测图上保持不变;

3)立体上平行于轴测投影面的线段或平面,在轴测图上反映实长或实形。

14.1.3 轴测图的基本参数

（1）轴间角

空间坐标轴 O_1X_1、O_1Y_1、O_1Z_1 的轴测投影 OX、OY、OZ 称为轴测轴,轴测轴之间的夹角 $\angle XOY$、$\angle YOZ$ 和 $\angle ZOX$ 称为轴间角。

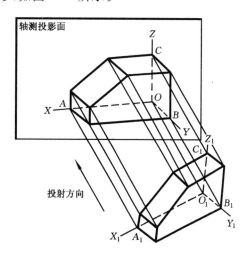

图 14-1　轴测图的形成

（2）轴向伸缩系数

三根轴上的线段与空间坐标轴上对应线段的长度比,称为轴向伸缩系数。例如,在图 14-1 中,OX 的轴向伸缩系数 $p=OA/O_1A_1$。OX、OY、OZ 轴的轴向伸缩系数分别用 p、q、r 表示。

如果知道了轴间角和轴向伸缩系数,就可根据立体或立体的投影图来绘制轴测图。在画轴测图时,只能沿轴测轴方向,并考虑相应的轴向伸缩系数直接量取有关线段的尺寸,"轴测"二字即由此而来。

14.1.4 轴测图的种类

轴测图根据投射线方向和轴测投影面的位置不同可分为正轴测图和斜轴测图两大类。当投射方向垂直于轴测投影面时,称为正轴测图,当投射方向倾斜于轴测投影面时,称为斜轴测图。

由此可见,正轴测图是用正投影法得到的,斜轴测图是用斜投影法得到的。

按照投射方向与轴向伸缩系数的不同,轴测图可按图 14-2 所示分类。

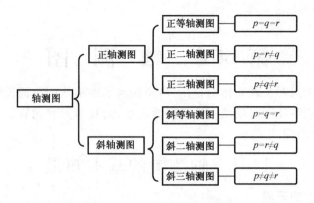

图 14-2　轴测图的分类

为了方便作图,工程上常采用正等轴测图和斜二轴测图。本书也只介绍这两种轴测图。

作物体的轴测图时,应先选择画哪一种轴测图,从而确定各轴向伸缩系数和轴间角。轴测轴可根据已确定的轴间角,按表达清晰和作图方便来安排,而 Z 轴常画成铅垂位置。

14.2　正等轴测图

14.2.1　正等轴测图的轴间角和轴向伸缩系数

正等轴测图的投射方向垂直于轴测投影面,并且三根空间坐标轴与轴测投影面夹角相等(约为 $35°16'$),因此三个轴间角均相等,即 $\angle XOY = \angle YOZ = \angle ZOX = 120°$,而且沿三根轴的轴向伸缩系数也相等,即 $p=q=r=0.82$,如图 14-3 所示。

作图时,通常将 OZ 轴画成竖直线,OX、OY 轴与水平线呈 30°角。为作图方便,《机械制图》国家标准规定用简化的伸缩系数 1 代替理论伸缩系数 0.82,即凡平行于坐标轴的尺寸,均按原尺寸画图。这样画出的轴测图比按理论伸缩系数画出的轴测图放大了 1/0.82 倍(约等于 1.22 倍),但对物体形状的表达没有影响。在画正等轴测图时,如果没有特殊说明,均按简化的伸缩系数作图。

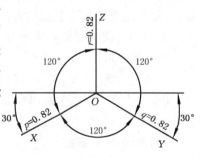

图 14-3　轴间角与伸缩系数

14.2.2　平面立体正等轴测图的画法

根据物体在投影图上的坐标,画出物体的轴测图,称为用坐标法画轴测图,这种方法是画轴测图的基本方法。由于物体的形状不同,画轴测图的方法除坐标法外,还有切割法、叠加法、综合法等。这些方法的使用原则,应根据物体的形状特点,使轴测图的作图最简便,下面分别举例说明。

例 14-1　画出图 14-4 所示六棱台的正等轴测图。

六棱台的上、下底均为正六边形,共有十二个顶点。只要把各顶点的轴测投影画出,再连接相应的顶点,即可画出其轴测图。为方便作图,把与六棱台固连的坐标系的原点取在底面中心,令 o_1z_1 轴与六棱台的中心线重合。具体的作图步骤如图 14-5 所示。

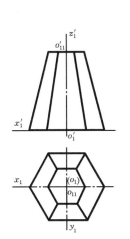

图 14-4　投影图

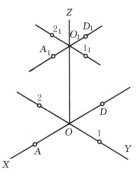

（a）画出轴测轴，定出
上、下底的位置，并在 X
轴方向定出六角形对角
线长 AD 和 A_1D_1，在 Y
轴方向定出上、下六角
形对边宽 12 和 1_12_1

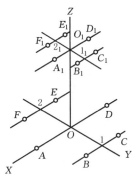

（b）过 1、2、1_1、2_1 各
点画平行于 X 轴的线
段，并在其上量取六角
形边长 BC、EF、B_1C_1、
E_1F_1

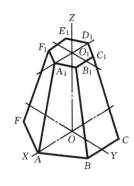

（c）连上、下底的六角
形及其各对应顶点，擦
去不可见的线段，并描
深，即完成六棱台的轴
测图

图 14-5　六棱台正等轴测图作图步骤

例 14-2　试画出图 14-6 所示立体的正等
轴测图。

图 14-6 所示立体是由长方体切割而成，
所以采用切割法画它的轴测图比较方便。为
此，将 o_1z_1 轴与对称中心线重合，并将原点取
在底面上。作图步骤见图 14-7。

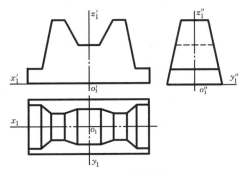

图 14-6　投影图

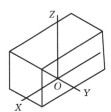

（a）画出轴测轴，并按
立体的外形尺寸长、宽、
高画出长方体

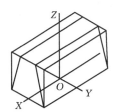

（b）沿 Y 轴方向截取
顶面的 Y 向宽度尺寸，切
去前、后表面的多余部分

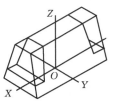

（c）按尺寸沿 X 轴切
去左、右两角

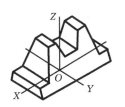

（d）切去上部中间部
分，擦去作图线和不可见
轮廓线，描深，完成轴测图

图 14-7　切割法作正等轴测图步骤

14.2.3　回转体正等轴测图的画法

（1）平行于坐标面的圆的正等轴测投影及其画法

1）投影分析：从正等轴测图的形成知道，各坐标面对轴测投影面都是倾斜的，因此，平
行于坐标面的圆的正等轴测投影是椭圆。图 14-8 表示，当以立方体上的三个不可见的平面
为坐标面时，在其余三个平面内的内切圆的正等轴测投影。从图中可以看出：

① 三个椭圆的形状和大小是一样的，但方位各不相同。

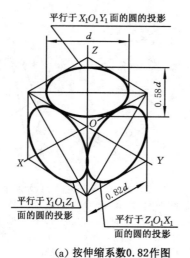

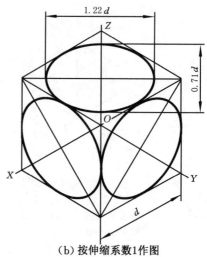

（a）按伸缩系数0.82作图 　　　　（b）按伸缩系数1作图

图 14-8　平行于坐标面的圆的正等轴测投影图

② 各椭圆的短轴与相应菱形（圆的外切正方形的轴测投影）的短对角线重合，其方向与相应的轴测轴一致，该轴测轴就是垂直于圆所在平面的坐标轴的轴测投影。由此可以推出，在圆柱体和圆锥体的正等轴测图中，其上、下底面椭圆的短轴与轴线在一条线上，如图 14-9 所示。

③ 各椭圆长、短轴的长度，按轴向伸缩系数等于0.82作图时，如图 14-8(a)所示；按轴向伸缩系数等于1作图时，如图 14-8(b)所示。为了方便作图，一般都采用轴向伸缩系数为1。

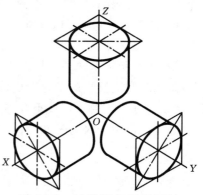

图 14-9　轴线平行于坐标轴的圆柱的正等轴测图

2）椭圆画法：为了简化作图，上述椭圆一般用四段圆弧代替。由于这四段圆弧的四个圆心是根据椭圆的外切菱形求得的，因此这个方法也称菱形四心法。图 14-10 以平行于 $x_1 o_1 y_1$ 坐标面的圆的正等轴测投影为例，说明这种画法。

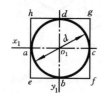

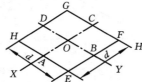

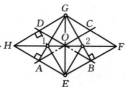

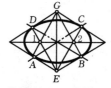

（a）以圆心 o_1 为坐标原点，两条中心线为坐标轴 $o_1 x_1$、$o_1 y_1$

（b）画轴测轴 OX、OY。以圆的直径为边长，作出其邻边分别平行于两根轴测轴的菱形 $EFGH$

（c）菱形两钝角的顶点 E、G 和其两对边中点的连线，与长对角线交于1、2两点；E、G、1、2即为四个圆心

（d）分别以 E、G 为圆心，以 ED 为半径，画大圆弧 $\overset{\frown}{DC}$ 和 $\overset{\frown}{AB}$。分别以1、2为圆心，以 $1D$ 为半径，画小圆弧 $\overset{\frown}{DA}$ 和 $\overset{\frown}{BC}$，即完成椭圆作图

图 14-10　用菱形四心法画平行于 $x_1 o_1 y_1$ 坐标面的圆的正等轴测投影

（2）圆柱体的正等轴测图画法

图 14-11 所示为轴线垂直于水平投影面的圆柱体的作图步骤。

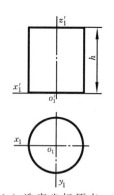 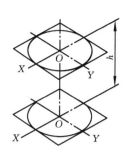 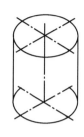 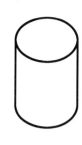

（a）选定坐标原点 o_1 和　　（b）作上、下底圆的正等轴　　（c）作两个椭圆的　　（d）完成的
坐标轴 o_1x_1、o_1y_1、o_1z_1　　测投影，其中心距等于高度 h　　外公切线　　　　轴测图

图 14-11　圆柱体的正等轴测图的作图步骤

（3）圆角的正等轴测图画法

由图 14-10 所示椭圆的近似画法可以看出，菱形的钝角与大圆弧相对，锐角与小圆弧相对；菱形相邻两条边的中垂线的交点就是圆心。由此可以得出平板上圆角的正等轴测图的近似画法，如图 14-12 所示。

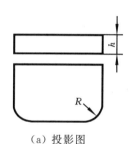 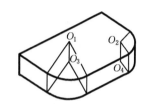

（a）投影图　　（b）由角顶在两条夹边上量取圆角半　　（c）以 O_1、O_2、O_3、O_4 为圆心，
径得到切点，过切点作相应边的垂线，交　　由圆心到切点的距离为半径画
点 O_1、O_2 即为上底面的两圆心。用移心　　圆弧，作两个小圆弧的外公切
法从 O_1、O_2 向下量取板厚的高度尺寸 h，　　线，即得两圆角的正等轴测图
即得到下底面的对应圆心 O_3、O_4

图 14-12　圆角的正等轴测图画法

14.2.4　综合举例

例 14-3　画出如图 14-13 所示立体的正等轴测图。

该立体由底板和立板两部分组合而成。底板上有两个圆孔和两个圆角，在轴测图上应属于水平椭圆；立板上半部分为半圆柱，并有一圆孔，在轴测图上应属于正面椭圆。画轴测图时，可采用叠加法。当作图熟练后，就不需画出轴测轴，但要保证组成物体各部分的大小和相对位置的正确性。其作图步骤见图 14-14，底板圆角的画法见图 14-12。

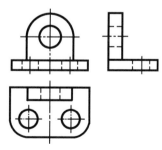

图 14-13　投影图

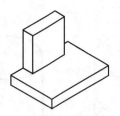

（a）画底板和立板

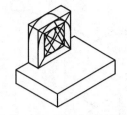

（b）画立板上部的半圆柱和圆孔

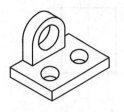

（c）画底板上两小圆孔

（d）画底板的两圆角

（e）完成全图

图 14-14　轴测图作图步骤

14.3　斜二轴测图

当物体上的 $X_1O_1Z_1$ 坐标面与轴测投影面平行，而投射方向与轴测投影面倾斜时，所得到的轴测图就是斜二轴测图，如图 14-15(a)所示。

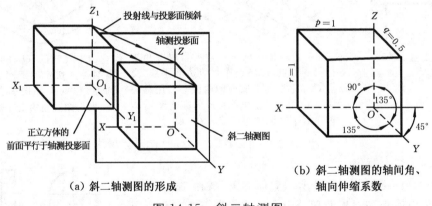

（a）斜二轴测图的形成

（b）斜二轴测图的轴间角、轴向伸缩系数

图 14-15　斜二轴测图

14.3.1　斜二轴测图的轴间角和轴向伸缩系数

轴间角如图 14-15(b)所示。轴向伸缩系数为 $p=r=1$、$q=0.5$。由此可知，凡与 $x_1o_1z_1$ 坐标面平行的图形，经轴测投影后仍为实形。所以斜二轴测多用于同一方向上形状复杂的物体。这样，可使作图简单易行。

14.3.2　斜二轴测图的画法

图 14-16(a)为物体的正面投影和水平投影，确定 o_1x_1、o_1y_1、o_1z_1 方向。在正面(ZOX)画出物体前面的图形，如图 14-16(b)所示。它与主视图一样，按 OY 轴方向画出 45°平行线，如图 14-16(c)所示。将前面圆和弧的圆心沿 OY 轴斜移至后面，画出圆及圆弧，作前后圆弧的切线，擦去看不见的轮廓线和作图线，描深，完成全图，如图 14-16(d)所示。

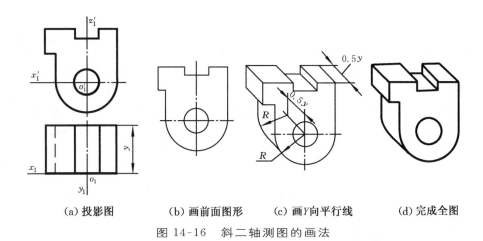

(a) 投影图　　　　(b) 画前面图形　　(c) 画Y向平行线　　(d) 完成全图

图 14-16　斜二轴测图的画法

14.4　轴测图上交线的画法

立体上的交线是指立体表面上的截交线和相贯线。画立体轴测图上的交线有两种方法：

14.4.1　坐标法

根据投影图中截交线和相贯线上点的坐标，如图 14-17(a)和图 14-18(a)所示，画出截交线和相贯线上各点的轴测图，然后用曲线光滑连接各点，如图 14-17(b)和图 14-18(b)所示。

14.4.2　辅助面法

根据立体的几何性质直接作出轴测图，如同在投影图中用辅助面法求截交线和相贯线的方法一样。为便于作图，辅助面应取平面，并尽量使它与各形体的截交线为直线，如图 14-18(c)所示。

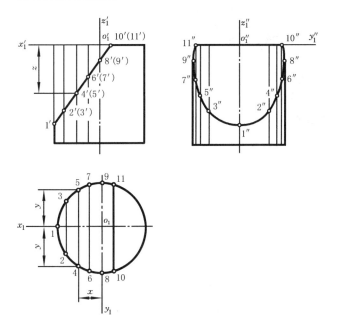

(a) 在投影图上定截交线上各点的坐标

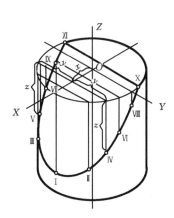

（b）坐标法：以投影图上 4 点和 5 点为例，沿轴量取，在对应的轴测图上找到坐标为 x、y、z 的Ⅳ点和Ⅴ点，4 与Ⅳ、5 与Ⅴ即为对应点。其他点也用同样方法找得

图 14-17　截交线轴测图的画法

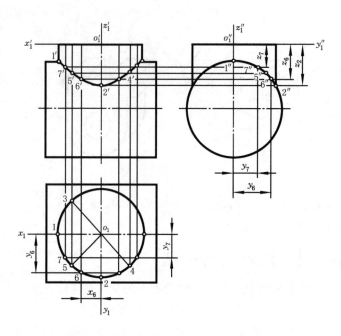

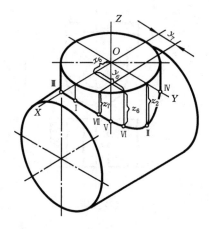

（b）坐标法：投影图上的1、2、3、4、5点对应轴测图上轴向直径的端点和长、短轴端点，是特殊位置点，所以只需沿轴测轴量取 Z 坐标即得Ⅰ、Ⅱ、Ⅲ、Ⅳ、Ⅴ各点。再沿轴测轴量取 x_6、y_6、z_6 得Ⅵ点，沿轴测轴量取 y_7、z_7 可得Ⅶ点

（a）在投影图上定相贯线上各点的坐标

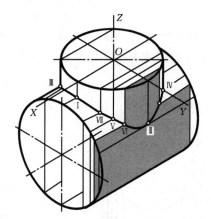

（c）辅助面法：选取一系列辅助平面截两圆柱，截交线交点Ⅰ、Ⅱ、Ⅲ、Ⅳ、Ⅴ、Ⅵ、Ⅶ，即为相贯线上的点

图 14-18　相贯线轴测图的画法

14.5　轴测剖视图的画法

14.5.1　轴测剖视图的剖切方法

在轴测图上，为了表示物体的内部形状，可假想用剖切平面将物体的一部分剖去，这种剖切后的轴测图称为轴测剖视图。为了保持外形的清晰，不论物体是否对称，常以两个相互垂直的剖切平面将物体剖开[图 14-19（a）]。尽量避免用一个剖切平面剖切整个物体[图 14-19（b）]和选择不正确的剖切位置[图 14-19（c）]。

14.5.2　轴测剖视图的画法

轴测剖视图的具体画法有下述两种（以正等轴测图为例）。

（1）先画外形再画剖视

图 14-20(a)为套筒的投影图,先画出它的外形轮廓的轴测图,如图 14-20(b)所示,然后沿 X、Y 轴方向分别画出其断面形状,擦去被剖切掉的四分之一部分轮廓,再补画上剖切后下部孔的轴测投影,并画上剖面线,描深可见投影即完成该套筒的轴测剖视图[图 14-20(c)]。

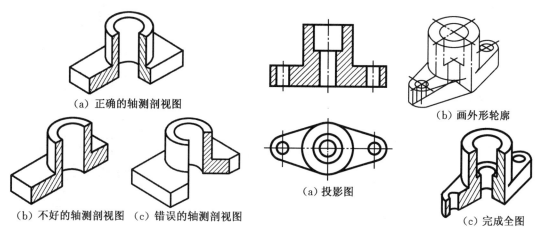

（a）正确的轴测剖视图

（b）不好的轴测剖视图　（c）错误的轴测剖视图

图 14-19　轴测剖视图的剖切方法

（a）投影图

（b）画外形轮廓

（c）完成全图

图 14-20　套筒的轴测剖视图画法

（2）先画断面形状,再画剖开后的可见投影

1）在支座的投影图上确定坐标轴的位置[图 14-21(a)];

2）在轴测图上作出 XOZ 和 YOZ 面上的断面形状[图 14-21(b)];

3）画出断面后的可见投影。注意不要漏画剖开后孔中可见线的投影[图 14-21(c)]。

第二种画法的特点是可以少画被切去部分的投影,但对初学者来说,第一种画法比较容易入手。

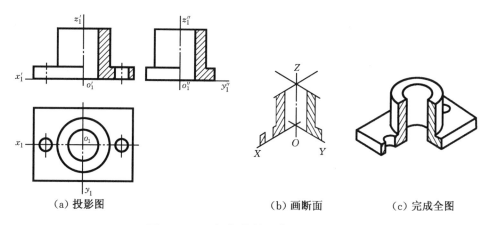

（a）投影图

（b）画断面

（c）完成全图

图 14-21　支座的轴测剖视图画法

14.5.3　轴测剖视图上的有关规定

1）剖面线的方向:若在物体的断面上画与坐标轴呈 45°的剖面线,则其与相关坐标轴的截距为 1∶1 的关系。在形成轴测剖视图的过程中这种关系保持不变,于是两种轴测图上剖面线的方向规定如图 14-22 所示。

2）肋剖切后的画法：在轴测图上，当剖切平面通过物体的肋或薄壁等结构的纵向平面（垂直于肋的厚度方向）时，这些结构剖后都不画剖面线，而用粗实线将它与邻接部分分开[图14-23(a)]。这样表示不够清晰时，也允许在肋板和薄壁的剖面处画上均匀的细点[图14-23(b)]。

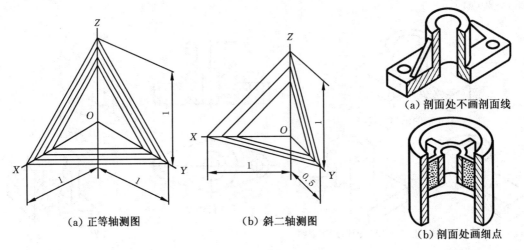

(a) 正等轴测图　　　(b) 斜二轴测图

图 14-22　轴测图三个坐标面上剖面线的方向

(a) 剖面处不画剖面线

(b) 剖面处画细点

图 14-23　肋剖切画法

14.6　轴测图的选择

在画物体轴测图时应根据物体的结构特点选择轴测图的种类、物体摆放位置及恰当的投射方向。

选择轴测图时应满足以下三方面的要求：

（1）物体结构表达清晰

选择的轴测图要能够清楚地反映物体上的形状，避免其上的面和棱线有积聚或重叠的情况，避免过分遮挡。

（2）立体感强

比较前面讲述的正等轴测图和斜二轴测图，正等轴测图的立体感较好，度量方便，平行于各坐标面的圆的轴测投影为椭圆，其近似画法较为简单，一般情况下首先考虑选用正等轴测图，特别是当物体上与三个坐标面平行的平面上都有圆时，都应选择正等轴测图。而斜二轴测图的最大优点是物体上凡是平行于投影面的平面在轴测投影图上都反映实形，因此当物体只有一个方向平面形状复杂（如有曲线或圆）而其他两个方向形状简单时，常采用斜二轴测图。

（3）作图简便

一般来讲，轴测图的作图过程较为烦琐，如能利用绘图工具可简化作图。同时，也应选择恰当的轴测图使作图简便。

图14-24(a)所示的物体，由于其多个方向上的图形较为复杂且有两个坐标面方向上都有圆，比较两种轴测图，正等轴测图表示较为全面，通孔的绘制也较为简单；而图14-24(b)所示的物体显然较适合采用斜二轴测图。

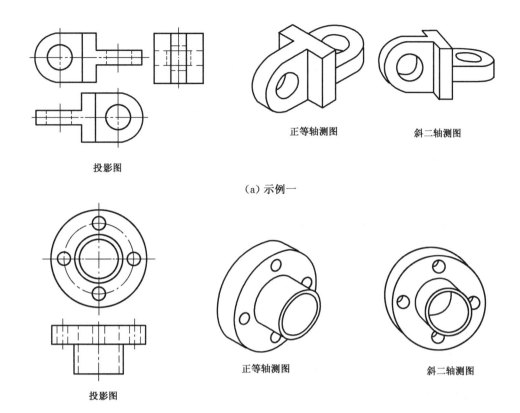

正等轴测图　　　　　　斜二轴测图

投影图

（a）示例一

正等轴测图　　　　　　斜二轴测图

投影图

（b）示例二

图 14-24　两种轴测图的比较

　　有时为了把物体表示得更清楚,应选择较为有利的投射方向。图 14-25 所示为常用的四种投影方向所得的正等轴测图和轴测轴之间的关系,图 14-25(c)所示更加清晰。因此,在选择绘制轴测图时,要首先根据物体的形状特点选择采用哪种轴测图形式,再选定坐标系,确定轴测轴,最后再具体作图。

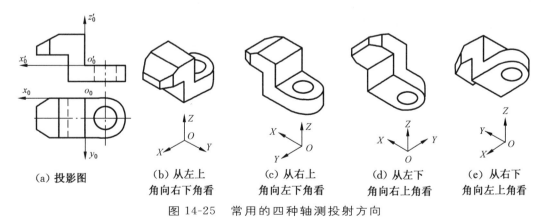

（a）投影图　　（b）从左上　　（c）从右上　　（d）从左下　　（e）从右下
　　　　　　　角向右下角看　角向左下角看　角向右上角看　角向左上角看

图 14-25　常用的四种轴测投射方向

第15章 零、部件测绘

15.1 零件的测绘

测绘就是根据现有的零件,徒手绘制零件草图(徒手图),测量并标注出它的尺寸,制定出技术要求;然后根据整理的零件草图,绘制成零件工作图的全部过程。因为在机器的仿制、维修和进行技术改造的过程中,由于没有机器零件图样,所以要对实际的零件进行测绘。

15.1.1 徒手绘制零件图的一般步骤

(1) 分析了解零件

为了搞好零件的测绘,首先要了解零件的名称、作用、用途;分析了解零件在机器中的位置及与其他零件的关系;分析结构形状和特点;大致分析零件的制造方法和制造工艺,确定零件所使用的材料,以及零件是否存在损坏和磨损。

(2) 确定零件的表达方案

首先要根据零件的结构形状特征、工作位置及加工位置等情况选择表达方案,充分利用剖视、断面等各种表达方法,完整、清晰地表达零件的结构形状。

(3) 绘制零件草图

1) 绘制草图的基本方法:零件草图的绘制工作,一般多在生产现场绘制,在不便使用绘图工具和仪器画图的情况下,大多采用徒手绘制图形。草图的绘制是用目测零件的形状结构和大小以及比例,在方格纸或白纸上绘制出零件草图。零件草图是绘制零件工作图的依据,必要时可以直接用于生产,因此它包括零件图的全部内容。

2) 绘制零件草图的步骤如下:

① 布置视图:目测零件长、宽、高的尺寸,确定比例,布置主视图及其他视图的位置,画出各视图的基准线,布置视图时要考虑标注尺寸和技术要求及标题栏的位置;

② 徒手画零件图:从主视图入手,按投影关系完成各视图;

③ 标注尺寸:选择尺寸基准,画出尺寸界线、尺寸线和箭头;

④ 量注尺寸:测量零件尺寸并标出尺寸及公差、粗糙度代号及技术要求、标题栏等;

⑤ 审查整理零件草图。

草图绘制举例如图 15-1 所示。

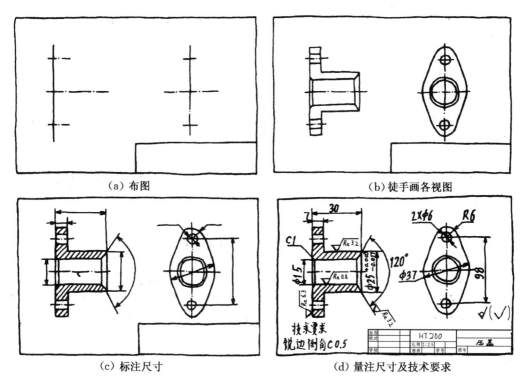

(a) 布图   (b) 徒手画各视图

(c) 标注尺寸   (d) 量注尺寸及技术要求

图 15-1　绘制零件草图的步骤

15.1.2　根据草图绘制零件图

根据测绘的零件草图,整理绘制零件图。零件草图是现场绘制的,对图形的表达、尺寸的标注等表达得不一定完善,因此在绘制零件图时,要对草图进行审核,对一些设计、尺寸公差、形位公差、表面结构,以及材料、热处理等内容进行归纳和修改。经复查、补充、修改后才能进行零件图的绘制工作。画零件图的方法及步骤如下:

(1) 对零件草图进行审核

1) 表达方案是否完善、简便、清晰、合理;

2) 尺寸标注是否完整、清晰、合理,尺寸间是否协调;

3) 技术要求是否满足零件的设计和工艺要求,各项要求是否经济合理;

4) 各项设计、工艺内容及技术要求是否标准化(如工艺结构尺寸、尺寸公差、形位公差等方面的内容),必要时可对实测零件尺寸进行调整。

(2) 零件图的绘制方法及步骤

1) 选择比例:根据实际零件选择比例;

2) 选择图幅:根据表达方案、比例留出标注尺寸和技术要求的位置等,选择标准图幅;

3) 画底稿:① 定出各视图的基准线;② 画出图形;③ 标注尺寸;④ 给出技术要求;⑤ 填写标题栏;⑥ 审核零件图;⑦ 加深零件图。

15.2　零件测绘案例

15.2.1　轴类零件的测绘案例

如图 15-2 所示,绘制轴的草图并测量尺寸,然后查阅相关标准确定键槽和螺纹的尺寸,并将其标注在草图上。

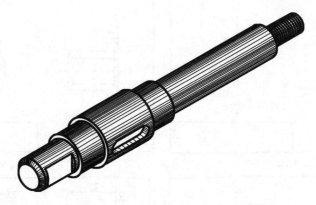

图 15-2　轴类零件的测绘

轴类零件是回转件,通常由外圆柱面、圆锥面、螺纹、键槽等构成,与轴配合的零部件有轮、套、轴承、键等,轴上的工艺结构有螺纹、退刀槽、砂轮越程槽、中心孔等。通常的测绘步骤如下:

(1) 绘制零件草图

轴类零件通常用一个基本视图和移出断面或局部放大图表示,基本视图的轴线水平放置,轴上的键槽最好正对着观察者,用移出断面表示键槽的深度,砂轮越程槽或退刀槽常用局部放大图表示。

绘制轴类零件草图时,要先画轴线,然后从轴的一端开始画。由于轴是一个回转体,因此可采用先画一半,再画另一半的方法绘制。在画另一半时要看着已经画出的部分,以便对称。移出断面图中的部分圆弧,要先画出完整的圆,然后擦除不需要部分圆弧。本例中轴的零件草图如图 15-3 所示。

(2) 测量尺寸

绘制出草图之后,便可以测量所需尺寸。测量尺寸之前,要根据被测尺寸的精度选择测量工具,线性尺寸的主要测量工具按精度由高到低依次有千分尺、游标卡尺和钢板尺等。其中,千分尺的测量精度在 IT5～IT9 之间,游标卡尺的测量精度在 IT10 以下,钢板尺一般用来测量非功能尺寸。

轴类零件主要有以下几种尺寸需要测量:

1) 轴径尺寸:由测量工具直接测量的轴径尺寸要经过圆整,使其符合国家标准推荐的尺寸系列,与轴承配合的轴径尺寸要和轴承的内孔系列尺寸相匹配。

2) 轴线方向长度尺寸:轴线方向长度尺寸一般为非功能尺寸,为了便于加工,用测量工具测出的数据圆整成整数即可。需要注意的是,为了避免出现累积误差,轴的总长要直接测量,不要用各段轴的长度累加。

3) 键槽尺寸:键槽尺寸主要有槽宽 b、深度 t_1 和长度 L,从外观即可判断与之配合的键的类型(本例为 A 型平键),根据测量出的 b、t_1、L 值,结合轴径的公称尺寸,查阅附表 F-1,取标准值。

4) 螺纹尺寸:螺纹大径的测量可用游标卡尺,螺距的测量可用螺纹规,如图 15-4 所示。在没有螺纹规时可采用图 15-5 所示的薄纸压痕法。采用压痕法时要多测量几个螺距,然后取标准值。

　　本例中,长度方向的尺寸基准选择两个端面,然后将测量得到的尺寸按轴的加工工艺标注在草图上,如图 15-3 所示。

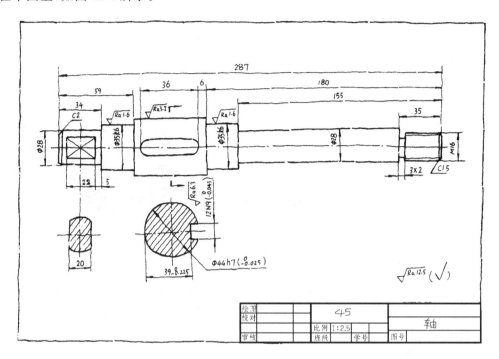

图 15-3　轴的零件草图

(3)确定尺寸公差及配合代号

　　轴上的重要工作面,除了要标注该部分的基本尺寸外,还要标注尺寸的最大和最小允许变动量,即尺寸公差。本例中,与轴承配合的轴颈尺寸为 $\phi 35k6$,键槽的偏差可查阅附表 F-1,即为 $12N9(^{0}_{-0.043})$。由于轴径偏差为 $\phi 44h7(^{0}_{-0.025})$,键槽深度为 $5^{+0.2}_{0}$,所以尺寸 39 的偏差为 $39(^{0}_{-0.225})$,如图 15-3 所示。

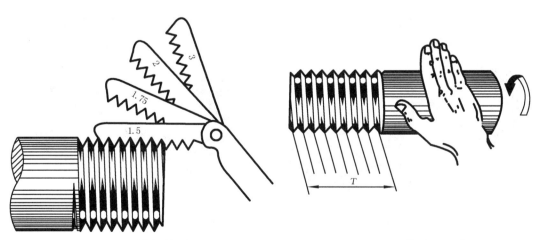

图 15-4　螺距的测量　　　　　　　　图 15-5　压痕法测量螺距

（4）确定表面粗糙度

本例中，与轴承配合的轴径表面粗糙度取 $Ra1.6$，与轮配合的轴径表面粗糙度取 $Ra3.2$，键槽侧面表面粗糙度取 $Ra6.3$，其余表面取 $Ra12.5$。

15.2.2　箱体类零件的测绘案例

绘制图 15-6 所示缸体实物的零件草图，然后根据草图绘制其工作图样。

（1）分析测绘零件

首先应了解被测零件的名称、材料以及它在机器或部件中的位置、作用及与相邻零件的连接关系，然后对零件的内、外结构形状进行分析。

本案例中被测零件名称为"缸体"，它属于箱体类零件，主要起支承作用。由于箱体类零件的材料一般为铸铁，故该零件的毛坯采用铸造方法形成，所以该零件上必须具有铸造工艺结构，如铸造圆角，起模斜度、铸造壁厚均匀等。

图 15-6　缸体

分析零件结构，不难得出该零件的形成过程，即支承部分为带有圆角的长方体底板，其底面具有凹槽以减小接触面积，上表面有 4 个安装螺钉的阶梯通孔和两个圆锥销孔；底板的上方有阶梯圆柱体，并与底板用圆弧过渡相接，且圆柱体的内部有阶梯孔，左端有 6 个螺孔；阶梯圆柱体的上端有两个凸台，各有一处螺纹孔。

（2）确定表达方案

1）主视图：根据箱体类零件的"中空"特点，主视图选择全剖视图，以表达阶梯圆柱体的内部结构、两处凸台处的螺孔及左端面上螺孔的形状，如图 15-7 所示。

2）左视图：根据箱体结构的复杂性，还需绘制左视图和俯视图。其中，左视图可以根据其结构对称性选择半剖视图，不剖部分表达螺纹孔的位置，剖开部分表达阶梯圆柱孔的壁厚和圆锥销孔的形状，如图 15-8 所示。此外，底板上安装螺钉用的沉孔，可在不剖的部分用局部剖视图来表达。

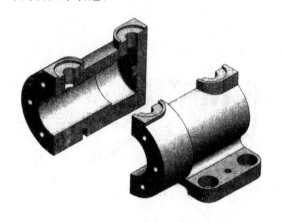

图 15-7　主视图采用全剖视图

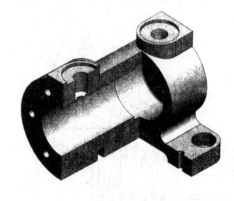

图 15-8　左视图采用半剖视图

3）俯视图：由于阶梯圆柱体的内、外形状已在主、左视图中表达清楚，因此俯视图可采用基本视图,这样既可以表达凸台的形状和位置,又可以表达底板的形状。

(3)绘制零件草图

使用绘图工具绘图、使用计算机辅助软件绘图和徒手绘制草图,这三者是相辅相成的。使用绘图工具绘图是基础,在熟练掌握使用绘图工具绘图的基础上,徒手画图技术和使用计算机辅助软件绘图技术才能相应提高。绘制较复杂零件草图的步骤如下:

1)布置图面:画出图框线和标题栏,然后在图纸上定出各视图的位置,即画出各视图的基准线、轴线和对称中心线等,如图 15-9 中点画线所示。布置视图时,各视图间一定要留出标注尺寸所需要的空间。

2)绘制视图:根据前面讨论的表达方法,按形体分析法将零件分成几个部分,然后根据"长对正、高平齐、宽相等"逐一画出组成该零件的各形体,先画主要部分,后画次要部分;先画主要轮廓,后画细节;先画反映形状特征最明显的投影,再画其他投影,如图 15-9 所示。

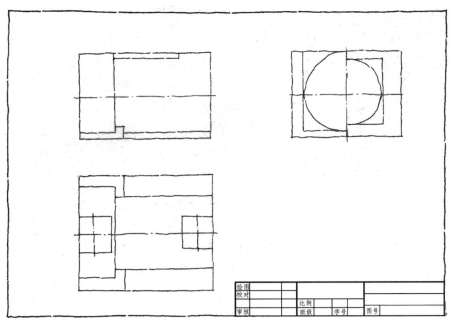

图 15-9 布置图面

对于尺寸较大的圆,可以先绘制出圆的外接正方形,然后再画圆,这样比较准确。绘制完视图后要经过检查和调整,确认无误后再加深视图。图 15-10 所示为加深后的缸体视图。

3)绘制尺寸线:零件的草图画完后确定尺寸基准。该零件高度方向的设计基准应为底面,水平中心轴线应为辅助基准;长度方向设计基准为缸体的左端面;宽度方向的基准为前后对称线。根据确定好的尺寸基准,按尺寸标注的要求画出尺寸界线和尺寸线,可先不画箭头。

画完尺寸界线和尺寸线后,要认真核对,保证所画尺寸线能够合理地表达零件的所有结构和尺寸,对尺寸位置不合理的地方要进行修改和调整。

4)测量和标注零件尺寸:视图和尺寸线画好后,集中进行尺寸测量(零件尺寸的测量方法前述已介绍),每测量一个尺寸就将其标注在已绘制好的尺寸线上。

5)制定零件图的技术要求:根据实践经验和已有的样板文件,采用类比法和查阅相关国家标准,确定零件的表面粗糙度、公差与配合、几何公差等技术要求。本案例中,综合考虑缸体的作用、与相邻零件的连接关系、企业生产能力等各种因素后制定的技术要求，如图 15-11 所示。其中：

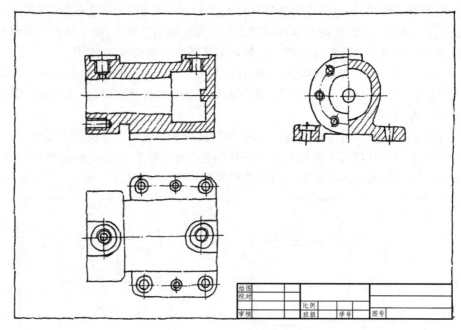

图 15-10　绘制视图

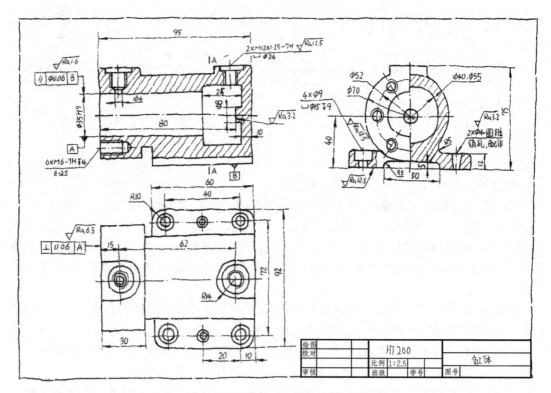

图 15-11　标注尺寸和技术要求

① 尺寸公差：对于具有配合和功能要求的尺寸，应根据配合制度和配合性质确定其公

差值。如缸体的轴孔用于支承旋转轴,其尺寸精度要求较高,故取 φ35H7。

② 表面粗糙度:对零件上的配合面、支承面、定位面等,应提出表面粗糙度要求。如缸体的轴孔选用 Ra1.6,销孔的锥面选用 Ra3.2 等。

③ 几何公差:对零件上几何要素具有功能要求的,应提出形位公差要求。如缸体的传动应平稳,所以轴孔的中心线必须与底面有平行度要求,左端面与轴孔的中心线有垂直度要求。

15.3 装配体测绘案例

装配体测绘是根据现有的机器或部件进行测量,画出零件草图,再画出零件图和装配图的过程。下面以图 11-37 所示的齿轮油泵为例,说明测绘装配体的方法和步骤。

15.3.1 了解、分析装配体

在测绘部件之前,首先对部件从内到外进行分析研究,查阅有关的说明书和资料,了解其用途、性能、工作原理、结构特点以及零件之间的装配关系等。

齿轮油泵的工作原理如图 15-12 所示,当主动轮顺时针转动带动从动轮转动时,由于齿轮啮合,齿从齿槽中分开,右边吸油腔的密封容积变大,压力下降,通过进油口吸油;同时压油腔内由于轮齿进入齿槽,使密封容积变小,压力变大,油液被挤压通过出油口排出。

15.3.2 拆卸装配体及画装配示意图

(1) 拆卸部件

拆卸部件是为了进一步了解各零件的装配关系、结构特点和用途。

1) 拆卸部件要按照一定的顺序进行。对于过盈配合的零件,如果不影响对零件结构形状的了解和测量,可不必拆下。

2) 在拆卸零件的过程中,若零件较多要编写号签、妥善保管,防止丢失;对重要的零件上的重要表面,要防止其生锈、碰伤、变形,以免影响精度。

(2) 画装配示意图

装配示意图是在部件拆卸过程中所画的记录图样,其作用是用来表达零件间的相对位置、传动路线和装配关系,是作为拆卸后重装部件和画装配图的依据。齿轮油泵装配示意图如图 15-13 所示。

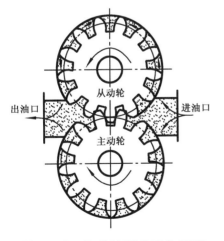

图 15-12 齿轮油泵的工作原理

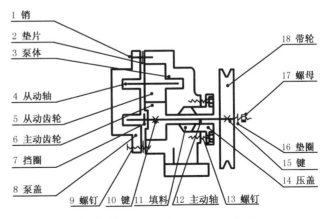

图 15-13 齿轮油泵装配示意图

画装配示意图时,尽可能把所有的零件集中在一个视图上,如确有必要时,也可补充其他视图。画图的顺序,应从主要零件入手,然后按装配顺序把其他零件逐个画上。对一般零件可按零件外形和结构特点用图线形象地画出零件的大致轮廓;对传动部分的零、部件,可按国家标准 GB/T 4460—2013《机械制图 机构运动简用图形符号》绘制。示意图画好后,应将各零件编上序号或写出其零件名称,同时对已拆卸的零件做上标记。对于标准件和常用件还应及时确定其尺寸规格,连同数量直接注写在装配示意图上。

15.3.3 测绘零件草图

零件草图是画装配图和零件图的主要依据。画零件草图时,应注意以下两点。

1) 标准件可不画草图,但要测出其规格尺寸,然后查阅标准手册,按规定标记登记在标准明细栏内,如图 11-38 所示,件 13 的螺钉 M6×25(GB/T 65—2016)。无形件也不必画图,如图 11-38 中件 11 填料。

2) 非标准件要逐一画出零件草图,画图时注意零件间有配合、连接关系的尺寸应协调一致。如图 11-38 所示,从动轴直径 ϕ18f6 与泵盖孔径 ϕ18H7 尺寸应协调;泵体与泵盖上两孔中心距 48 应保持一致,而且应与主、从动轴上一对啮合的齿轮中心距相等。

15.3.4 画装配图

根据零件草图和装配示意图画出装配图,见 11.7。

15.3.5 画零件图

根据所测绘的零件草图和装配图整理出零件图。在画零件图时,应根据零件的结构特点和形状按照零件图的视图选择原则选择表达方案,不一定照搬草图和装配图。对零件上的某些工艺结构(如退刀槽、砂轮越程槽、倒角、倒圆等),画零件图时应查阅有关标准,加以补充。对零件的主要尺寸特别是配合尺寸,应按零件的结构要求和画装配图时给定的配合种类重新标注或进行必要的计算。对零件的材料和技术要求,可根据机器或部件的性能和使用要求用类比的方法来确定。

根据装配图绘制的零件图如图 15-14~图 15-18 所示。

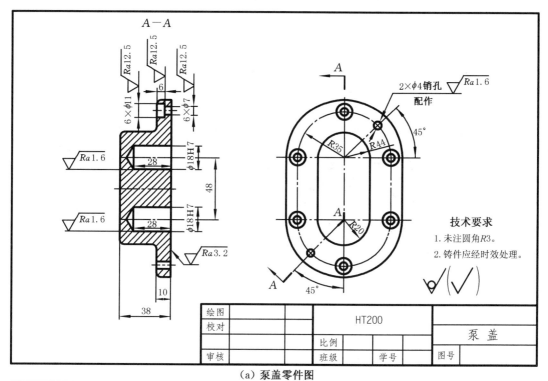

（a）泵盖零件图

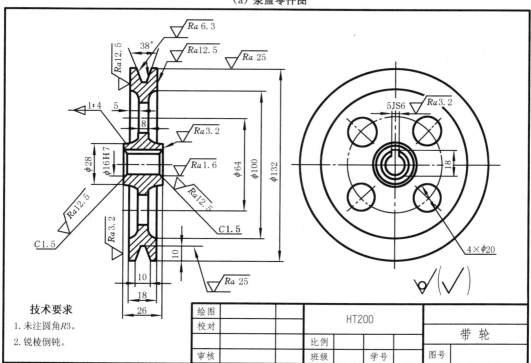

（b）带轮零件图

图 15-14 齿轮油泵零件图（一）

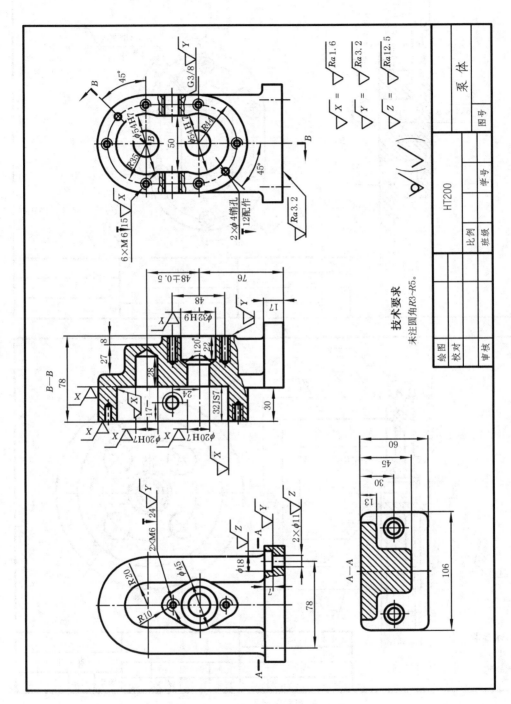

图 15-15 齿轮油泵零件图（二）

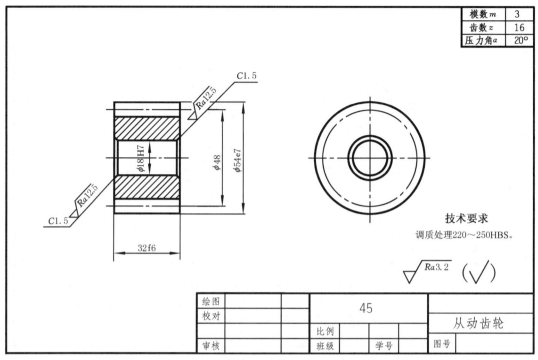

模数 m	3
齿数 z	16
压力角 α	20°

C1.5

$Ra12.5$

$\phi18H7$ $\phi48$ $\phi54e7$

$Ra12.5$

C1.5

32f6

技术要求

调质处理220~250HBS。

$\sqrt{Ra3.2}$ $(\sqrt{})$

绘图			45			
校对						从动齿轮
		比例				
审核		班级		学号	图号	

（a）从动齿轮零件图

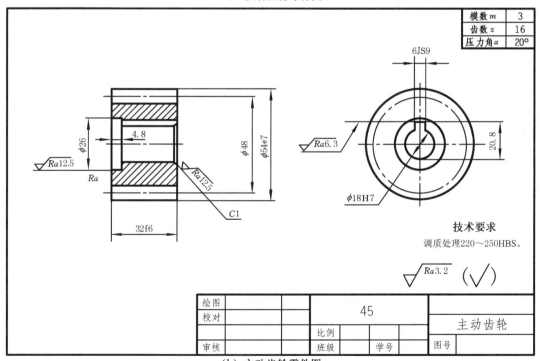

模数 m	3
齿数 z	16
压力角 α	20°

6JS9

$\phi26$ 4.8 $\phi48$ $\phi54e7$

$Ra12.5$ Ra $Ra12.5$

C1

32f6

$Ra6.3$ 20.8

$\phi18H7$

技术要求

调质处理220~250HBS。

$\sqrt{Ra3.2}$ $(\sqrt{})$

绘图			45			
校对						主动齿轮
		比例				
审核		班级		学号	图号	

（b）主动齿轮零件图

图 15-16　齿轮油泵零件图（三）

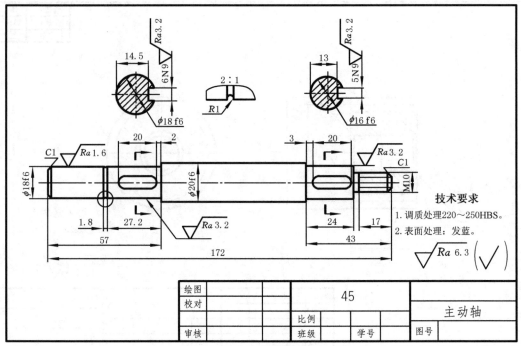

（a）主动轴零件图

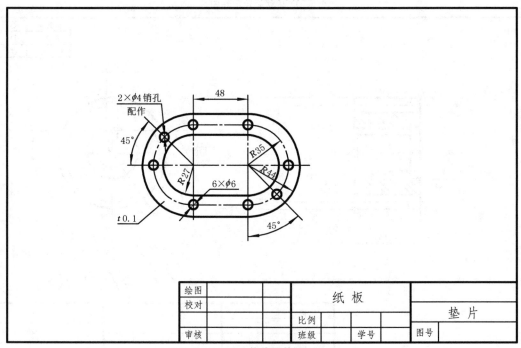

（b）垫片零件图

图 15-17　齿轮油泵零件图（四）

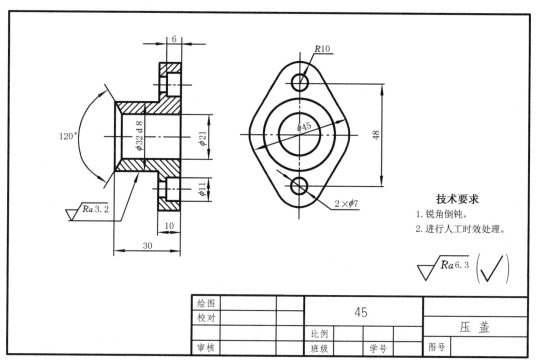

（a）压盖零件图

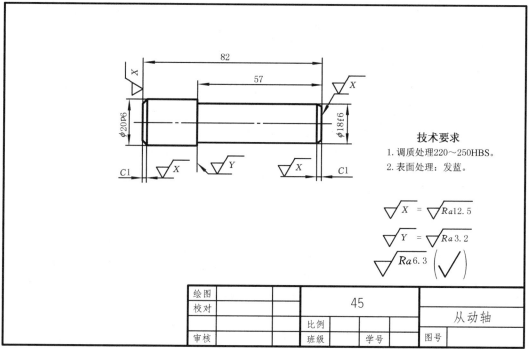

（b）从动轴零件图

图 15-18　齿轮油泵零件图（五）

15.4 测量工具及其使用方法

15.4.1 测量工具

测量尺寸用的简单工具有:钢直尺、外卡钳和内卡钳;测量较精密的零件时,要用游标卡尺、千分尺或其他工具,如图 15-19 所示。钢直尺、游标卡尺和千分尺上有尺寸刻度,测量零件时可直接从刻度上读出零件的尺寸。用内外卡钳测量时,必须借助钢直尺才能读出零件的尺寸。

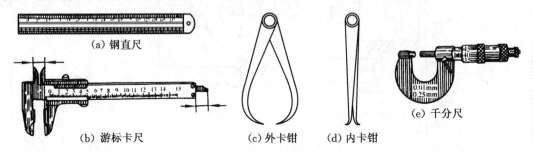

(a) 钢直尺

(b) 游标卡尺   (c) 外卡钳   (d) 内卡钳   (e) 千分尺

图 15-19 测量工具

15.4.2 常用的测量方法

1) 测量直线段尺寸(长、宽、高)一般可用钢直尺或游标卡尺直接量得线性尺寸,如图 15-20 所示。

2) 测量回转体内、外径一般用卡钳、游标卡尺或千分尺测量,如图 15-21 所示。

3) 测量壁厚一般可用钢直尺测量,不宜直接量取的可用内、外卡钳配合钢直尺

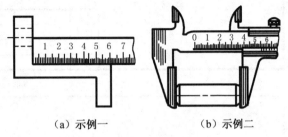

(a) 示例一   (b) 示例二

图 15-20 直线段的测量

测量,如图 15-22(a)所示,也可用游标卡尺加垫块配合测量壁厚,如图 15-22(b)所示。

4) 测量深度可用钢直尺直接量取,也可用游标卡尺尾部杆测量,如图 15-23(a)、图 15-23(c)所示,还可用游标卡尺加垫块的方法测量,如图 15-23(b)所示。

5) 测量孔间距可用钢直尺、游标卡尺、卡钳测量,如图 15-24 所示。

6) 测量中心高一般可用钢直尺和卡钳或游标卡尺测量,如图 15-25 所示。

7) 测量圆角一般用圆角规测量,如图 15-26 所示。

8) 测量角度用量角规测量,如图 15-27 所示。

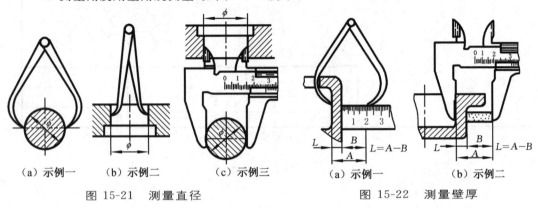

(a) 示例一   (b) 示例二   (c) 示例三

图 15-21 测量直径

(a) 示例一   (b) 示例二

图 15-22 测量壁厚

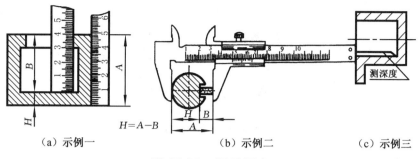

（a）示例一　　　　　　　（b）示例二　　　　　（c）示例三

图 15-23　测量深度

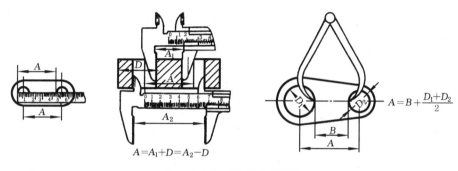

图 15-24　测量孔间距

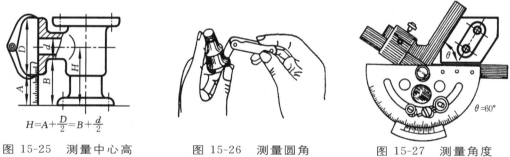

图 15-25　测量中心高　　图 15-26　测量圆角　　图 15-27　测量角度

9）测量曲线或曲面方法如下：

① 铅丝法：用铅丝紧贴在物体表面弯曲成形后，放在纸上画出曲线，再量取尺寸；

② 拓印法：将纸放在零件表面用铅笔拓印出曲线，再量取尺寸，如图 15-28 所示；

③ 勾画法：当平面能接触纸面时，直接用铅笔沿轮廓勾画，如图 15-29 所示。

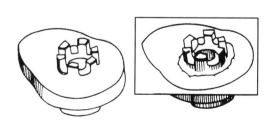

图 15-28　拓印法

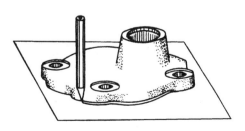

图 15-29　勾画法

附　　录

附录 A　常用的工程材料

附表 A-1　黑色金属

名称	标准	牌号	应用举例	说明
灰铸铁	GB/T 9439—2010	HT100	属低强度铸铁。用于手轮、盖、油盘、支架等非重要零件	HT—灰铸铁代号 200—最小抗拉强度（MPa）
		HT150	属中等强度铸铁。通常用于制造端盖、轴承座、阀壳、机床座、床身、皮带轮、箱体等	
		HT200	属高强度铸铁。如气缸、齿轮、凸轮、衬筒、轴承座、齿轮箱、飞轮等	
		HT250	承受较大载荷和较重要的零件，如油缸、联轴器、凸轮、齿轮等	
球墨铸铁	GB/T 1348—2009	QT400-18 QT400-15 QT500-7	有焊接性及切削加工性能好、韧性高等特性。用于犁铧、犁柱、收割机、差速器壳、护刃器、离合器壳、拨叉、阀体、阀盖、机油泵齿轮、传动轴、飞轮等	QT—球墨铸铁代号 400—抗拉强度（MPa） 18—延伸率（%）
		QT600-3 QT700-2 QT800-2	具有中、高强度，低塑性，耐磨性较好。用于曲轴、凸轮轴、连杆、进排气门座、机床主轴、缸体、缸套、球磨机齿轴等	
优质碳素结构钢	GB/T 699—2015	15、20	有良好冲压、焊接性能，塑性、韧性较高，用于焊接容器、螺钉、螺母、法兰盘、杆件、轴套等	20—平均含碳量（万分之几）
		35	用于中等载荷的零件，如：连杆、套筒、钩环、圆盘、垫圈、螺钉、螺母、轴类零件	
		40、45	具有良好的机械性能，主要用来制造齿轮、齿条、连接杆、蜗杆、活塞销、销子、机床主轴、花键轴等，但需表面淬火处理	
		60Mn、65Mn	具有较高的耐磨性、弹性。用于制造弹簧、农机耐磨件、弹簧垫圈、也可作机床主轴、弹簧卡头机床丝杆等	60—平均含碳量（万分之几） Mn—含锰量
铸钢	GB/T 5613—2014	ZG200-400	有良好的塑性、韧性，用于各种机械零件，如：轴承座、连杆、缸体等	ZG—铸钢代号 200—屈服强度（MPa） 400—抗拉强度
		ZG230-450	有一定的强度的较好的塑性、韧性、焊接性，用于各种机械零件，如砧座、外壳、底板、阀体、犁柱等	
		ZG270-500	有较高的强度和较好的塑性、铸造性能，用于轧钢机机架、连杆、箱体、曲拐、缸体等	
碳素结构钢	GB/T 700—2006	Q195	具有较高的塑性和韧性，用于制造铆钉、地脚螺栓、开口销、拉杆、冲压等	Q—屈服点（"屈"字汉语拼音字首） 275—屈服点数值（MPa） A—质量等级
		Q235A	具有一定的强度和塑性，韧性和焊接性。用于制造齿轮、拉杆、螺栓、钩子、套环、销钉等	
		Q275	具有较高的强度、塑性、焊接性较差。用于农机型钢、螺栓、连杆、吊钩、工具、轴、齿轮、键等	

名称	标准	牌号	应用举例	说明
铸造铝合金	GB/T 1173—2013	ZAlSi7Mg	用于形状复杂的砂型、金属型和压力铸造零件，如铝合金活塞、仪器零件、水泵壳体等	Z—铸造代号 Al—基体金属铝元素符号 Si7、Mg—硅镁元素符号及名义含量（%）
		ZAlSi9Mg	用于砂型、金属型和压力铸造的形状复杂、在 200 ℃以下工作的零件，如发动机壳体、汽缸体等	
		ZAlZn11Si7	用于铸造零件，工作温度不超过 200 ℃、结构形状复杂的汽车、飞机零件	
铸造铜及铜合金	GB/T 1176—2013	ZCuSn10Zn2	用于中等负荷及在 1.5 MPa（15 个大气压）以上工作的重要管配件、阀、泵、齿轮和轴套等	Z—铸造代号 Cu—基体金属铜元素符号 Sn10、Pb1—锡、铅元素符号及名义含量（%）
		ZCuSn10Pb1	重要用途的轴承、齿轮、套圈和轴套等	
		ZCuSn5Pb5Zn5	用于离合器、轴瓦、缸套、蜗轮、油塞等耐磨和耐腐蚀零件	

附表 A-3　非金属材料

名称	标准	牌号	应用举例	说明
工业用橡胶板	GB/T 5574—2008	3707 3807 3709	用于在一定强度的机油、变压器油、汽油等介质中工作的零件，冲制各种形状的垫圈	37、38—序号 07、09—扯断强度 ≥（kPa）
工业用平面毛毡	FJ 314	T112-32-44 T122-30-38 T132-32-36	用于密封、防振缓冲衬垫	T112—细毛 T112—半粗毛 T132—粗毛 后两个数是密度值（g/cm³）×100，如 T112-32-44 是指密度为 0.32～0.44 g/cm³
尼龙		尼龙 6、尼龙 66	韧性好，耐磨、耐水、耐油，用于一般机械零件、传动件及减磨耐磨件，如齿轮轴承、螺母、凸轮、螺钉、垫圈等。其特点是运输时噪声小	6、66—序号，数字大，机械性能、线膨胀系数高
软钢纸板	QB/T 365		规格：4000×300、650×400	用于密封联接处垫片

附录 B　热处理和表面处理

附表 B-1　常用热处理和表面处理（GB/T 7232—2012、JB/T 8555—2008）

名称	代号	说明	目的
退火	5111	加热—保温—随炉冷却	用来消除铸、锻、焊零件的内应力，降低硬度，以利切削加工，细化晶粒，改善组织，增加韧性
正火	5121	加热—保温—空气冷却	用于处理低碳钢、中碳结构钢及渗碳零件，细化晶粒，增加强度与韧性，减少内应力，改善切削性能

名 称	代 号	说 明	目 的
淬火	5131	加热—保温—急冷	提高机件强度及耐磨性。但淬火后引起内应力,使钢变脆,所以淬火后必须回火
调质	5151	淬火—高温回火	提高韧性及强度。重要的齿轮、轴及丝杆等零件需调质
渗碳淬火	5311	将零件在渗碳剂中加热,使碳原子渗入钢的表面后,再淬火回火,渗碳深度 0.5～2 mm	提高机件表面的硬度、耐磨性、抗拉强度等适用于低碳、中碳(C<0.40%)结构钢的中小型零件
渗氮	5330	将零件放入氨气内加热,使氮原子渗入钢表面。渗氮层 0.025～0.8 mm,渗氮时间 40～50 h	提高机件的表面硬度、耐磨性、疲劳强度和抗蚀能力。适用于合金钢、碳钢、铸铁件,如机床主轴、丝杆、重要液压元件中的零件
时效	时效处理	机件精加工前,加热到 100～150 ℃后,保温 5～20 h,空气冷却,铸件可天然时效(露天放一年以上)	消除内应力,稳定机件形状和尺寸,常用于处理精密机件,如精密轴承、精密丝杆等
发蓝发黑	发蓝或发黑	将零件置于氧化剂内加热氧化,使表面形成一层氧化铁保护膜	防腐蚀、美化,如用于螺纹连接件
硬度	HB(布氏) HRC(洛氏) HV(维氏)	材料抵抗硬物压入其表面的能力依测定方法不同而有布氏、洛氏、维氏等几种	HB 用于退火、正火、调质的零件及铸件。HRC 用于经淬火、回火及表面渗碳、渗氮等处理的零件。HV 用于薄层硬化零件

附录 C　常用标准数据、标准结构和简化标注

附表 C-1　标准尺寸(GB/T 2822—2005)

1.0～10.0 mm		10～100 mm					
$Ra10$	$Ra20$	$Ra10$	$Ra20$	$Ra40$	$Ra10$	$Ra20$	$Ra40$
2.0	2.0	10	10				26
	2.2		**11**			28	28
2.5	2.5	**12**	**12**	**12**			30
	2.8			13			**32**
3.0	3.0		14	14	**32**	**32**	
	3.5			15			**34**
4.0	4.0	16	16	16		**36**	**36**
	4.5			17			**38**
5.0	5.0		18	18	40	40	40
	5.5			19			**42**
6.0	**6.0**	20	20	20		45	45
	7.0			21			**48**
8.0	8.0		**22**	22	50	50	50
	9.0			**24**			53
10.0	10.0	25	25	25		56	56

Ra10	Ra20	Ra40	Ra10	Ra20	Ra40
10～100 mm					
		60	80	80	80
63	**63**	63			85
		67		90	90
	71	71		90	90
		75	**100**	**100**	**100**

注：1. 表列标准尺寸(直径、长度、高度等)系列适用于有互换性或系列化要求的主要尺寸(如安装、连接尺寸,有公差要求的配合尺寸,决定产品系列的公称尺寸等),其他结构尺寸也应尽量采用。

2. 选择系列及单个尺寸时,应按 Ra10、Ra20、Ra40 的顺序,优先选用公比较大的基本系列及其单值。Ra 表示优先数化整值系列。

3. 黑体字表示优先数的化整值。

附表 C-2 砂轮越程槽(GB/T 6403.5—2008)

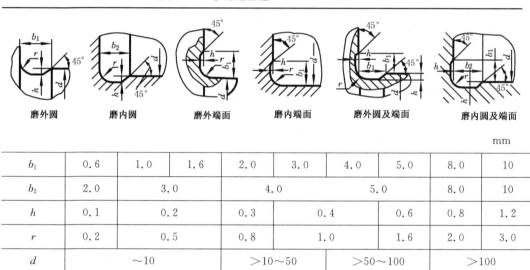

磨外圆　　磨内圆　　磨外端面　　磨内端面　　磨外圆及端面　　磨内圆及端面

mm

b_1	0.6	1.0	1.6	2.0	3.0	4.0	5.0	8.0	10
b_2	2.0	3.0		4.0		5.0		8.0	10
h	0.1	0.2		0.3	0.4		0.6	0.8	1.2
r	0.2	0.5		0.8	1.0		1.6	2.0	3.0
d	～10			>10～50		>50～100		>100	

附表 C-3 与直径 d 或 D 相应的倒角 C、倒圆 R 的推荐值(GB/T 6403.4—2008)　　mm

d 或 D	～3	>3～6	>6～10	>10～18	>18～30	>30～50
C 或 R	0.2	0.4	0.6	0.8	1.0	1.6
d 或 D	>50～80	>80～120	>120～180	>180～250	>250～320	>320～400
C 或 R	2.0	2.5	3.0	4.0	5.0	6.0
d 或 D	>400～500	>500～630	>630～800	>800～1 000	>1 000～1 250	>1 250～1 600
C 或 R	8.0	10	12	16	20	25

附表 C-4　普通螺纹收尾、肩距、退刀槽和倒角(GB/T 3—1997)

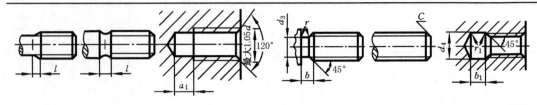

mm

螺距 P	粗牙螺纹大径 d	外 螺 纹				内 螺 纹			
		退 刀 槽			倒角 C	肩距 $a_1 \leqslant$	退 刀 槽		
		b	r	d_3			b_1	r_1	d_4
0.2	—	—			0.2	1.2			
0.25	1,1.2	0.75				1.5			
0.3	1.4	0.9			0.3	1.8	—		—
0.35	1.6,1.8	1.05		$d-0.6$		2.2			
0.4	2	1.2		$d-0.7$	0.4	2.5			
0.45	2.2,2.5	1.35		$d-0.7$		2.8	2		
0.5	3	1.5		$d-0.8$	0.5	3			
0.6	3.5	1.8		$d-1$		3.2	2		$d+0.3$
0.7	4	2.1		$d-1.1$	0.6	3.5			
0.75	4.5	2.25		$d-1.2$		3.8	3		
0.8	5	2.4		$d-1.3$	0.8	4			
1	6,7	3	0.5P	$d-1.6$	1	5	4	0.5P	
1.25	8	3.75		$d-2$	1.2	6	5		
1.5	10	4.5		$d-2.3$	1.5	7	6		
1.75	12	5.25		$d-2.6$	2	9	7		
2	14,16	6		$d-3$		10	8		
2.5	18,20,22	7.5		$d-3.6$	2.5	12	10		
3	24,27	9		$d-4.4$		14	12		$d+0.5$
3.5	30,33	10.5		$d-5$	3	16	14		
4	36,39	12		$d-5.7$		18	16		
4.5	42,45	13.5		$d-6.4$	4	21	18		
5	48,52	15		$d-7$		23	20		
5.5	56,60	17.5		$d-7.7$	5	25	22		
6	64,68	18		$d-8.3$		28	24		

注：1. 本表只列入 l、a、b、l_1、a_1、b_1 的一般值；长的、短的和窄的数值未列入。

2. 肩距 $a(a_1)$ 是螺纹收尾 $l(l_1)$ 加螺纹空白的总长。

3. 外螺纹倒角和退刀槽过渡角一般按 45°，也可按 60°或 30°，当螺纹按 60°或 30°倒角时，倒角深度约等于螺纹深度。内螺纹倒角一般是 120°锥角，也可以是 90°锥角。

4. 细牙螺纹按螺距 P 选用。

附表 C-5　技术制图　简化表示法　尺寸标注(GB/T 16675.2—2012)

简　化　后	简　化　前	说　明
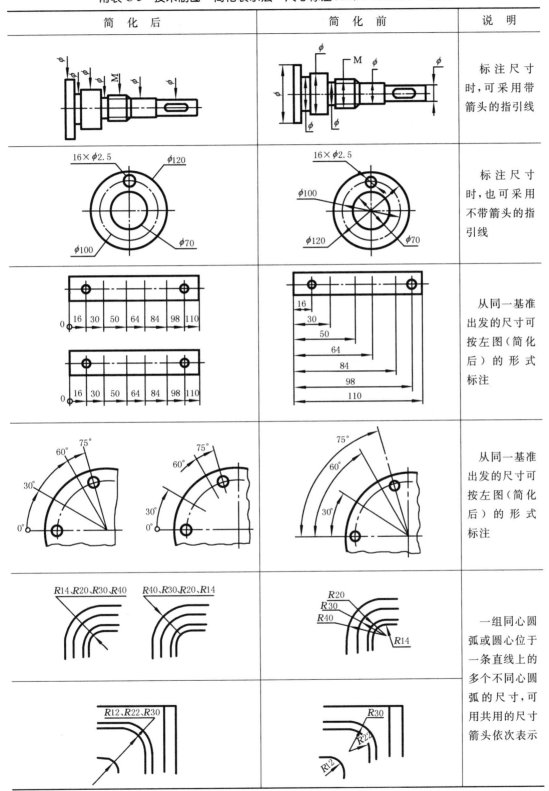		标注尺寸时,可采用带箭头的指引线
		标注尺寸时,也可采用不带箭头的指引线
		从同一基准出发的尺寸可按左图(简化后)的形式标注
		从同一基准出发的尺寸可按左图(简化后)的形式标注
		一组同心圆弧或圆心位于一条直线上的多个不同心圆弧的尺寸,可用共用的尺寸箭头依次表示

附录 D 螺 纹

附表 D-1 普通螺纹直径与螺距系列(GB/T 193—2003)   mm

公称直径 D、d 第一系列	第二系列	第三系列	螺距 P 粗牙	细牙
3			0.5	0.35
	3.5		0.6	0.35
4			0.7	
	4.5		0.7	0.5
5			0.8	0.5
		5.5		
6	7		1	0.75
8			1.25	1,0.75
		9	1.25	1,0.75
10			1.5	1.25,1,0.75
		11	1.5	1,0.75
12			1.75	1.25,1
	14		2	1.5,1.25①,1
		15		1.5,1
16			2	1.5,1
		17		1.5,1
20	18		2.5	2,1.5,1
	22		2.5	2,1.5,1
24			3	2,1.5,1
		25		2,1.5,1
		26		1.5,1
	27		3	2,1.5,1
		28		2,1.5,1
30			3.5	(3),2,1.5,1
		32		2,1.5
	33		3.5	(3),2,1.5,1
		35②		1.5
36			4	3,2,1.5
		38		1.5
	39		4	3,2,1.5
		40		3,2,1.5
42	45		4.5	4,3,2,1.5
48			5	4,3,2,1.5
		50		3,2,1.5
	52		5	4,3,2,1.5
		55		4,3,2,1.5
56			5.5	4,3,2,1.5
		58		4,3,2,1.5
	60		5.5	4,3,2,1.5
		62		4,3,2,1.5
64			6	4,3,2,1.5
		65		4,3,2,1.5
	68		6	4,3,2,1.5
		70		6,4,3,2,1.5

公称直径 D、d 第一系列	第二系列	第三系列	螺距 P 粗牙	细牙
72				6,4,3,2,1.5
		75		4,3,2,1.5
	76			6,4,3,2,1.5
		78		2
80				6,4,3,1.5
		82		2
90	85			6,4,3,2
	95			6,4,3,2
100	105			6,4,3,2
110				6,4,3,2
	115			6,4,3,2
120				6,4,3,2
125				8,6,4,3,2
	130			8,6,4,3,2
		135		6,4,3,2
140				8,6,4,3,2
		145		6,4,3,2
150				8,6,4,3,2
		155		6,4,3
160				8,6,4,3
		165		6,4,3
170				8,6,4,3
		175		6,4,3
180				8,6,4,3
		185		6,4,3
	190			8,6,4,3
		195		6,4,3
200				8,6,4,3
		225		6,4,3
	230			8,6,4,3
		235		6,4,3
	240			8,6,4,3
		245		6,4,3
250				8,6,4,3
		255		6,4
	260			8,6,4
		265		6,4
		270		8,6,4
		275		6,4
280				8,6,4
		285		6,4
		290		8,6,4
		295		6,4
300				8,6,4

① 仅用于发动机的火花塞。② 仅用于轴承的锁紧螺母。

附表 D-2 普通螺纹的基本尺寸(GB/T 196—2003)

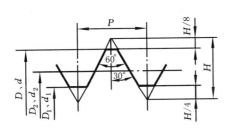

$$D_2 = D - 2 \times \frac{3}{8}H = D - 0.649\,5P$$

$$d_2 = d - 2 \times \frac{3}{8}H = d - 0.649\,5P$$

$$D_1 = D - 2 \times \frac{5}{8}H = D - 1.082\,5P$$

$$d_1 = d - 2 \times \frac{5}{8}H = d - 1.082\,5P$$

$$H = \frac{\sqrt{3}}{2}P = 0.866\,025\,404P$$

mm

公称直径 D、d	螺距 P	中径 D_2 或 d_2	小径 D_1 或 d_1	公称直径 D、d	螺距 P	中径 D_2 或 d_2	小径 D_1 或 d_1
1	0.25	0.838	0.729	8	1.25	7.188	6.647
	0.2	0.870	0.783		1	7.350	6.917
1.1	0.25	0.938	0.829		0.75	7.513	7.188
	0.2	0.970	0.883		(0.5)	7.675	7.459
1.2	0.25	0.038	0.929	9	1.25	8.188	7.647
	0.2	1.070	0.983		1	8.350	7.917
1.4	0.3	1.205	1.075		0.75	8.513	8.188
	0.2	1.270	1.183	10	1.5	9.026	8.376
1.6	0.35	1.373	1.221		1.25	9.188	8.647
	0.2	1.470	1.383		1	9.350	8.917
1.8	0.35	1.573	1.421		0.75	9.513	9.188
	0.2	1.670	1.583	11	1.5	10.026	9.376
2	0.4	1.740	1.567		1	10.350	9.917
	0.25	1.838	1.729		0.75	10.513	10.188
2.2	0.45	1.908	1.713		0.5	10.675	10.459
	0.25	2.038	1.929	12	1.75	10.863	10.106
2.5	0.45	2.208	2.013		1.5	11.026	10.376
	0.35	2.273	2.121		1.25	11.188	10.647
3	0.5	2.675	2.459		1	11.350	10.917
	0.35	2.773	2.621	14	2	12.701	11.835
3.5	0.6	3.110	2.850		1.5	13.026	12.376
	0.35	3.273	3.121		1.25	13.188	12.647
4	0.7	3.545	3.242		1	13.350	12.917
	0.5	3.675	3.459	15	1.5	14.026	13.376
4.5	0.75	4.013	3.688		(1)	14.350	13.917
	0.5	4.175	3.959	16	2	14.701	13.835
5	0.8	4.480	4.134		1.5	15.026	14.376
	0.5	4.675	4.459		1	15.350	14.917
5.5	0.5	5.175	4.959	17	1.5	16.026	15.376
6	1	5.350	4.917		1	16.350	15.917
	0.75	5.513	5.188	18	2.5	16.376	15.294
7	1	6.350	5.917		2	16.701	15.835
	0.75	6.513	6.188		1.5	17.026	16.376
	(0.5)	6.675	6.459		1	17.350	16.917

公称直径 D、d	螺距 P	中径 D_2 或 d_2	小径 D_1 或 d_1	公称直径 D、d	螺距 P	中径 D_2 或 d_2	小径 D_1 或 d_1
	2.5	18.376	17.294	36	1.5	35.026	34.376
	2	18.701	17.835	38	1.5	37.026	36.376
20	1.5	19.026	18.376		4	36.402	34.670
	1	19.350	18.917	39	3	37.051	35.752
	(0.75)	19.513	19.188		2	37.701	36.835
	(0.5)	19.675	19.459		1.5	38.026	37.376
	2.5	20.376	19.294		3	38.051	36.752
22	2	20.701	19.835	40	2	38.701	37.835
	1.5	21.026	20.376		1.5	39.026	38.376
	1	21.350	20.917		4.5	39.077	37.129
	3	22.051	20.752		4	39.402	37.670
24	2	22.701	21.835	42	3	40.051	38.752
	1.5	23.026	22.376		2	40.701	39.835
	1	23.350	22.917		1.5	41.026	40.376
	2	23.701	22.835		4.5	42.077	40.129
25	1.5	24.026	23.376		4	42.402	40.670
	(1)	24.350	23.917	45	3	43.051	41.752
26	1.5	25.026	24.376		2	43.701	42.835
	3	25.051	23.752		1.5	44.026	43.376
27	2	25.701	24.835		5	44.752	42.587
	1.5	26.026	25.376		4	45.402	43.670
	1	26.350	25.917	48	3	46.051	44.752
	2	26.701	25.835		2	46.701	45.835
28	1.5	27.026	26.376		1.5	47.026	46.376
	1	27.350	26.917		3	48.051	46.752
	3.5	27.727	26.211	50	2	48.701	47.835
	(3)	28.051	26.752		1.5	49.026	48.376
30	2	28.701	27.835		5	48.752	46.587
	1.5	29.026	28.376		4	49.402	47.670
	1	29.350	28.917	52	3	50.051	48.752
32	2	30.701	29.835		2	50.701	49.835
	1.5	31.026	30.376		1.5	51.026	50.376
	3.5	30.727	29.211		4	52.402	50.670
	(3)	31.051	29.752	55	3	53.051	51.752
33	2	31.701	30.835		2	53.701	52.835
	1.5	32.026	31.376		1.5	54.026	53.376
	(1)	32.350	31.917		5.5	52.428	50.046
35	1.5	34.026	33.376		4	53.402	51.670
	4	33.402	31.670	56	3	54.051	52.751
36	3	34.051	32.752		2	54.701	53.835
	2	34.701	33.835		1.5	55.026	54.376

附表 **D-3** **55°非密封管螺纹**(GB/T 7307—2001)

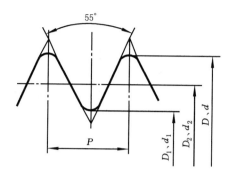

标记示例:G3/4

mm

螺纹名称	每25.4mm中的螺纹牙数 n	螺距 P	螺 纹 直 径	
			大径 D,d	小径 D₁,d₁
1/8	28	0.907	9.728	8.566
1/4	19	1.337	13.157	11.445
3/8	19	1.337	16.662	14.950
1/2	14	1.814	20.955	18.631
5/8	14	1.814	22.911	20.587
3/4	14	1.814	26.441	24.117
7/8	14	1.814	30.201	27.877
1	11	2.309	33.249	30.291
1⅛	11	2.309	37.897	34.939
1¼	11	2.309	41.910	38.952
1½	11	2.309	47.803	44.845
1¾	11	2.309	53.746	50.788
2	11	2.309	59.614	56.656
2¼	11	2.309	65.710	62.752
2½	11	2.309	75.184	72.226
2¾	11	2.309	81.534	78.576
3	11	2.309	87.884	84.926

圆锥螺纹基本牙型

圆柱内螺纹基本牙型

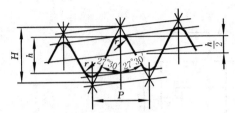

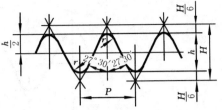

$$P=\frac{25.4}{n}, H=0.960\ 237P,$$

$$h=0.640\ 327P, r=0.137\ 278P$$

$$P=\frac{25.4}{n}, H=0.960\ 491P, h=0.640\ 327P$$

$$r=0.137\ 329P, \frac{H}{6}=0.160\ 082P$$

标记示例

Rc1⅛(圆锥内螺纹)

R1½LH(圆锥外螺纹,左旋)

尺寸代号	每25.4mm内的牙数 n	螺距 P/mm	牙高 h/mm	圆弧半径 r/mm	基面上的基本直径			基准距离 mm	有效螺纹长度 mm
					大径(基准直径)($d=D$)/mm	中径($d_2=D_2$)mm	小径($d_1=D_1$)mm		
1/16	28	0.907	0.581	0.125	7.723	7.142	6.561	4.0	6.5
1/8	28	0.907	0.581	0.125	9.728	9.147	8.566	4.0	6.5
1/4	19	1.337	0.856	0.184	13.157	12.301	11.445	6.0	9.7
3/8	19	1.337	0.856	0.184	16.662	15.806	14.950	6.4	10.1
1/2	14	1.814	1.162	0.249	20.955	19.793	18.631	8.2	13.2
3/4	14	1.814	1.162	0.249	26.441	25.279	24.117	9.5	14.5
1	11	2.309	1.479	0.317	33.249	31.770	30.291	10.4	16.8
1¼	11	2.309	1.479	0.317	41.910	40.431	38.952	12.7	19.1
1½	11	2.309	1.479	0.317	47.803	46.324	44.845	12.7	19.1
2	11	2.309	1.479	0.317	59.614	58.135	56.656	15.9	23.4
2½	11	2.309	1.479	0.317	75.184	73.705	72.226	17.5	26.7
3	11	2.309	1.479	0.317	87.884	86.405	84.926	20.6	29.8
3½[①]	11	2.309	1.479	0.317	100.330	98.851	97.372	22.2	31.4
4	11	2.309	1.479	0.317	113.030	111.551	110.072	25.4	35.8
5	11	2.309	1.479	0.317	138.430	136.951	135.472	28.6	40.1
6	11	2.309	1.479	0.317	163.830	162.351	160.872	28.6	40.1

① 尺寸代号为 3½ 的螺纹,限用于蒸汽机车。

附表 D-5　梯形螺纹(GB/T 5796.3—2005)

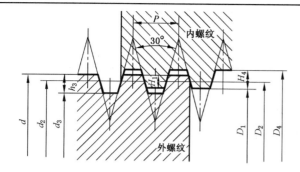

标记示例

公称直径 40 mm,导程 14 mm,

螺距为 7 mm 的双线左旋梯形螺纹:

Tr40×14(P7)LH

mm

公称直径 d		螺距 P	中径 $d_2=D_2$	大径 D_4	小径		公称直径 d		螺距 P	中径 $d_2=D_2$	大径 D_4	小径	
第一系列	第二系列				d_3	D_1	第一系列	第二系列				d_3	D_1
8		1.5	7.25	8.30	6.20	6.50		26	3	24.50	26.50	22.50	23.00
	9	1.5	8.25	9.30	7.20	7.50			5	23.50	26.50	20.50	21.00
		2	8.00	9.50	6.50	7.00			8	22.00	27.00	17.00	18.00
10		1.5	9.25	10.30	8.20	8.50	28		3	26.50	28.50	24.50	25.00
		2	9.00	10.50	7.50	8.00			5	25.50	28.50	22.50	23.00
	11	2	10.00	11.50	8.50	9.00			8	24.00	29.00	19.00	20.00
		3	9.50	11.50	7.50	8.00	30		3	28.50	30.50	26.50	27.00
12		2	11.00	12.50	9.50	10.00			6	27.00	31.00	23.00	24.00
		3	10.50	12.50	8.50	9.00			10	25.00	31.00	19.00	20.00
	14	2	13.00	14.50	11.50	12.00	32		3	30.50	32.50	28.50	29.00
		3	12.50	14.50	10.50	11.00			6	29.00	33.00	25.00	26.00
16		2	15.00	16.50	13.50	14.00			10	27.00	33.00	21.00	22.00
		4	14.00	16.50	11.50	12.00		34	3	32.50	34.50	30.50	31.00
	18	2	17.00	18.50	15.50	16.00			6	31.00	35.00	27.00	28.00
		4	16.00	18.50	13.50	14.00			10	29.00	35.00	23.00	24.00
20		2	19.00	20.50	17.50	18.00	36		3	34.50	36.50	32.50	33.00
		4	18.00	20.50	15.50	16.00			6	33.00	37.00	29.00	30.00
	22	3	20.50	22.50	18.50	19.00			10	31.00	37.00	25.00	26.00
		5	19.50	22.50	16.50	17.00		38	3	36.50	38.50	34.50	35.00
		8	18.00	23.00	13.00	14.00			7	34.50	39.00	30.00	31.00
24		3	22.50	24.50	20.50	21.00			10	33.00	39.00	27.00	28.00
		5	21.50	24.50	18.50	19.00	40		3	38.50	40.50	36.50	37.00
		8	20.00	25.00	15.00	16.00			7	36.50	41.00	32.00	33.00
									10	35.00	41.00	29.00	30.00

注:D 为内螺纹,d 为外螺纹。

附录E 常用的螺纹紧固件

附表E-1 六角头螺栓(GB/T 5782—2016、GB/T 5783—2016)

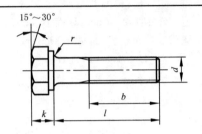 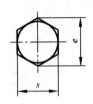

标记示例

螺纹规格 $d=$ M12,长度 $l=80$ mm,性能等级为 8.8 级,表面氧化,A 级的六角螺栓:

螺栓 GB/T 5782 M12×80

mm

螺纹规格d	M3	M4	M5	M6	M8	M10	M12	(M14)	M16	(M18)	M20	(M22)	M24	(M27)	M30	M36	M42	M48
s(公称)	5.5	7	8	10	13	16	18	21	24	27	30	34	36	41	46	55	65	75
k(公称)	2	2.8	3.5	4	5.3	6.4	7.5	8.8	10	11.5	12.5	14	15	17	18.7	22.5	26	30
r(min)	0.1	0.2	0.2	0.25	0.4	0.4	0.6	0.6	0.6	0.6	0.8	1	0.8	1	1	1	1.2	1.6
e(A级 min)	6.0	7.7	8.8	11.1	14.4	17.8	20	23.4	26.8	30	33.5	37.7	40	45.2	50.9	60.8	72	82.6
b参考 l≤125	12	14	16	18	22	26	30	34	38	42	46	50	54	60	66	78	—	—
b参考 125<l≤200	—	—	—	—	28	32	36	40	44	48	52	56	60	66	72	84	96	108
b参考 l>200	—	—	—	—	—	—	—	53	57	61	65	69	73	79	85	97	109	121
GB/T 5782 l	20~30	25~40	25~50	30~60	35~80	40~100	45~120	60~140	55~160	80~180	65~200	90~220	80~240	100~260	90~300	110~360	130~400	140~400
GB/T 5783 (全螺纹)l	6~30	8~40	10~50	12~60	16~80	20~100	25~140	30~140	35~100	35~180	40~100	45~200	40~100	55~200	40~100	40~500	80~500	100~500

l系列	6,8,10,12,16,20,25,30,35,40,45,50,(55),60,(65),70,80,90,100,110,120,130,140,150,160,180,200,220,240,260,280,300,320,340,360,380,400,420,440,460,480,500

注:1. A级用于 $d≤24$ 和 $l≤10d$ 或 $≤150$ 的螺栓,B级用于 $d>24$ 和 $l>10d$ 或 >150 的螺栓(按较小值)。

2. 不带括号的为优先系列。

附表 E-2 双头螺柱 $b_m = 1d$(GB/T 897—88)、$b_m = 1.25d$(GB/T 898—88)、$b_m = 1.5d$(GB/T 899—88)、$b_m = 2d$(GB/T 900—88)

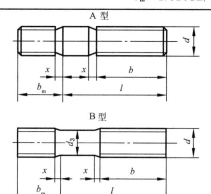

标记示例

1. 两端均为粗牙普通螺纹,$d = 10$ mm,$l = 50$ mm,性能等级为 4.8 级,不经表面处理 B 型,$b_m = d$ 的双头螺柱:

　　螺柱 GB/T 897　M10×50

2. 旋入机体一端为粗牙普通螺纹,旋螺母一端为螺距 $P = 1$ mm 的细牙普通螺纹,$d = 10$ mm,$l = 50$ mm,性能等级为 4.8 级,不经表面处理,A 型,$b_m = d$ 的双头螺柱:

　　螺柱 GB/T 897　AM10-M10×1×50

3. 旋入机体一端为过渡配合螺纹的第一种配合,旋螺母一端为粗牙普通螺纹,$d = 10$ mm,$l = 50$ mm,性能等级为 8.8 级,镀锌钝化,B 型,$b_m = d$ 的双头螺柱:

　　螺柱 GB/T 897　GM10-M10×50-8.8-Zn·D

mm

螺纹规格 d	b_m				l/b
	GB/T 897 —1988	GB/T 898 —1988	GB/T 899 —1988	GB/T 900 —1988	
M2			3	4	(12~16)/6,(18~25)/10
M2.5			3.5	5	(14~18)/8,(20~30)/11
M3			4.5	6	(16~20)/6,(22~40)/12
M4			6	8	(16~22)/8,(25~40)/14
M5	5	6	8	10	(16~22)/10,(25~50)/16
M6	6	8	10	12	(18~22)/10,(25~30)/14,(32~75)/18
M8	8	10	12	16	(18~22)/12,(25~30)/16,(32~90)/22
M10	10	12	15	20	(25~28)/14,(30~38)/16,(40~120)/30,130/32
M12	12	15	18	24	(25~30)/16,(32~40)/20,(45~120)/30,(130~180)/36
(M14)	14	18	21	28	(30~35)/18,(38~45)/25,(50~120)/34,(130~180)/40
M16	16	20	24	32	(30~38)/20,(40~45)/30,(60~120)/38,(130~200)/44
(M18)	18	22	27	36	(35~40)/22,(45~60)/35,(65~120)/42,(130~200)/48
M20	20	25	30	40	(35~40)/25,(45~65)/38,(70~120)/46,(130~200)/52
(M22)	22	28	33	44	(40~45)/30,(50~70)/40,(75~120)/50,(130~200)/56
M24	24	30	36	48	(45~50)/30,(55~75)/45,(80~120)/54,(130~200)/60
(M27)	27	35	40	54	(50~60)/35,(65~85)/50,(90~120)/60,(130~200)/66
M30	30	38	45	60	(60~65)/40,(70~90)/50,(95~120)/66,(130~200)/72,(210~250)/85
M36	36	45	54	72	(65~75)/45,(80~110)/60,120/78,(130~200)/84,(210~300)/97
M42	42	52	63	84	(70~80)/50,(85~110)/70,120/90,(130~200)/96,(210~300)/109
M48	48	60	72	96	(80~90)/60,(95~110)/80,120/102,(130~200)/108,(210~300)/121
l 系列	12,(14),16,(18),20,(22),25,(28),30,(32),35,(38),40,45,50,55,60,65,70,75,80,85,90,95,100,110,120,130,140,150,160,170,180,190,200,210,220,230,240,250,260,280,300				

注:1. $b_m = d$ 一般用于旋入机体为钢的场合;$b_m = (1.25~1.5)d$ 一般用于旋入机体为铸铁的场合;$b_m = 2d$ 一般用于旋入机体为铝的场合。

　　2. 不带括号的为优先选择系列,仅 GB/T 898 有优先系列。

　　3. b 不包括螺尾。　　4. $d_3 \approx$ 螺纹中径。　　5. $X_{max} = 1.5 P$(螺距)。

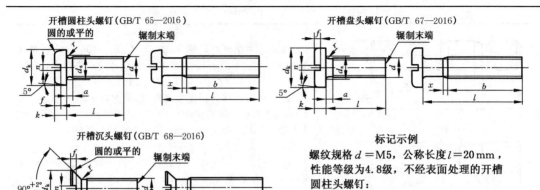

开槽沉头螺钉(GB/T 68—2016)

标记示例

螺纹规格 d＝M5，公称长度 l＝20 mm，性能等级为4.8级，不经表面处理的开槽圆柱头螺钉：

螺钉　GB/T 65　M5×20

mm

螺纹规格 d			M3	M4	M5	M6	M8	M10
a	max		1	1.4	1.6	2	2.5	3
b	min		25	38	38	38	38	38
x	max		1.25	1.75	2	2.5	3.2	3.8
n	公称		0.8	1.2	1.2	1.6	2	2.5
GB/T 65—2016	d_k	max	—	7	8.5	10	13	16
		min	—	6.78	8.28	9.78	12.73	15.73
	k	max	—	2.6	3.3	3.9	5	6
		min	—	2.45	3.1	3.6	4.7	5.7
	t	min	—	1.1	1.3	1.6	2	2.4
GB/T 67—2016	d_k	max	5.6	8	9.5	12	16	20
		min	5.3	7.64	9.14	11.57	15.57	19.48
	k	max	1.8	2.4	3	3.6	4.8	6
		min	1.6	2.2	2.8	3.3	4.5	5.7
	t	min	0.7	1	1.2	1.4	1.9	2.4
GB/T 65—2016	r	min	0.1	0.2	0.2	0.25	0.4	0.4
	d_a	max	3.6	4.7	5.7	6.8	9.2	11.2
GB/T 67—2016	$\dfrac{l}{b}$		$\dfrac{4\sim30}{l-a}$	$\dfrac{5\sim40}{l-a}$	$\dfrac{6\sim40}{l-a}$ $\dfrac{45\sim50}{b}$	$\dfrac{8\sim40}{l-a}$ $\dfrac{45\sim60}{b}$	$\dfrac{10\sim40}{l-a}$ $\dfrac{45\sim80}{b}$	$\dfrac{12\sim40}{l-a}$ $\dfrac{45\sim80}{b}$
GB/T 68—2016	d_k	理论值 max	6.3	9.4	10.4	12.6	17.3	20
		实际值 max	5.5	8.4	9.3	11.3	15.8	18.3
		实际值 min	5.2	8	8.9	10.9	15.4	17.8
	k	max	1.65	2.7	2.7	3.3	4.65	5
	r	max	0.8	1	1.3	1.5	2	2.5
	t	min	0.6	1	1.1	1.2	1.8	2
		max	0.85	1.3	1.4	1.6	2.3	2.6
	$\dfrac{l}{b}$		$\dfrac{5\sim30}{l-(k+a)}$	$\dfrac{6\sim40}{l-(k+a)}$	$\dfrac{8\sim45}{l-(k+a)}$ $\dfrac{50}{b}$	$\dfrac{8\sim45}{l-(k+a)}$ $\dfrac{50\sim60}{b}$	$\dfrac{10\sim45}{l-(k+a)}$ $\dfrac{50\sim80}{b}$	$\dfrac{12\sim45}{l-(k+a)}$ $\dfrac{50\sim80}{b}$

注：1. 表中型式$(4\sim30)/(l-a)$表示全螺纹,其余同。

2. 螺钉的长度系列 l 为:4,5,6,8,10,12,(14),16,20,25,30,35,40,45,50,(55),60,(65),70,(75),80,尽可能不采用括号内的规格。

3. d_a 为过渡圆直径。

4. 无螺纹部分杆径≈中径或＝螺纹大径。

附表 E-4　内六角圆柱头螺钉(GB/T 70.1—2008)

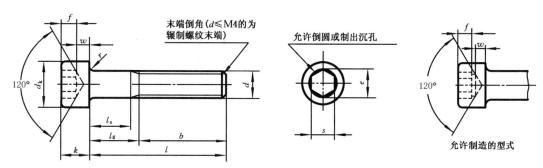

标记示例

螺纹规格 d＝M5,公称长度 l＝20 mm,性能等级为8.8级,表面氧化的内六角圆柱头螺钉:

螺钉　GB/T 70.1　M5×20

mm

螺纹规格 d		M4	M5	M6	M8	M10	M12	M16	M20	M24	M30
b	参考	20	22	24	28	32	36	44	52	60	72
d_k	max[①]	7	8.5	10	13	16	18	24	30	36	45
	max[②]	7.22	8.72	10.22	13.27	16.27	18.27	24.33	30.33	36.39	45.39
	min	6.78	8.28	9.78	12.73	15.73	17.73	23.67	29.67	35.61	44.61
k	max	4	5	6	8	10	12	16	20	24	30
	min	3.82	4.82	5.70	7.64	9.64	11.57	15.57	19.48	23.48	29.48
t	min	2	2.5	3	4	5	6	8	10	12	15.5
s	公称	3	4	5	6	8	10	14	17	19	22
e	min	3.44	4.58	5.72	6.86	9.15	11.43	16.00	19.44	21.73	25.15
w	min	1.4	1.9	2.3	3.3	4	4.8	6.8	8.6	10.4	13.1
r	min	0.2		0.25		0.4		0.6		0.8	1
l	[③]	6～25	8～25	10～30	12～35	(16)～40	20～45	25～(55)	30～(65)	40～80	45～90
	[④]	30～40	30～50	35～60	40～80	45～100	50～120	60～160	70～200	90～200	100～200

注: l 的长度系列为:6,8,10,12,(14),(16),20,25,30,35,40,45,50,(55),60,(65),70,80,90,100,110,120,130,140,150,160,180,200。

① 光滑头部。

② 滚花头部。

③ 杆部螺纹制到距头部 $3P$(螺距)以内。

④ $l_{gmax}＝l_{公称}－b_{参考}$;$l_{smin}＝l_{gmax}－5P$(螺距)。l_g 表示最末一扣完整螺纹到支承面的距离;l_s 表示无螺纹杆部长度。

附表 E-5 紧定螺钉

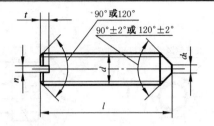

开槽锥端紧定螺钉(GB/T 71—2018)

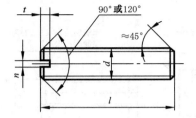

开槽平端紧定螺钉(GB/T 73—2017)

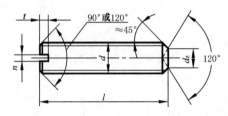

开槽凹端紧定螺钉(GB/T 74—2018)

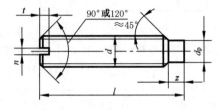

开槽长圆柱端紧定螺钉(GB/T 75—2018)

标记示例

螺纹规格 d＝M5,公称长度 l＝12 mm,性能等级为 14H 级,表面氧化的开槽锥端紧定螺钉:

螺钉 GB/T 71　M5×12

mm

螺纹规格 d		M1.2	M1.6	M2	M2.5	M3	M4	M5	M6	M8	M10	M12
n		0.2	0.25	0.25	0.4	0.4	0.6	0.8	1	1.2	1.6	2
t		0.5	0.7	0.8	1	1.1	1.4	1.6	2	2.5	3	3.6
d_z			0.8	1	1.2	1.4	2	2.5	3	5	6	8
d_t		0.1	0.2	0.2	0.3	0.3	0.4	0.5	1.5	2	2.5	3
d_p		0.6	0.8	1	1.5	2	2.5	3.5	4	5.5	7	8.5
z			1.1	1.3	1.5	1.8	2.3	2.8	3.3	4.3	5.3	6.3
公称长度 l	GB/T 71	2～6	2～8	3～10	3～12	4～16	6～20	8～25	8～30	10～40	12～50	14～60
	GB/T 73	2～6	2～8	2～10	2.5～12	3～16	4～20	5～25	6～30	8～40	10～50	12～60
	GB/T 74		2～8	2.5～10	3～12	3～16	4～20	5～25	6～30	8～40	10～50	12～60
	GB/T 75		2.5～8	3～10	4～12	5～16	6～20	8～25	8～30	10～40	12～50	14～60
公称长度 l≤右表内值时,GB/T 71 两端制成 120°,其他为开槽端制成 120°。	GB/T 71	2	2.5	2.5	3	3	4	5	6	8	10	12
	GB/T 73		2	2.5	3	3	4	5	6	6	8	10
公称长度 l>右表内值时,GB/T 71 两端制成 90°,其他为开槽端制成 90°	GB/T 74		2	2.5	3	4	5	5	6	8	10	12
	GB/T 75			2.5	3	4	5	6	8	10	14	16	20
l 系列		2,2.5,3,4,5,6,8,10,12,(14),16,20,25,30,35,40,45,50,(55),60										

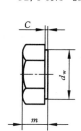

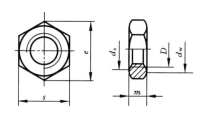

1型六角螺母—A级和B级
GB/T 6170—2015

2型六角螺母—A级和B级
GB/T 6175—2016

六角薄螺母—A级和B级—倒角
GB/T 6172.1—2016

标记示例

螺纹规格 D＝M12,性能等级为 10 级,不经表面处理,A 级的六角螺母:

1 型　螺母　GB/T 6170　M12

2 型　螺母　GB/T 6175　M12

薄螺母、倒角　螺母　GB/T 6172.1　M12

mm

螺纹规格 D		M3	M4	M5	M6	M8	M10	M12	M16	M20	M24	M30	M36
e_{min}		6.01	7.66	8.79	11.05	14.38	17.77	20.03	26.75	32.95	39.95	50.85	60.79
s	max	5.5	7	8	10	13	16	18	24	30	36	46	55
	min	5.32	6.78	7.78	9.78	12.73	15.73	17.73	23.67	29.16	35	45	53.8
c_{max}		0.4	0.4	0.5	0.5	0.6	0.6	0.6	0.8	0.8	0.8	0.8	0.8
$d_{w\,min}$		4.6	5.9	6.9	8.9	11.6	14.6	16.6	22.5	27.7	33.2	42.7	51.1
$d_{a\,max}$		3.45	4.6	5.75	6.75	8.75	10.8	13	17.3	21.6	25.9	32.4	38.9
GB/T 6170—2015 m	max	2.4	3.2	4.7	5.2	6.8	8.4	10.8	14.8	18	21.5	25.6	31
	min	2.15	2.9	4.4	4.9	6.44	8.04	10.37	14.1	16.9	20.2	24.3	29.4
GB/T 6172.1—2016 m	max	1.8	2.2	2.7	3.2	4	5	6	8	10	12	15	18
	min	1.55	1.95	2.45	2.9	3.7	4.7	5.7	7.42	9.10	10.9	13.9	16.9
GB/T 6175—2016 m	max	—	—	5.1	5.7	7.5	9.3	12	16.4	20.3	23.9	28.6	34.7
	min	—	—	4.8	5.4	7.14	8.94	11.57	15.7	19	22.6	27.3	33.1

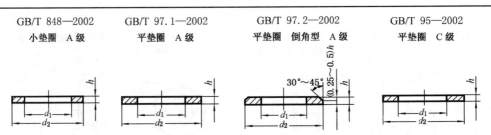

标记示例

公称尺寸 $d=8$ mm,性能等级为 140HV 级,倒角型,不经表面处理的平垫圈:

垫圈 GB/T 97.2 8   (其余标记相仿)

mm

公称尺寸(螺纹规格 d)			3	4	5	6	8	10	12	14	16	20	24	30	36
内径 d_1	产品等级	A	3.2	4.3	5.3	6.4	8.4	10.5	13	15	17	21	25	31	37
		C			5.5	6.6	9	11	13.5	15.5	17.5	22	26	33	39
GB/T 848—2002	外径 d_2		6	8	9	11	15	18	20	24	28	34	39	50	60
	厚度 h		0.5	0.5	1	1.6	1.6	1.6	2	2.5	2.5	3	4	4	5
GB/T 97.1—2002 GB/T 97.2—2002[①] GB/T 95—2002[①]	外径 d_2		7	9	10	12	16	20	24	28	30	37	44	56	66
	厚度 h		0.5	0.8	1	1.6	1.6	2	2.5	2.5	3	3	4	4	5

注:性能等级 140 HV 表示材料的硬度,HV 表示维氏硬度,140 为硬度值。有 140 HV、200 HV 和 300 HV 等三种。

① 主要用于规格为 M5~M36 的标准六角螺栓、螺钉和螺母。

标准型弹簧垫圈(GB/T 93—87)

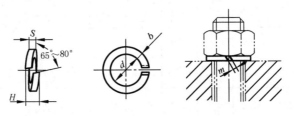

标记示例

规格 16 mm、材料为 65 Mn、表面氧化的标准型弹簧垫圈:垫圈 GB/T 93—87 16

mm

规格(螺纹大径)		4	5	6	8	10	12	16	20	24	30
d	min	4.1	5.1	6.1	8.1	10.2	12.2	16.2	20.2	24.5	30.5
	max	4.4	5.4	6.68	8.68	10.9	12.9	16.9	21.04	25.5	31.5
$S(b)$	公称	1.1	1.3	1.6	2.1	2.6	3.1	4.1	5	6	7.5
	min	1	1.2	1.5	2	2.45	2.95	3.9	4.8	5.8	7.2
	max	1.2	1.4	1.7	2.2	2.75	3.25	4.3	5.2	6.2	7.8
H	min	2.2	2.6	3.2	4.2	5.2	6.2	8.2	10	12	15
	max	2.75	3.25	4	5.25	6.5	7.75	10.25	12.5	15	18.75
$m\leqslant$		0.55	0.65	0.8	1.05	1.3	1.55	2.05	2.5	3	3.75

附录 F　键与销

附表 F-1　平键键槽的剖面尺寸(GB/T 1095—2003)、普通型平键(GB/T 1096—2003)

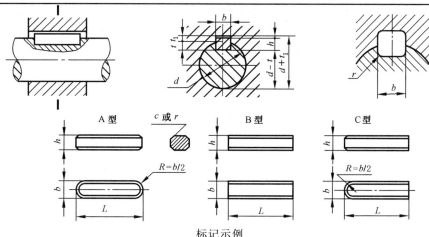

标记示例

圆头普通平键 A 型,$b=16$ mm,$h=10$ mm,$L=100$ mm;　　GB/T 1096　键　$16\times10\times100$

平头普通平键 B 型,$b=16$ mm,$h=10$ mm,$L=100$ mm;　　GB/T 1096　键　$B16\times10\times100$

单圆头普通平键 C 型,$b=16$ mm,$h=10$ mm,$L=100$ mm;　　GB/T 1096　键　$C16\times10\times100$

mm

轴	键			键　槽										
公称直径 d	公称尺寸 $b\times h$	长度 L	公称尺寸 b	宽　度　b						深　度				半径 r	
				偏　差						轴 t		毂 t_1			
				松联结		正常联结		紧密联结							
				轴 H9	毂 D10	轴 N9	毂 JS9	轴和毂 P9		公称	偏差	公称	偏差	最小	最大
>10~12	4×4	8~45	4	+0.030 0	+0.078 +0.030	0 −0.030	±0.015	−0.012 −0.042		2.5	+0.1 0	1.8	+0.1 0	0.08	0.16
>12~17	5×5	10~56	5							3.0		2.3			
>17~22	6×6	14~70	6							3.5		2.8		0.16	0.25
>22~30	8×7	18~90	8	+0.036 0	+0.098 +0.040	0 −0.036	±0.018	−0.015 −0.051		4.0		3.3			
>30~38	10×8	22~110	10							5.0		3.3			
>38~44	12×8	28~140	12							5.0		3.3			
>44~50	14×9	36~160	14	+0.043 0	+0.120 +0.050	0 −0.043	±0.0215	−0.018 −0.061		5.5		3.8		0.25	0.40
>50~58	16×10	45~180	16							6.0	+0.2 0	4.3	+0.2 0		
>58~65	18×11	50~200	18							7.0		4.4			
>65~75	20×12	56~220	20							7.5		4.9			
>75~85	22×14	63~250	22	+0.052 0	+0.149 +0.065	0 −0.052	±0.026	−0.022 −0.074		9.0		5.4		0.40	0.60
>85~95	25×14	70~280	25							9.0		5.4			
>95~110	28×16	80~320	28							10.0		6.4			

注:1. $(d-t)$ 和 $(d+t_1)$ 两组合尺寸的偏差按相应的 t 和 t_1 的偏差选取,但 $(d-t)$ 偏差的值应取负号($-$)。

　　2. L 系列:6~22(2 进位)、25、28、32、36、40、45、50、56、63、70、80、90、100、110、125、140、160、180、200、220、250、280、320、360、400、450、500。

附表 F-2　半圆键键槽的剖面尺寸(GB/T 1098—2003)、普通型半圆键(GB/T 1099.1—2003)

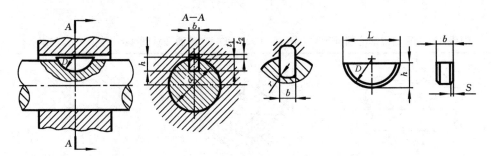

标记示例

半圆键 $b=6$ mm,$h=10$ mm,$d=25$ mm,$L=24.5$ mm 的标记:

GB/T 1099.1　键　6×10×25

mm

轴　颈 d		普通半圆键的尺寸				键槽深		S		r	
键传递转矩用	键传动定位用	b	h	D	$L\approx$	轴	轮毂	倒角或圆角		半径	
						t_1	t_2	min	max	min	max
自 3～4	自 3～4	1.0	1.4	4	3.9	1.0	0.6	0.16	0.25	0.08	0.16
>4～5	>4～6	1.5	2.6	7	6.8	2.0	0.8				
>5～6	>6～8	2.0	2.6	7	6.8	1.8	1.0				
>6～7	>8～10		3.7	10	9.7	2.9					
>7～8	>10～12	2.5	3.7	10	9.7	2.7	1.2				
>8～10	>12～15	3.0	5.0	13	12.7	3.8	1.4				
>10～12	>15～18		6.5	16	15.7	5.3					
>12～14	>18～20	4.0	6.5	16	15.7	5.0	1.8				
>14～16	>20～22		7.5	19	18.6	6.0				0.16	0.25
>16～18	>22～25	5.0	6.5	16	15.7	4.5	2.3	0.25	0.4		
>18～20	>25～28		7.5	19	18.6	5.5					
>20～22	>28～32		9	22	21.6	7.0					
>22～25	>32～36	6	9	22	21.6	6.5	2.8				
>25～28	>36～40		10	25	24.5	7.5					
>28～32	40	8	11	28	27.4	8.0	3.3	0.4	0.6	0.25	0.40
>32～38	—	10	13	32	31.4	10.0					

注: 1. 在工作图中轴槽深用$(d-t_1)$或 t_1 标注,轮毂槽深用$(d+t_2)$标注。

　　2. k 值系计算键联结挤压应力时的参考尺寸。

附表 F-3　圆柱销（GB/T 119.1—2000、GB/T 119.2—2000）

GB/T 119.1 规定了公称直径 d＝0.6～50 mm、公差为 m6 和 h8、材料为不淬硬钢和奥氏体不锈钢的圆柱销。

GB/T 119.2 规定了公称直径 d＝1～20 mm、公差为 m6、材料为 A 型钢（普通淬火）和 B 型钢（表面淬火），以及马氏体不锈钢的圆柱销。

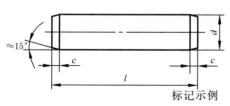 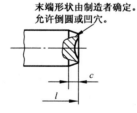

末端形状由制造者确定。
允许倒圆或凹穴。

标记示例

公称直径 d＝6 mm、公差为 m6、公称直径 l＝30 mm、材料为钢不经淬火、不经表面处理的圆柱销的标记：

销　GB/T 119.1　6m6×30

公称直径 d＝6 mm、公差为 m6、公称直径 l＝30 mm、材料为 A1 组奥氏体、不锈钢表面简单处理的圆柱销的标记：

销　GB/T 119.1　6m6×30-A1

mm

d	4	5	6	8	10	12	16	20	25	30	40	50
c≈	0.63	0.80	1.2	1.6	2	2.5	3	3.5	4	5	6.3	8
长度范围 l	8～40	10～50	12～60	14～80	18～95	22～140	26～180	35～200	50～200	60～200	80～200	95～200
l（系列）	6、8、10、12、14、16、18、20、22、24、26、28、30、32、35、40、45、50、55、60、65、70、75、80、85、90、95、100、120、140、160、180、200											

附表 F-4　圆锥销（GB/T 117—2000）

A 型（磨削）：锥面表面粗糙度 Ra＝0.8 μm　　　　B 型（切削或冷镦）：锥面表面粗糙度 Ra＝3.2 μm

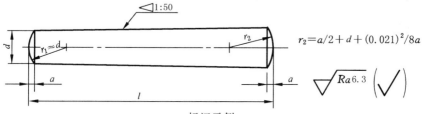

$$r_2 = a/2 + d + (0.021)^2/8a$$

标记示例

公称直径 d＝6 mm、公称长度 l＝30 mm、材料为 35 钢、热处理硬度 28～38HRC、表面氧化处理的 A 型圆锥销的标记：

销　GB/T 117　6×30

mm

d	4	5	6	8	10	12	16	20	25	30	40	50
a≈	0.50	0.63	0.8	1	1.2	1.6	2	2.5	3	4	5	6.3
长度范围 l	14～55	18～60	22～90	22～120	26～160	32～180	40～200	45～200	50～200	55～200	60～200	65～200
l（系列）	14、16、18、20、22、24、26、28、30、32、35、40、45、50、55、60、65、70、75、80、85、90、95、100、120、140、160、180、200											

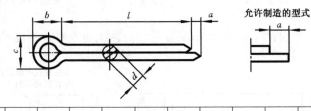

允许制造的型式

mm

	公称	0.6	0.8	1	1.2	1.6	2	2.5	3.2	4	5	6.3	8	10	13
d	min	0.4	0.6	0.8	0.9	1.3	1.7	2.1	2.7	3.5	4.4	5.7	7.3	9.3	12.4
	max	0.5	0.7	0.9	1	1.4	1.8	2.3	2.9	3.7	4.6	5.9	7.5	9.5	12.4
c	max	1	1.4	1.8	2	2.8	3.6	4.6	5.8	7.4	9.2	11.8	15	19	24.8
	min	0.9	1.2	1.6	1.7	2.4	3.2	4	5.1	6.5	8	10.3	13.1	16.6	21.7
$b\approx$		2	2.4	3	3	3.2	4	5	6.4	8	10	12.6	16	20	26
a_{max}		1.6				2.5			3.2		4			6.3	
l(公称)		4~ 12	5~ 16	6~ 20	8~ 26	8~ 32	10~ 40	12~ 50	14~ 63	18~ 80	22~ 100	32~ 125	40~ 160	45~ 200	71~ 200
长度 l 的系列		4,5,6,8,10,12,14,16,18,20,22,25,28,30,32,36,40,45,50,56,60,70,80,90,100, 112,125,140,160,180,200,224,250													

注：1. 销孔的公称直径等于 $d_{公称}$。

2. 开口销的材料用碳素钢 Q215、Q235、B2、B3、1Cr18Ni9Ti 或 H62。

附录 G　常用的滚动轴承

附表 G-1　深沟球轴承(GB/T 276—2013)

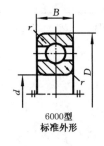

6000型
标准外形

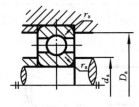

安装尺寸

标记示例

滚动轴承 6210　GB/T 276

$f_0 F_a/C_0 r$	e	Y	当量动载荷	当量静载荷
0.172	0.19	2.3		
0.345	0.22	1.99		
0.689	0.26	1.71		
1.03	0.28	1.55	当 $\dfrac{F_a}{F_r}\leqslant e$ 　$P_r=F_r$	$P_{0r}=0.6F_r+0.5F_a$
1.38	0.3	1.45		
2.07	0.34	1.31	当 $\dfrac{F_a}{F_r}>e$ 　$P_r=0.56F_r+YF_a$	当 $P_{0r}<F_r$ 时,取 $P_{0r}=F_r$
3.45	0.38	1.15		
5.17	0.42	1.04		
6.89	0.44	1		

续附表 G-1

轴承代号	尺寸/mm				安装尺寸/mm			基本额定载荷/kN		极限转速/(r/min)	
	d	D	B	r_{smin}	d_a	D_a	r_{smin}	C_r	C_{0r}	脂润滑	油润滑
02 系 列											
6200	10	30	9	0.6	15	25	0.6	5.10	2.38	19 000	26 000
6201	12	32	10	0.6	17	27	0.6	6.82	3.05	18 000	24 000
6202	15	35	11	0.6	20	30	0.6	7.65	3.72	17 000	22 000
6203	17	40	12	0.6	22	35	0.6	9.58	4.78	16 000	20 000
6204	20	47	14	1	26	41	1	12.8	6.65	14 000	18 000
6205	25	52	15	1	31	46	1	14.0	7.88	12 000	16 000
6206	30	62	16	1	36	56	1	19.5	11.5	9 500	13 000
6207	35	72	17	1.1	42	65	1	25.5	15.2	8 500	11 000
6208	40	80	18	1.1	47	73	1	29.5	18.0	8 000	10 000
6209	45	85	19	1.1	52	78	1	31.5	20.5	7 000	9 000
6210	50	90	20	1.1	57	83	1	35.0	23.2	6 700	8 500
6211	55	100	21	1.5	64	91	1.5	43.2	29.2	6 000	7 500
6212	60	110	22	1.5	69	101	1.5	47.8	32.8	5 600	7 000
6213	65	120	23	1.5	74	111	1.5	57.2	40.0	5 000	6 300
6214	70	125	24	1.5	79	116	1.5	60.8	45.0	4 800	6 000
6215	75	130	25	1.5	84	121	1.5	66.0	49.5	4 500	5 600
6216	80	140	26	2	90	130	2	71.5	54.2	4 300	5 300
6217	85	150	28	2	95	140	2	83.2	63.8	4 000	5 000
6218	90	160	30	2	100	150	2	95.8	71.5	3 800	4 800
6219	95	170	32	2.1	107	158	2.1	110	82.8	3 600	4 500
6220	100	180	34	2.1	112	168	2.1	122	92.8	3 400	4 300
03 系 列											
6300	10	35	11	0.6	15.0	30.0	0.6	7.65	3.48	18 000	24 000
6301	12	37	12	1	18.0	31.0	1	9.72	5.08	17 000	22 000
6302	15	42	13	1	21.0	36.0	1	11.5	5.42	16 000	20 000
6303	17	47	14	1	23.0	41.0	1	13.5	6.58	15 000	19 000
6304	20	52	15	1.1	27.0	45.0	1	15.8	7.88	13 000	17 000
6305	25	62	17	1.1	32	55	1	22.2	11.5	10 000	14 000
6306	30	72	19	1.1	37	65	1	27.0	15.2	9 000	12 000
6307	35	80	21	1.5	44	71	1.5	33.2	19.2	8 000	10 000
6308	40	90	23	1.5	49	81	1.5	40.8	24.0	7 000	9 000
6309	45	100	25	1.5	54	91	1.5	52.8	31.8	6 300	8 000
6310	50	110	27	2	60	100	2	61.8	38.0	6 000	7 500
6311	55	120	29	2	65	110	2	71.5	44.8	5 300	6 700
6312	60	130	31	2.1	72	118	2	81.1	51.8	5 000	6 300
6313	65	140	33	2.1	77	128	2.1	93.8	60.5	4 500	5 600
6314	70	150	35	2.1	82	138	2.1	105	68.0	4 300	5 300
6315	75	160	37	2.1	87	148	2.1	112	76.8	4 000	5 000
6316	80	170	39	2.1	92	158	2.1	122	86.5	3 800	4 800
6317	85	180	41	3	99	166	2.5	132	96.5	3 600	4 500
6318	90	190	43	3	104	176	2.5	145	108	3 400	4 300
6319	95	200	45	3	109	186	2.5	155	122	3 200	4 000
6320	100	215	47	3	114	201	2.5	172	140	2 800	3 600

续附表 G-1

轴承代号	尺寸/mm				安装尺寸/mm			基本额定载荷/kN		极限转速/(r/min)	
	d	D	B	r_{smin}	d_a	D_a	r_{smin}	C_r	C_{0r}	脂润滑	油润滑
04 系列											
6403	17	62	17	1.1	24.0	55.0	1	22.5	10.8	11 000	15 000
6404	20	72	19	1.1	27.0	65.0	1	31.0	15.2	9 500	13 000
6405	25	80	21	1.5	34	71	1.5	38.2	19.2	8 500	11 000
6406	30	90	23	1.5	39	81	1.5	47.5	24.5	8 000	10 000
6407	35	100	25	1.5	44	91	1.5	56.8	29.5	6 700	8 500
6408	40	110	27	2	50	100	2	65.5	37.5	6 300	8 000
6409	45	120	29	2	55	110	2	77.5	45.5	5 600	7 000
6410	50	130	31	2.1	62	118	2.1	92.2	55.2	5 300	6 700
6411	55	140	33	2.1	67	128	2.1	100	62.5	4 800	6 000
6412	60	150	35	2.1	72	138	2.1	108	70.0	4 500	5 600
6413	65	160	37	2.1	77	148	2.1	118	78.5	4 300	5 300
6414	70	180	42	3	84	166	2.5	140	99.5	3 800	4 800
6415	75	190	45	3	89	176	2.5	155	115	3 600	4 500
6416	80	200	48	3	94	186	2.5	162	125	3 400	4 300
6417	85	210	52	4	103	192	3	175	138	3 200	4 000
6418	90	225	54	4	108	207	3	192	158	2 800	3 600
6420	100	250	58	4	118	232	3	222	195	2 400	3 200

注：d 为轴承公称内径；D 为轴承公称外径；B 为轴承公称宽度；r 为内、外圈公称倒角尺寸；r_{smin} 为 r 的单向最小尺寸。

附表 G-2　圆锥滚子轴承（GB/T 297—2015）

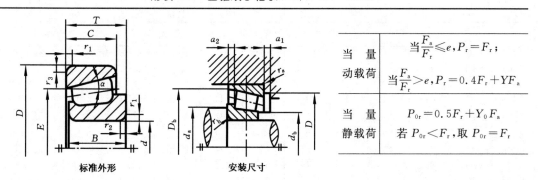

当量动载荷	当 $\dfrac{F_a}{F_r} \leqslant e$，$P_r = F_r$； 当 $\dfrac{F_a}{F_r} > e$，$P_r = 0.4F_r + YF_a$
当量静载荷	$P_{0r} = 0.5F_r + Y_0 F_a$ 若 $P_{0r} < F_r$，取 $P_{0r} = F_r$

标准外形　　　安装尺寸

标记示例

滚动轴承 30312　GB/T 297—2015

轴承代号	尺寸/mm								安装尺寸/mm								基本额定载荷/kN		e	Y	Y_0	极限转速/(r/min)	
	d	D	B	C	T	r_{1min} r_{2min}	r_{3min} r_{4min}	α	d_a min	d_b max	D_a min	D_b min	a_1 min	a_2 min	r_{as} max	r_{bs} max	C_r	C_{0r}				脂润滑	油润滑
02 系列																							
30203	17	40	12	11	13.25	1	1	12°57′10″	23	23	34	37	2	2.5	1	1	20.8	21.8	0.35	1.7	1	9 000	12 000
30204	20	47	14	12	15.25	1	1	12°57′10″	26	27	40	43	2	3.5	1	1	28.2	30.5	0.35	1.7	1	8 000	10 000
30205	25	52	15	13	16.25	1	1	14°02′10″	31	31	44	48	2	3.5	1	1	32.2	37.0	0.37	1.6	0.9	7 000	9 000

轴承代号	尺寸/mm								安装尺寸/mm								基本额定载荷/kN		e	Y	Y₀	极限转速/(r/min)	
	d	D	B	C	T	r_1 r_2 min	r_3 r_4 min	α	d_a min	d_b max	D_a min	D_b min	a_1 min	a_2 min	r_{as} max	r_{bs} max	C_r	C_{0r}				脂润滑	油润滑
02 系 列																							
30206	30	62	16	14	17.25	1	1	14°02′10″	36	37	53	58	2	3.5	1	1	43.2	50.5	0.37	1.6	0.9	6 000	7 500
30207	35	72	17	15	18.25	1.5	1.5	14°02′10″	42	44	62	67	3	3.5	1.5	1.5	54.2	63.5	0.37	1.6	0.9	5 300	6 700
30208	40	80	18	16	19.75	1.5	1.5	14°02′10″	47	49	69	75	3	4	1.5	1.5	63.0	74.0	0.37	1.6	0.9	5 000	6 300
30209	45	85	19	16	20.75	1.5	1.5	15°06′34″	52	53	74	80	3	5	1.5	1.5	67.8	83.5	0.4	1.5	0.8	4 500	5 600
30210	50	90	20	17	21.75	1.5	1.5	15°38′32″	57	58	79	86	3	5	1.5	1.5	73.2	92.0	0.42	1.4	0.8	4 300	5 300
30211	55	100	21	18	22.75	2	1.5	15°06′94″	64	64	88	95	4	5	2	1.5	90.8	115	0.4	1.5	0.8	4 000	5 000
30212	60	110	22	19	23.75	2	1.5	15°06′34″	69	69	96	103	4	5	2	1.5	102	130	0.4	1.5	0.8	3 600	4 500
30213	65	120	23	20	24.75	2	1.5	15°06′34″	74	77	106	114	4	5	2	1.5	120	152	0.4	1.5	0.8	3 200	4 000
30214	70	125	24	21	26.25	2	1.5	15°38′32″	79	81	110	119	4	5.5	2	1.5	132	175	0.42	1.4	0.8	3 000	3 800
30215	75	130	25	22	27.25	2	1.5	16°10′20″	84	85	115	125	4	5.5	2	1.5	138	185	0.44	1.4	0.8	2 800	3 600
30216	80	140	26	22	28.25	2.5	2	15°38′32″	90	90	124	133	4	6	2.1	2	160	212	0.42	1.4	0.8	2 600	3 400
30217	85	150	28	24	30.5	2.5	2	15°38′32″	95	96	132	142	5	6.5	2.1	2	178	238	0.42	1.4	0.8	2 400	3 200
30218	90	160	30	26	32.5	2.5	2	15°38′32″	100	102	140	151	5	6.5	2.1	2	200	270	0.42	1.4	0.8	2 200	3 000
30219	95	170	32	27	34.5	3	2.5	15°38′32″	107	108	149	160	5	7.5	2.5	2.1	228	308	0.42	1.4	0.8	2 000	2 800
30220	100	180	34	29	37	3	2.5	15°38′32″	112	114	157	169	5	8	2.5	2.1	255	350	0.42	1.4	0.8	1 900	2 600
03 系 列																							
30302	15	42	13	11	14.25	1	1	10°45′29″	21	22	36	38	2	3.5	1	1	22.8	21.5	0.29	2.1	1.2	9 000	11 200
30303	17	47	14	12	15.25	1	1	10°45′29″	23	25	40	43	3	3.5	1	1	28.2	27.2	0.29	2.1	1.2	8 500	11 000
30304	20	52	15	13	16.25	1.5	1.5	11°18′36″	27	28	44	48	3	3.5	1.5	1.5	33.0	33.2	0.3	2	1.1	7 500	9 500
30305	25	62	17	15	18.25	1.5	1.5	11°18′36″	32	34	54	58	3	3.5	1.5	1.5	46.8	48.0	0.3	2	1.1	6 300	8 000
30306	30	72	19	16	20.75	1.5	1.5	11°51′35″	37	40	62	66	3	5	1.5	1.5	59.0	63.0	0.31	1.9	1.1	5 600	7 000
30307	35	80	21	18	22.75	2	1.5	11°51′35″	44	45	70	74	3	5	2	1.5	75.2	82.5	0.31	1.9	1.1	5 000	6 300
30308	40	90	23	20	25.25	2	1.5	12°57′10″	49	52	77	84	3	5.5	2	1.5	90.8	108	0.35	1.7	1	4 500	5 600
30309	45	100	25	22	27.25	2	1.5	12°57′10″	54	59	86	94	3	5.5	2	1.5	108	130	0.35	1.7	1	4 000	5 000
30310	50	110	27	23	29.25	2.5	2	12°57′10″	60	65	95	103	4	6.5	2	2	130	158	0.35	1.7	1	3 800	4 800
30311	55	120	29	25	31.5	2.5	2	12°57′10″	65	70	104	112	4	6.5	2.5	2	152	188	0.35	1.7	1	3 400	4 300
30312	60	130	31	26	33.5	3	2.5	12°57′10″	73	76	112	121	5	7.5	2.5	2.1	170	210	0.35	1.7	1	3 200	4 000
30313	65	140	33	28	36	3	2.5	12°57′10″	77	83	122	131	5	8	2.5	2.1	195	242	0.35	1.7	1	2 800	3 600
30314	70	150	35	30	38	3	2.5	12°57′10″	82	89	130	141	5	8	2.5	2.1	218	272	0.35	1.7	1	2 600	3 400
30315	75	160	37	31	40	3	2.5	12°57′10″	87	95	139	150	5	9	2.5	2.1	252	318	0.35	1.7	1	2 400	3 200
30316	80	170	39	33	42.5	3	2.5	12°57′10″	92	102	148	160	5	9.5	2.5	2.1	278	352	0.35	1.7	1	2 200	3 000
30317	85	180	41	34	44.5	4	3	12°57′10″	99	107	156	168	6	10.5	3	2.5	305	388	0.35	1.7	1	2 000	2 800
30318	90	190	43	36	46.5	4	3	12°57′10″	104	113	165	178	6	10.5	3	2.5	342	440	0.35	1.7	1	1 900	2 600
30319	95	200	45	38	49.5	4	3	12°57′10″	109	118	172	185	6	11.5	3	2.5	370	478	0.35	1.7	1	1 800	2 400
30320	100	215	47	39	51.5	4	3	12°57′10″	114	127	184	199	6	12.5	3	2.5	405	525	0.35	1.7	1	1 600	2 000

注：d 为轴承公称内径；D 为轴承公称外径；T 为轴承公称宽度；B 为内圈公称宽度；C 为外圈公称宽度；α 为公称接触角；r_1 为内圈大端面径向公称倒角尺寸；r_{1min} 为 r_1 的单向最小尺寸；r_2 为内圈大端面轴向公称倒角尺寸；r_{2min} 为 r_2 的单向最小尺寸；r_3 为外圈大端面径向公称倒角尺寸；r_{3min} 为 r_3 的单向最小尺寸；r_4 为外圈大端面轴向公称倒角尺寸。

附表 **G-3**　推力球轴承（GB/T 301—2015）

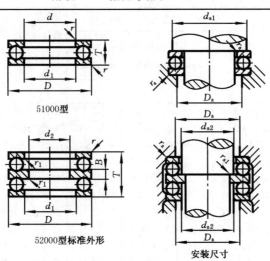

51000型

52000型标准外形

安装尺寸

当量动载荷 $P_a = F_a$

当量静载荷 $P_{0a} = F_a$

标记示例

滚动轴承 51214　GB/T 301—2015

轴承代号		尺寸 mm									安装尺寸 mm					基本额定载荷 kN		极限转速 （r/min）	
51000 型	52000 型	d	d_1	d_2	D	T	T_1	B	r_s min	r_{1s} min	D_a	d_{a1} min	d_{a2} max	r_{as} max	r_{a1s} max	C_a	C_{0a}	脂润滑	油润滑
12、22 系列																			
51200	—	10	12	—	26	11	—	—	0.6	—	16	20	—	0.6	—	12.5	17.0	5 600	8 000
51201	—	12	14	—	28	11	—	—	0.6	—	18	22	—	0.6	—	13.2	19.0	5 300	7 500
51202	52202	15	17	10	32	12	22	5	0.6	0.3	22	25	15	0.6	0.3	16.5	24.8	4 800	6 700
51203	—	17	19	—	35	12	—	—	0.6	—	24	28	—	0.6	—	17.0	27.2	4 500	6 300
51204	52204	20	22	15	40	14	26	6	0.6	0.3	28	32	20	0.6	0.3	22.2	37.5	3 800	5 300
51205	52205	25	27	20	47	15	28	7	0.6	0.3	34	38	25	0.6	0.3	27.8	50.5	3 400	4 800
51206	52206	30	32	25	52	16	29	7	0.6	0.3	39	43	30	0.6	0.3	28.0	54.2	3 200	4 500
51207	52207	35	37	30	62	18	34	8	1	0.3	46	51	35	1	0.3	39.2	78.2	2 800	4 000
51208	52208	40	42	30	68	19	36	9	1	0.6	51	57	40	1	0.6	47.0	98.2	2 400	3 600
51209	52209	45	47	35	73	20	37	9	1	0.6	56	62	45	1	0.6	47.8	105	2 200	3 400
51210	52210	50	52	40	78	22	39	9	1	0.6	61	67	50	1	0.6	48.5	112	2 000	3 200
51211	52211	55	57	45	90	25	45	10	1	0.6	69	76	55	1	0.6	67.5	158	1 900	3 000
51212	52212	60	62	50	95	26	46	10	1	0.6	74	81	60	1	0.6	73.5	178	1 800	2 800
51213	52213	65	67	55	100	27	47	10	1	0.6	79	86	65	1	0.6	74.8	188	1 700	2 600
51214	52214	70	72	55	105	27	47	10	1	1	84	91	70	1	0.9	73.5	188	1 600	2 400
51215	52215	75	77	60	110	27	47	10	1	1	89	96	75	1	1	74.8	198	1 500	2 200
51216	52216	80	82	65	115	28	48	10	1	1	94	101	80	1	1	83.8	222	1 400	2 000
51217	52217	85	88	70	125	31	55	12	1	1	101	109	85	1	1	102	280	1 300	1 900
51218	52218	90	93	75	135	35	62	14	1.1	1	108	117	90	1	1	115	315	1 200	1 800
51220	52220	100	103	85	150	38	67	15	1.1	1	120	130	100	1	1	132	375	1 100	1 700
13、23 系列																			
51304	—	20	22	—	47	18	—	—	1	—	31	36	—	1	—	35.0	55.8	3 600	4 500
51305	52305	25	27	20	52	18	34	8	1	0.3	36	41	25	1	0.3	35.5	61.5	3 000	4 300

续附表 G-3

轴承代号		尺寸 mm									安装尺寸 mm					基本额定载荷 kN		极限转速 （r/min）	
51000型	52000型	d	d_1	d_2	D	T	T_1	B	r_s min	r_{1s} min	D_a	d_{a1} min	d_{a2} max	r_{as} max	r_{a1s} max	C_a	C_{0a}	脂润滑	油润滑
12、22 系列																			
51306	52306	30	32	25	60	21	38	9	1	0.3	42	48	30	1	0.3	42.8	78.5	2 400	3 600
51307	52307	35	37	30	68	24	44	10	1	0.3	48	55	35	0	0.3	55.2	105	2 000	3 200
51308	52308	40	42	30	78	26	49	12	1	0.6	55	63	40	1	0.6	69.2	135	1 900	3 000
51309	52309	45	47	35	85	28	52	12	1	0.6	61	69	45	1	0.6	75.8	150	1 700	2 600
51310	52310	50	52	40	95	31	58	14	1.1	0.6	68	77	50	1	0.6	96.5	202	1600	2400
51311	52311	55	57	45	105	35	64	15	1.1	0.6	75	85	55	1	0.6	115	242	1 500	2 200
51312	52312	60	62	50	110	35	64	15	1.1	0.6	80	90	60	1	0.6	118	262	1 400	2 000
51313	52313	65	67	55	115	36	65	15	1.1	0.6	85	95	65	1	0.6	115	262	1 300	1 900
51314	52314	70	72	55	125	40	72	16	1.1	1	92	103	70	1	1	148	340	1 200	1 800
51315	52315	75	77	60	135	44	79	18	1.5	1	99	111	75	1.5	1	162	380	1 100	1 700
51316	52316	80	82	65	140	44	79	18	1.5	1	104	116	80	1.5	1	160	380	1 000	1 600
51317	52317	85	88	70	150	49	87	19	1.5	1	111	124	85	1.5	1	208	495	950	1 500
51318	52318	90	93	75	155	52	88	19	1.5	1	116	129	90	1.5	1	205	495	900	1 400
51320	52320	100	103	85	170	55	97	21	1.5	1	128	142	100	1.5	1	235	595	800	1 200
14、24 系列																			
51405	52405	25	27	15	60	24	45	11	1	0.6	39	46	25	1	0.6	55.5	89.2	2 200	3 400
51406	52406	30	32	20	70	28	52	12	1	0.6	46	54	30	1	0.6	72.5	125	1 900	3 000
51407	52407	35	37	25	80	32	59	14	1.1	0.6	53	62	35	1	0.6	86.8	155	1 700	2 600
51408	52408	40	42	30	90	36	65	15	1.1	0.6	60	70	40	1	0.6	112	205	1 500	2 200
51409	52409	45	47	35	100	39	72	17	1.1	0.6	67	78	45	1	0.6	140	262	1 400	2 000
51410	52410	50	52	40	110	43	78	18	1.5	0.6	74	86	50	1.5	0.6	160	302	1 300	1 900
51411	52411	55	57	45	120	48	87	20	1.5	0.6	81	94	55	1.5	0.6	182	355	1 100	1 700
51412	52412	60	62	50	130	51	93	21	1.5	0.6	88	102	60	1.5	0.6	200	395	1 000	1 600
51413	52413	65	68	50	140	56	101	23	2	1	95	110	65	2	1	215	448	900	1 400
51414	52414	70	73	55	150	60	107	24	2	1	102	118	70	2	1	255	560	850	1 300
51415	52415	75	78	60	160	65	115	26	2	1	110	125	75	2	1	268	615	800	1 200
51417	52417	85	88	65	180	72	128	29	2.1	1.1	124	141	85	2.1	1	318	782	700	1 000
51418	52418	90	93	70	190	77	135	30	2.1	1.1	131	149	90	2.1	1	325	825	670	950
51420	52420	100	103	80	210	85	150	33	3	1.1	145	165	100	2.5	1	400	1 080	600	850

附录 H 极限与配合及形状公差和位置公差

附表 H-1 轴的极限偏差（GB/T 1800.2—2009）

单位：μm（h12 列为 mm）

偏　差

公称尺寸/mm 大于	至	a11	b11	b12	c9	c10	c11	d8	d9	d10	d11	e7	e8	e9	f5	f6	f7	f8	f9	g5	g6	g7	h5	h6	h7	h8	h9	h10	h11	h12(mm)
—	3	−270/−330	−140/−200	−140/−240	−60/−85	−60/−100	−60/−120	−20/−34	−20/−45	−20/−60	−20/−80	−14/−24	−14/−28	−14/−39	−6/−10	−6/−12	−6/−16	−6/−20	−6/−31	−2/−6	−2/−8	−2/−12	0/−4	0/−6	0/−10	0/−14	0/−25	0/−40	0/−60	0/−0.1
3	6	−270/−345	−140/−215	−140/−260	−70/−100	−70/−118	−70/−145	−30/−48	−30/−60	−30/−78	−30/−105	−20/−32	−20/−38	−20/−50	−10/−15	−10/−18	−10/−22	−10/−28	−10/−40	−4/−9	−4/−12	−4/−16	0/−5	0/−8	0/−12	0/−18	0/−30	0/−48	0/−75	0/−0.12
6	10	−280/−370	−150/−240	−150/−300	−80/−116	−80/−138	−80/−170	−40/−62	−40/−76	−40/−98	−40/−130	−25/−40	−25/−47	−25/−61	−13/−19	−13/−22	−13/−28	−13/−35	−13/−49	−5/−11	−5/−14	−5/−20	0/−6	0/−9	0/−15	0/−22	0/−36	0/−58	0/−90	0/−0.15
10	14	−290/−400	−150/−260	−150/−330	−95/−138	−95/−165	−95/−205	−50/−77	−50/−93	−50/−120	−50/−160	−32/−50	−32/−59	−32/−75	−16/−24	−16/−27	−16/−34	−16/−43	−16/−59	−6/−14	−6/−17	−6/−24	0/−8	0/−11	0/−18	0/−27	0/−43	0/−70	0/−110	0/−0.18
14	18	−290/−400	−150/−260	−150/−330	−95/−138	−95/−165	−95/−205	−50/−77	−50/−93	−50/−120	−50/−160	−32/−50	−32/−59	−32/−75	−16/−24	−16/−27	−16/−34	−16/−43	−16/−59	−6/−14	−6/−17	−6/−24	0/−8	0/−11	0/−18	0/−27	0/−43	0/−70	0/−110	0/−0.18
18	24	−300/−430	−160/−290	−160/−370	−110/−162	−110/−194	−110/−240	−65/−98	−65/−117	−65/−149	−65/−195	−40/−61	−40/−73	−40/−92	−20/−29	−20/−33	−20/−41	−20/−53	−20/−72	−7/−16	−7/−20	−7/−28	0/−9	0/−13	0/−21	0/−33	0/−52	0/−84	0/−130	0/−0.21
24	30	−300/−430	−160/−290	−160/−370	−110/−162	−110/−194	−110/−240	−65/−98	−65/−117	−65/−149	−65/−195	−40/−61	−40/−73	−40/−92	−20/−29	−20/−33	−20/−41	−20/−53	−20/−72	−7/−16	−7/−20	−7/−28	0/−9	0/−13	0/−21	0/−33	0/−52	0/−84	0/−130	0/−0.21
30	40	−310/−470	−170/−330	−170/−420	−120/−182	−120/−220	−120/−280	−80/−119	−80/−142	−80/−180	−80/−240	−50/−75	−50/−89	−50/−112	−25/−36	−25/−41	−25/−50	−25/−64	−25/−87	−9/−20	−9/−25	−9/−34	0/−11	0/−16	0/−25	0/−39	0/−62	0/−100	0/−160	0/−0.25
40	50	−320/−480	−180/−340	−180/−430	−130/−192	−130/−230	−130/−290	−80/−119	−80/−142	−80/−180	−80/−240	−50/−75	−50/−89	−50/−112	−25/−36	−25/−41	−25/−50	−25/−64	−25/−87	−9/−20	−9/−25	−9/−34	0/−11	0/−16	0/−25	0/−39	0/−62	0/−100	0/−160	0/−0.25
50	65	−340/−530	−190/−380	−190/−490	−140/−214	−140/−260	−140/−330	−100/−146	−100/−174	−100/−220	−100/−290	−60/−90	−60/−106	−60/−134	−30/−43	−30/−49	−30/−60	−30/−76	−30/−104	−10/−23	−10/−29	−10/−40	0/−13	0/−19	0/−30	0/−46	0/−74	0/−120	0/−190	0/−0.3
65	80	−360/−550	−200/−390	−200/−500	−150/−224	−150/−270	−150/−340	−100/−146	−100/−174	−100/−220	−100/−290	−60/−90	−60/−106	−60/−134	−30/−43	−30/−49	−30/−60	−30/−76	−30/−104	−10/−23	−10/−29	−10/−40	0/−13	0/−19	0/−30	0/−46	0/−74	0/−120	0/−190	0/−0.3
80	100	−380/−600	−220/−440	−220/−570	−170/−257	−170/−310	−170/−390	−120/−174	−120/−207	−120/−260	−120/−340	−72/−107	−72/−126	−72/−159	−36/−51	−36/−58	−36/−71	−36/−90	−36/−123	−12/−27	−12/−34	−12/−47	0/−15	0/−22	0/−35	0/−54	0/−87	0/−140	0/−220	0/−0.35
100	120	−410/−630	−240/−460	−240/−590	−180/−267	−180/−320	−180/−400	−120/−174	−120/−207	−120/−260	−120/−340	−72/−107	−72/−126	−72/−159	−36/−51	−36/−58	−36/−71	−36/−90	−36/−123	−12/−27	−12/−34	−12/−47	0/−15	0/−22	0/−35	0/−54	0/−87	0/−140	0/−220	0/−0.35

续附表 H-1

偏差

公称尺寸 mm 大于	至	a① 11	b① 11	b① 12	c 9	c 10	c 11	d 8	d 9	d 10	d 11	e 7	e 8	e 9	f 5	f 6	f 7	f 8	f 9	g 5	g 6	g 7	h 5	h 6	h 7	h 8	h 9	h 10	h 11	h 12
120	140	−460/−710	−260/−510	−260/−660	−200/−300	−200/−360	−200/−450	−145/−208	−145/−245	−145/−305	−145/−395	−85/−125	−85/−148	−85/−185	−43/−61	−43/−68	−43/−83	−43/−106	−43/−143	−14/−32	−14/−39	−14/−54	0/−18	0/−25	0/−40	0/−63	0/−100	0/−160	0/−250	0/−0.4
140	160	−520/−770	−280/−530	−280/−680	−210/−310	−210/−370	−210/−460	−145/−208	−145/−245	−145/−305	−145/−395	−85/−125	−85/−148	−85/−185	−43/−61	−43/−68	−43/−83	−43/−106	−43/−143	−14/−32	−14/−39	−14/−54	0/−18	0/−25	0/−40	0/−63	0/−100	0/−160	0/−250	0/−0.4
160	180	−580/−830	−310/−560	−310/−710	−230/−330	−230/−390	−230/−480	−145/−208	−145/−245	−145/−305	−145/−395	−85/−125	−85/−148	−85/−185	−43/−61	−43/−68	−43/−83	−43/−106	−43/−143	−14/−32	−14/−39	−14/−54	0/−18	0/−25	0/−40	0/−63	0/−100	0/−160	0/−250	0/−0.4
180	200	−660/−950	−340/−630	−340/−800	−240/−355	−240/−425	−240/−530	−170/−242	−170/−285	−170/−355	−170/−460	−100/−146	−100/−172	−100/−215	−50/−70	−50/−79	−50/−96	−50/−122	−50/−165	−15/−35	−15/−44	−15/−61	0/−20	0/−29	0/−46	0/−72	0/−115	0/−185	0/−290	0/−0.46
200	225	−740/−1030	−380/−670	−380/−840	−260/−375	−260/−445	−260/−550	−170/−242	−170/−285	−170/−355	−170/−460	−100/−146	−100/−172	−100/−215	−50/−70	−50/−79	−50/−96	−50/−122	−50/−165	−15/−35	−15/−44	−15/−61	0/−20	0/−29	0/−46	0/−72	0/−115	0/−185	0/−290	0/−0.46
225	250	−820/−1110	−420/−710	−420/−880	−280/−395	−280/−465	−280/−570	−170/−242	−170/−285	−170/−355	−170/−460	−100/−146	−100/−172	−100/−215	−50/−70	−50/−79	−50/−96	−50/−122	−50/−165	−15/−35	−15/−44	−15/−61	0/−20	0/−29	0/−46	0/−72	0/−115	0/−185	0/−290	0/−0.46
250	280	−920/−1240	−480/−800	−480/−1000	−300/−430	−300/−510	−300/−620	−190/−271	−190/−320	−190/−400	−190/−510	−110/−162	−110/−191	−110/−240	−56/−79	−56/−88	−56/−108	−56/−137	−56/−185	−17/−40	−17/−49	−17/−69	0/−23	0/−32	0/−52	0/−81	0/−130	0/−210	0/−320	0/−0.52
280	315	−1050/−1370	−540/−860	−540/−1060	−330/−460	−330/−540	−330/−650	−190/−271	−190/−320	−190/−400	−190/−510	−110/−162	−110/−191	−110/−240	−56/−79	−56/−88	−56/−108	−56/−137	−56/−185	−17/−40	−17/−49	−17/−69	0/−23	0/−32	0/−52	0/−81	0/−130	0/−210	0/−320	0/−0.52
315	355	−1200/−1560	−600/−960	−600/−1170	−360/−500	−360/−590	−360/−720	−210/−299	−210/−350	−210/−440	−210/−570	−125/−182	−125/−214	−125/−265	−62/−87	−62/−98	−62/−119	−62/−151	−62/−202	−18/−43	−18/−54	−18/−75	0/−25	0/−36	0/−57	0/−89	0/−140	0/−230	0/−360	0/−0.57
355	400	−1350/−1710	−680/−1040	−680/−1250	−400/−540	−400/−630	−400/−760	−210/−299	−210/−350	−210/−440	−210/−570	−125/−182	−125/−214	−125/−265	−62/−87	−62/−98	−62/−119	−62/−151	−62/−202	−18/−43	−18/−54	−18/−75	0/−25	0/−36	0/−57	0/−89	0/−140	0/−230	0/−360	0/−0.57

续附表 H-1

单位以及说明：偏差 / 差（μm）

公称尺寸 mm 大于	至	js5	js6	js7	k5	k6	k7	m5	m6	m7	n5	n6	n7	p5	p6	p7	r5	r6	r7	s5	s6	s7	t5	t6	t7	u6	u7	v6	x6	y6	z6
—	3	±2	±3	±5	+4/0	+6/0	+10/0	+6/+2	+8/+2	+12/+2	+8/+4	+10/+4	+14/+4	+10/+6	+12/+6	+16/+6	+14/+10	+16/+10	+20/+10	+18/+14	+20/+14	+24/+14	—	—	—	+24/+18	+28/+18	—	+26/+20	—	+32/+26
3	6	±2.5	±4	±6	+6/+1	+9/+1	+13/+1	+9/+4	+12/+4	+16/+4	+13/+8	+16/+8	+20/+8	+17/+12	+20/+12	+24/+12	+20/+15	+23/+15	+27/+15	+24/+19	+27/+19	+31/+19	—	—	—	+31/+23	+35/+23	—	+36/+28	—	+43/+35
6	10	±3	±4.5	±7	+7/+1	+10/+1	+16/+1	+12/+6	+15/+6	+21/+6	+16/+10	+19/+10	+25/+10	+21/+15	+24/+15	+30/+15	+25/+19	+28/+19	+34/+19	+29/+23	+32/+23	+38/+23	—	—	—	+37/+28	+43/+28	—	+43/+34	—	+51/+42
10	14	±4	±5.5	±9	+9/+1	+12/+1	+19/+1	+15/+7	+18/+7	+25/+7	+20/+12	+23/+12	+30/+12	+26/+18	+29/+18	+36/+18	+31/+23	+34/+23	+41/+23	+36/+28	+39/+28	+46/+28	—	—	—	+44/+33	+51/+33	—	+51/+40	—	+61/+50
14	18	±4	±5.5	±9	+9/+1	+12/+1	+19/+1	+15/+7	+18/+7	+25/+7	+20/+12	+23/+12	+30/+12	+26/+18	+29/+18	+36/+18	+31/+23	+34/+23	+41/+23	+36/+28	+39/+28	+46/+28	—	—	—	+44/+33	+51/+33	+50/+39	+56/+45	—	+71/+60
18	24	±4.5	±6.5	±10	+11/+2	+15/+2	+23/+2	+17/+8	+21/+8	+29/+8	+24/+15	+28/+15	+36/+15	+31/+22	+35/+22	+43/+22	+37/+28	+41/+28	+49/+28	+44/+35	+48/+35	+56/+35	—	—	—	+54/+41	+62/+41	+60/+47	+67/+54	+76/+63	+86/+73
24	30	±4.5	±6.5	±10	+11/+2	+15/+2	+23/+2	+17/+8	+21/+8	+29/+8	+24/+15	+28/+15	+36/+15	+31/+22	+35/+22	+43/+22	+37/+28	+41/+28	+49/+28	+44/+35	+48/+35	+56/+35	+50/+41	+54/+41	+62/+41	+61/+48	+69/+48	+68/+55	+77/+64	+88/+75	+101/+88
30	40	±5.5	±8	±12	+13/+2	+18/+2	+27/+2	+20/+9	+25/+9	+34/+9	+28/+17	+33/+17	+42/+17	+37/+26	+42/+26	+51/+26	+45/+34	+50/+34	+59/+34	+54/+43	+59/+43	+68/+43	+59/+48	+64/+48	+73/+48	+76/+60	+85/+60	+84/+68	+96/+80	+110/+94	+128/+112
40	50	±5.5	±8	±12	+13/+2	+18/+2	+27/+2	+20/+9	+25/+9	+34/+9	+28/+17	+33/+17	+42/+17	+37/+26	+42/+26	+51/+26	+45/+34	+50/+34	+59/+34	+54/+43	+59/+43	+68/+43	+65/+54	+70/+54	+79/+54	+86/+70	+95/+70	+97/+81	+113/+97	+130/+114	+152/+136
50	65	±6.5	±9.5	±15	+15/+2	+21/+2	+32/+2	+24/+11	+30/+11	+41/+11	+33/+20	+39/+20	+50/+20	+45/+32	+51/+32	+62/+32	+54/+41	+60/+41	+71/+41	+66/+53	+72/+53	+83/+53	+79/+66	+85/+66	+96/+66	+106/+87	+117/+87	+121/+102	+141/+122	+163/+144	+191/+172
65	80	±6.5	±9.5	±15	+15/+2	+21/+2	+32/+2	+24/+11	+30/+11	+41/+11	+33/+20	+39/+20	+50/+20	+45/+32	+51/+32	+62/+32	+56/+43	+62/+43	+73/+43	+72/+59	+78/+59	+89/+59	+88/+75	+94/+75	+105/+75	+121/+102	+132/+102	+139/+120	+165/+146	+193/+174	+229/+210
80	100	±7.5	±11	±17	+18/+3	+25/+3	+38/+3	+28/+13	+35/+13	+48/+13	+38/+23	+45/+23	+58/+23	+52/+37	+59/+37	+72/+37	+66/+51	+73/+51	+86/+51	+86/+71	+93/+71	+106/+71	+106/+91	+113/+91	+126/+91	+146/+124	+159/+124	+168/+146	+200/+178	+236/+214	+280/+258
100	120	±7.5	±11	±17	+18/+3	+25/+3	+38/+3	+28/+13	+35/+13	+48/+13	+38/+23	+45/+23	+58/+23	+52/+37	+59/+37	+72/+37	+69/+54	+76/+54	+89/+54	+94/+79	+101/+79	+114/+79	+110/+104	+126/+104	+139/+104	+166/+144	+179/+144	+194/+172	+232/+210	+276/+254	+332/+310

续附表 H-1

偏　差

注：各项数值的单位为 μm（js 栏除外）。以下表格中"大于""至"为公称尺寸（mm）范围，其余各列为相应基本偏差代号与公差等级下的上、下偏差（上偏差 / 下偏差）。

公称尺寸 大于	至	js5	js6	js7	k5	k6	k7	m5	m6	m7	n5	n6	n7	p5	p6	p7	r5	r6	r7	s5	s6	s7	t5	t6	t7	u6	u7	v6	x6	y6	z6
120	140	±9	±12.5	±20	+21/+3	+28/+3	+43/+3	+33/+15	+40/+15	+55/+15	+45/+27	+52/+27	+67/+27	+61/+43	+68/+43	+83/+43	+81/+63	+88/+63	+103/+63	+110/+92	+117/+92	+132/+92	+140/+122	+147/+122	+162/+122	+195/+170	+210/+170	+227/+202	+273/+248	+325/+300	+390/+365
140	160	±9	±12.5	±20	+21/+3	+28/+3	+43/+3	+33/+15	+40/+15	+55/+15	+45/+27	+52/+27	+67/+27	+61/+43	+68/+43	+83/+43	+83/+65	+90/+65	+105/+65	+118/+100	+125/+100	+140/+100	+152/+134	+159/+134	+174/+134	+215/+190	+230/+190	+253/+228	+305/+280	+365/+340	+440/+415
160	180	±9	±12.5	±20	+21/+3	+28/+3	+43/+3	+33/+15	+40/+15	+55/+15	+45/+27	+52/+27	+67/+27	+61/+43	+68/+43	+83/+43	+86/+68	+93/+68	+108/+68	+126/+108	+133/+108	+148/+108	+164/+146	+171/+146	+186/+146	+235/+210	+250/+210	+277/+252	+335/+310	+405/+380	+490/+465
180	200	±10	±14.5	±23	+24/+4	+33/+4	+50/+4	+37/+17	+46/+17	+63/+17	+51/+31	+60/+31	+77/+31	+70/+50	+79/+50	+96/+50	+97/+77	+106/+77	+123/+77	+142/+122	+151/+122	+168/+122	+186/+166	+195/+166	+212/+166	+265/+236	+282/+236	+313/+284	+379/+350	+454/+425	+549/+520
200	225	±10	±14.5	±23	+24/+4	+33/+4	+50/+4	+37/+17	+46/+17	+63/+17	+51/+31	+60/+31	+77/+31	+70/+50	+79/+50	+96/+50	+100/+80	+109/+80	+126/+80	+150/+130	+159/+130	+176/+130	+200/+180	+209/+180	+226/+180	+287/+258	+304/+258	+339/+310	+414/+385	+499/+470	+604/+575
225	250	±10	±14.5	±23	+24/+4	+33/+4	+50/+4	+37/+17	+46/+17	+63/+17	+51/+31	+60/+31	+77/+31	+70/+50	+79/+50	+96/+50	+104/+84	+113/+84	+130/+84	+160/+140	+169/+140	+186/+140	+216/+196	+225/+196	+242/+196	+313/+284	+330/+284	+369/+340	+454/+425	+549/+520	+669/+640
250	280	±11.5	±16	±26	+27/+4	+36/+4	+56/+4	+43/+20	+52/+20	+72/+20	+57/+34	+66/+34	+86/+34	+79/+56	+88/+56	+108/+56	+117/+94	+126/+94	+146/+94	+181/+158	+190/+158	+210/+158	+241/+218	+250/+218	+270/+218	+347/+315	+367/+315	+417/+385	+507/+475	+612/+580	+742/+710
280	315	±11.5	±16	±26	+27/+4	+36/+4	+56/+4	+43/+20	+52/+20	+72/+20	+57/+34	+66/+34	+86/+34	+79/+56	+88/+56	+108/+56	+121/+98	+130/+98	+150/+98	+193/+170	+202/+170	+222/+170	+263/+240	+272/+240	+292/+240	+382/+350	+402/+350	+457/+425	+557/+525	+682/+650	+822/+790
315	355	±12.5	±18	±28	+29/+4	+40/+4	+61/+4	+46/+21	+57/+21	+78/+21	+62/+37	+73/+37	+94/+37	+87/+62	+98/+62	+119/+62	+133/+108	+144/+108	+165/+108	+215/+190	+226/+190	+247/+190	+293/+268	+304/+268	+325/+268	+426/+390	+447/+390	+511/+475	+626/+590	+766/+730	+936/+900
355	400	±12.5	±18	±28	+29/+4	+40/+4	+61/+4	+46/+21	+57/+21	+78/+21	+62/+37	+73/+37	+94/+37	+87/+62	+98/+62	+119/+62	+139/+114	+150/+114	+171/+114	+233/+208	+244/+208	+265/+208	+319/+294	+330/+294	+351/+294	+471/+435	+492/+435	+566/+530	+696/+660	+865/+820	+1036/+1000

① 公称尺寸＜1 mm 时，各级的 a 和 b 均不采用。

附表 H-2　孔的极限偏差(GB/T 1800.2—2009)

偏差（μm；H12 栏单位为 mm）

公称尺寸/mm 大于	至	A① 11	B② 11	B② 12	C 11	D 8	D 9	D 10	D 11	E 8	E 9	F 6	F 7	F 8	F 9	G 6	G 7	H 6	H 7	H 8	H 9	H 10	H 11	H 12/mm	JS 6	JS 7	JS 8	K 6	K 7	K 8	M 6	M 7	M 8
—	3	+330/+270	+200/+140	+240/+140	+120/+60	+34/+20	+45/+20	+60/+20	+80/+20	+28/+14	+39/+14	+12/+6	+16/+6	+20/+6	+31/+6	+8/+2	+12/+2	+6/0	+10/0	+14/0	+25/0	+40/0	+60/0	+0.1/0	±3	±5	±7	0/−6	0/−10	0/−14	−2/−8	−2/−12	−2/−16
3	6	+345/+270	+215/+140	+260/+140	+145/+70	+48/+30	+60/+30	+78/+30	+105/+30	+38/+20	+50/+20	+18/+10	+22/+10	+28/+10	+40/+10	+12/+4	+16/+4	+8/0	+12/0	+18/0	+30/0	+48/0	+75/0	+0.12/0	±4	±6	±9	+2/−6	+3/−9	+5/−13	−1/−9	0/−12	+2/−16
6	10	+370/+280	+240/+150	+300/+150	+170/+80	+62/+40	+76/+40	+98/+40	+130/+40	+47/+25	+61/+25	+22/+13	+28/+13	+35/+13	+49/+13	+14/+5	+20/+5	+9/0	+15/0	+22/0	+36/0	+58/0	+90/0	+0.15/0	±4.5	±7	±11	+2/−7	+5/−10	+6/−16	−3/−12	0/−15	+1/−21
10	14	+400/+290	+260/+150	+330/+150	+205/+95	+77/+50	+93/+50	+120/+50	+160/+50	+59/+32	+75/+32	+27/+16	+34/+16	+43/+16	+59/+16	+17/+6	+24/+6	+11/0	+18/0	+27/0	+43/0	+70/0	+110/0	+0.18/0	±5.5	±9	±13	+2/−9	+6/−12	+8/−19	−4/−15	0/−18	+2/−25
14	18																																
18	24	+430/+300	+290/+160	+370/+160	+240/+110	+98/+65	+117/+65	+149/+65	+195/+65	+73/+40	+92/+40	+33/+20	+41/+20	+53/+20	+72/+20	+20/+7	+28/+7	+13/0	+21/0	+33/0	+52/0	+84/0	+130/0	+0.21/0	±6.5	±10	±16	+2/−11	+6/−15	+10/−23	−4/−17	0/−21	+4/−29
24	30																																
30	40	+470/+310	+330/+170	+420/+170	+280/+120	+119/+80	+142/+80	+180/+80	+240/+80	+89/+50	+112/+50	+41/+25	+50/+25	+64/+25	+87/+25	+25/+9	+34/+9	+16/0	+25/0	+39/0	+62/0	+100/0	+160/0	+0.25/0	±8	±12	±19	+3/−13	+7/−18	+12/−27	−4/−20	0/−25	+5/−34
40	50	+480/+320	+340/+180	+430/+180	+290/+130																												
50	65	+530/+340	+380/+190	+490/+190	+330/+140	+146/+100	+174/+100	+220/+100	+290/+100	+106/+60	+134/+60	+49/+30	+60/+30	+76/+30	+104/+30	+29/+10	+40/+10	+19/0	+30/0	+46/0	+74/0	+120/0	+190/0	+0.3/0	±9.5	±15	±23	+4/−15	+9/−21	+14/−32	−5/−24	0/−30	+5/−41
65	80	+550/+360	+390/+200	+500/+200	+340/+150																												
80	100	+600/+380	+440/+220	+570/+220	+390/+170	+174/+120	+207/+120	+260/+120	+340/+120	+126/+72	+159/+72	+58/+36	+71/+36	+90/+36	+123/+36	+34/+12	+47/+12	+22/0	+35/0	+54/0	+87/0	+140/0	+220/0	+0.35/0	±11	±17	±27	+4/−18	+10/−25	+16/−38	−6/−28	0/−35	+6/−48
100	120	+630/+410	+460/+240	+590/+240	+400/+180																												

续附表 H-2

偏差

公称尺寸 mm 大于	至	A① 11	B① 11	B① 12	C 11	D 8	D 9	D 10	D 11	E 8	E 9	F 6	F 7	F 8	F 9	G 6	G 7	H 6	H 7	H 8	H 9	H 10	H 11	H 12 mm	JS 6	JS 7	JS 8	K 6	K 7	K 8	M 6	M 7	M 8
120	140	+710/+460	+510/+260	+660/+260	+450/+200	+208/+145	+245/+145	+305/+145	+395/+145	+148/+85	+185/+85	+68/+43	+83/+43	+106/+43	+143/+43	+39/+14	+54/+14	+25/0	+40/0	+63/0	+100/0	+160/0	+250/0	+0.4/0	±12.5	±20	±31	+4/-21	+12/-28	+20/-43	-8/-33	0/-40	+8/-55
140	160	+770/+520	+530/+280	+680/+280	+460/+210	+208/+145	+245/+145	+305/+145	+395/+145	+148/+85	+185/+85	+68/+43	+83/+43	+106/+43	+143/+43	+39/+14	+54/+14	+25/0	+40/0	+63/0	+100/0	+160/0	+250/0	+0.4/0	±12.5	±20	±31	+4/-21	+12/-28	+20/-43	-8/-33	0/-40	+8/-55
160	180	+830/+580	+560/+310	+710/+310	+480/+230	+208/+145	+245/+145	+305/+145	+395/+145	+148/+85	+185/+85	+68/+43	+83/+43	+106/+43	+143/+43	+39/+14	+54/+14	+25/0	+40/0	+63/0	+100/0	+160/0	+250/0	+0.4/0	±12.5	±20	±31	+4/-21	+12/-28	+20/-43	-8/-33	0/-40	+8/-55
180	200	+950/+660	+630/+340	+800/+340	+530/+240	+242/+170	+285/+170	+355/+170	+460/+170	+172/+100	+215/+100	+79/+50	+96/+50	+122/+50	+165/+50	+44/+15	+61/+15	+29/0	+46/0	+72/0	+115/0	+185/0	+290/0	+0.46/0	±14.5	±23	±36	+5/-24	+13/-33	+22/-50	-8/-37	0/-46	+9/-63
200	225	+1030/+740	+670/+380	+840/+380	+550/+260	+242/+170	+285/+170	+355/+170	+460/+170	+172/+100	+215/+100	+79/+50	+96/+50	+122/+50	+165/+50	+44/+15	+61/+15	+29/0	+46/0	+72/0	+115/0	+185/0	+290/0	+0.46/0	±14.5	±23	±36	+5/-24	+13/-33	+22/-50	-8/-37	0/-46	+9/-63
225	250	+1110/+820	+710/+420	+880/+420	+570/+280	+242/+170	+285/+170	+355/+170	+460/+170	+172/+100	+215/+100	+79/+50	+96/+50	+122/+50	+165/+50	+44/+15	+61/+15	+29/0	+46/0	+72/0	+115/0	+185/0	+290/0	+0.46/0	±14.5	±23	±36	+5/-24	+13/-33	+22/-50	-8/-37	0/-46	+9/-63
250	280	+1240/+920	+800/+480	+1000/+480	+620/+300	+271/+190	+320/+190	+400/+190	+510/+190	+191/+110	+240/+110	+88/+56	+108/+56	+137/+56	+186/+56	+49/+17	+69/+17	+32/0	+52/0	+81/0	+130/0	+210/0	+320/0	+0.52/0	±16	±26	±40	+5/-27	+16/-36	+25/-56	-9/-41	0/-52	+9/-72
280	315	+1370/+1050	+860/+540	+1060/+540	+650/+330	+271/+190	+320/+190	+400/+190	+510/+190	+191/+110	+240/+110	+88/+56	+108/+56	+137/+56	+186/+56	+49/+17	+69/+17	+32/0	+52/0	+81/0	+130/0	+210/0	+320/0	+0.52/0	±16	±26	±40	+5/-27	+16/-36	+25/-56	-9/-41	0/-52	+9/-72
315	355	+1560/+1200	+960/+600	+1170/+600	+720/+360	+299/+210	+350/+210	+440/+210	+570/+210	+214/+125	+265/+125	+98/+62	+119/+62	+151/+62	+202/+62	+54/+18	+75/+18	+36/0	+57/0	+89/0	+140/0	+230/0	+360/0	+0.57/0	±18	±28	±44	+7/-29	+17/-40	+28/-61	-10/-46	0/-57	+11/-78
355	400	+1710/+1350	+1040/+680	+1250/+680	+760/+400	+299/+210	+350/+210	+440/+210	+570/+210	+214/+125	+265/+125	+98/+62	+119/+62	+151/+62	+202/+62	+54/+18	+75/+18	+36/0	+57/0	+89/0	+140/0	+230/0	+360/0	+0.57/0	±18	±28	±44	+7/-29	+17/-40	+28/-61	-10/-46	0/-57	+11/-78

续附表 H-2

（左半部）

公称尺寸 mm 大于	至	偏 差											
		N			P		R		S		T		U
		6	7	8	6	7	6	7	6	7	6	7	7
—	3	−4/−10	−4/−14	−4/−18	−6/−12	−6/−16	−10/−16	−10/−20	−14/−20	−14/−24			−18/−28
3	6	−5/−13	−4/−16	−2/−20	−9/−17	−8/−20	−12/−20	−11/−23	−16/−24	−15/−27			−19/−31
6	10	−7/−16	−4/−19	−3/−25	−12/−21	−9/−24	−16/−25	−13/−28	−20/−29	−17/−32			−22/−37
10	18	−9/−20	−5/−23	−3/−30	−15/−26	−11/−29	−20/−31	−16/−34	−25/−36	−21/−39			−26/−44
18	24	−11/−24	−7/−28	−3/−36	−18/−31	−14/−35	−24/−37	−20/−41	−31/−44	−27/−48			−33/−54
24	30	−11/−24	−7/−28	−3/−36	−18/−31	−14/−35	−24/−37	−20/−41	−31/−44	−27/−48	−37/−50	−33/−54	−40/−61
30	40	−12/−28	−8/−33	−3/−42	−21/−37	−17/−42	−29/−45	−25/−50	−38/−54	−34/−59	−43/−59	−39/−64	−51/−76
40	50	−12/−28	−8/−33	−3/−42	−21/−37	−17/−42	−29/−45	−25/−50	−38/−54	−34/−59	−49/−65	−45/−70	−61/−86
50	65	−14/−33	−9/−39	−4/−50	−26/−45	−21/−51	−35/−54	−30/−60	−47/−66	−42/−72	−60/−79	−55/−85	−76/−106
65	80	−14/−33	−9/−39	−4/−50	−26/−45	−21/−51	−37/−56	−32/−62	−53/−72	−48/−78	−69/−88	−64/−94	−91/−121
80	100	−16/−38	−10/−45	−4/−58	−30/−52	−24/−59	−44/−66	−38/−73	−64/−86	−58/−93	−84/−106	−78/−113	−111/−146
100	120	−16/−38	−10/−45	−4/−58	−30/−52	−24/−59	−47/−69	−41/−76	−72/−94	−66/−101	−97/−119	−91/−126	−131/−166

（右半部）

公称尺寸 mm 大于	至	偏 差											
		N			P		R		S		T		U
		6	7	8	6	7	6	7	6	7	6	7	7
120	140	−20/−45	−12/−52	−4/−67	−36/−61	−28/−68	−56/−81	−48/−88	−85/−110	−77/−117	−115/−140	−107/−147	−155/−195
140	160	−20/−45	−12/−52	−4/−67	−36/−61	−28/−68	−58/−83	−50/−90	−93/−118	−85/−125	−127/−152	−119/−159	−175/−215
160	180	−20/−45	−12/−52	−4/−67	−36/−61	−28/−68	−61/−86	−53/−93	−101/−126	−93/−133	−139/−164	−131/−171	−195/−235
180	200	−22/−51	−14/−60	−5/−77	−41/−70	−33/−79	−68/−97	−60/−106	−113/−142	−105/−151	−157/−186	−149/−195	−219/−265
200	225	−22/−51	−14/−60	−5/−77	−41/−70	−33/−79	−71/−100	−63/−109	−121/−150	−113/−159	−171/−200	−163/−209	−241/−287
225	250	−22/−51	−14/−60	−5/−77	−41/−70	−33/−79	−75/−104	−67/−113	−131/−160	−123/−169	−187/−216	−179/−225	−267/−313
250	280	−25/−57	−14/−66	−5/−86	−47/−79	−36/−88	−85/−117	−74/−126	−149/−181	−138/−190	−209/−241	−198/−250	−295/−347
280	315	−25/−57	−14/−66	−5/−86	−47/−79	−36/−88	−89/−121	−78/−130	−161/−193	−150/−202	−231/−263	−220/−272	−330/−382
315	355	−26/−62	−16/−73	−5/−94	−51/−87	−41/−98	−97/−133	−87/−144	−179/−215	−169/−226	−257/−293	−247/−304	−369/−426
355	400	−26/−62	−16/−73	−5/−94	−51/−87	−41/−98	−103/−139	−93/−150	−197/−233	−187/−244	−283/−319	−273/−330	−414/−471

① 公称尺寸＜1 mm 时，各级的 A 和 B 均不采用。

附表 H-3　标准公差数值（GB/T 1800.1—2009）

公称尺寸 mm		标准公差等级																	
		IT1	IT2	IT3	IT4	IT5	IT6	IT7	IT8	IT9	IT10	IT11	IT12	IT13	IT14	IT15	IT16	IT17	IT18
大于	至	μm											mm						
—	3	0.8	1.2	2	3	4	6	10	14	25	40	60	0.1	0.14	0.25	0.4	0.6	1	1.4
3	6	1	1.5	2.5	4	5	8	12	18	30	48	75	0.12	0.18	0.3	0.48	0.75	1.2	1.8
6	10	1	1.5	2.5	4	6	9	15	22	36	58	90	0.15	0.22	0.36	0.58	0.9	1.5	2.2
10	18	1.2	2	3	5	8	11	18	27	43	70	110	0.18	0.27	0.43	0.7	1.1	1.8	2.7
18	30	1.5	2.5	4	6	9	13	21	33	52	84	130	0.21	0.33	0.52	0.84	1.3	2.1	3.3
30	50	1.5	2.5	4	7	11	16	25	39	62	100	160	0.25	0.39	0.62	1	1.6	2.5	3.9
50	80	2	3	5	8	13	19	30	46	74	120	190	0.3	0.46	0.74	1.2	1.9	3	4.6
80	120	2.5	4	6	10	15	22	35	54	87	140	220	0.35	0.54	0.87	1.4	2.2	3.5	5.4
120	180	3.5	5	8	12	18	25	40	63	100	160	250	0.4	0.63	1	1.6	2.5	4	6.3
180	250	4.5	7	10	14	20	29	46	72	115	185	290	0.46	0.72	1.15	1.85	2.9	4.6	7.2
250	315	6	8	12	16	23	32	52	81	130	210	320	0.52	0.81	1.3	2.1	3.2	5.2	8.1
315	400	7	9	13	18	25	36	57	89	140	230	360	0.57	0.89	1.4	2.3	3.6	5.7	8.9
400	500	8	10	15	20	27	40	63	97	155	250	400	0.63	0.97	1.55	2.5	4	6.3	9.7
500	630	9	11	16	22	32	44	70	110	175	280	440	0.7	1.1	1.75	2.8	4.4	7	11
630	800	10	13	18	25	36	50	80	125	200	320	500	0.8	1.25	2	3.2	5	8	12.5
800	1 000	11	15	21	28	40	56	90	140	230	360	560	0.9	1.4	2.3	3.6	5.6	9	14
1 000	1 250	13	18	24	33	47	66	105	165	260	420	660	1.05	1.65	2.6	4.2	6.6	10.5	16.5
1 250	1 600	15	21	29	39	55	78	125	195	310	500	780	1.25	1.95	3.1	5	7.8	12.5	19.5
1 600	2 000	18	25	35	46	65	92	150	230	370	600	920	1.5	2.3	3.7	6	9.2	15	23
2 000	2 500	22	30	41	55	78	110	175	280	440	700	1 100	1.75	2.8	4.4	7	11	17.5	28
2 500	3 150	26	36	50	68	96	135	210	330	540	860	1 350	2.1	3.3	5.4	8.6	13.5	21	33

注：1. 公称尺寸大于 500 mm 的 IT1 至 IT5 的标准公差数值为试行的。

　　2. 公称尺寸小于或等于 1 mm 时，无 IT14 至 IT18。

附表 **H-4** 轴的基本偏差数值(GB/T 1800.1—2009)

μm

公称尺寸/mm		基本偏差数值											
		上偏差 es											
		所有标准公差等级											
大于	至	a	b	c	cd	d	e	ef	f	fg	g	h	js
—	3	−270	−140	−60	−34	−20	−14	−10	−6	−4	−2	0	
3	6	−270	−140	−70	−46	−30	−20	−14	−10	−6	−4	0	
6	10	−280	−150	−80	−56	−40	−25	−18	−13	−8	−5	0	
10	14	−290	−150	−95		−50	−32		−16		−6	0	
14	18												
18	24	−300	−160	−110		−65	−40		−20		−7	0	
24	30												
30	40	−310	−170	−120		−80	−50		−25		−9	0	
40	50	−320	−180	−130									
50	65	−340	−190	−140		−100	−60		−30		−10	0	偏差 $=\pm\dfrac{ITn}{2}$,式中 ITn 是IT值数
65	80	−360	−200	−150									
80	100	−380	−220	−170		−120	−72		−36		−12	0	
100	120	−410	−240	−180									
120	140	−460	−260	−200		−145	−85		−43		−14	0	
140	160	−520	−280	−210									
160	180	−580	−310	−230									
180	200	−660	−340	−240		−170	−100		−50		−15	0	
200	225	−740	−380	−260									
225	250	−820	−420	−280									
250	280	−920	−480	−300		−190	−110		−56		−17	0	
280	315	−1 050	−540	−330									
315	355	−1 200	−600	−360		−210	−125		−62		−18	0	
355	400	−1 350	−680	−400									
400	450	−1 500	−760	−440		−230	−135		−68		−20	0	
450	500	−1 650	−840	−480									

308

续附表 H-4

基本偏差数值

下偏差 ei

公称尺寸/mm		基本偏差 — 所有标准公差等级																		
		j			k		m	n	p	r	s	t	u	v	x	y	z	za	zb	zc
大于	至	IT5和IT6	IT7	IT8	IT4至IT7	≤IT3 >IT7														
—	3	−2	−4	−6	0	0	+2	+4	+6	+10	+14		+18		+20		+26	+32	+40	+60
3	6	−2	−4		+1	0	+4	+8	+12	+15	+19		+23		+28		+35	+42	+50	+80
6	10	−2	−5		+1	0	+6	+10	+15	+19	+23		+28		+34		+42	+52	+67	+97
10	14	−3	−6		+1	0	+7	+12	+18	+23	+28		+33		+40		+50	+64	+90	+130
14	18	−3	−6		+1	0	+7	+12	+18	+23	+28		+33	+39	+45		+60	+77	+108	+150
18	24	−4	−8		+2	0	+8	+15	+22	+28	+35		+41	+47	+54	+63	+73	+98	+136	+188
24	30	−4	−8		+2	0	+8	+15	+22	+28	+35	+41	+48	+55	+64	+75	+88	+118	+160	+218
30	40	−5	−10		+2	0	+9	+17	+26	+34	+43	+48	+60	+68	+80	+94	+112	+148	+200	+274
40	50	−5	−10		+2	0	+9	+17	+26	+34	+43	+54	+70	+81	+97	+114	+136	+180	+242	+325
50	65	−7	−12		+2	0	+11	+20	+32	+41	+53	+66	+87	+102	+122	+144	+172	+226	+300	+405
65	80	−7	−12		+2	0	+11	+20	+32	+43	+59	+75	+102	+120	+146	+174	+210	+274	+360	+480
80	100	−9	−15		+3	0	+13	+23	+37	+51	+71	+91	+124	+146	+178	+214	+258	+335	+445	+585
100	120	−9	−15		+3	0	+13	+23	+37	+54	+79	+104	+144	+172	+210	+254	+310	+400	+525	+690
120	140	−11	−18		+3	0	+15	+27	+43	+63	+92	+122	+170	+202	+248	+300	+365	+470	+620	+800
140	160	−11	−18		+3	0	+15	+27	+43	+65	+100	+134	+190	+228	+280	+340	+415	+535	+700	+900
160	180	−11	−18		+3	0	+15	+27	+43	+68	+108	+146	+210	+252	+310	+380	+465	+600	+780	+1 000
180	200	−13	−21		+4	0	+17	+31	+50	+77	+122	+166	+236	+284	+350	+425	+520	+670	+880	+1 150
200	225	−13	−21		+4	0	+17	+31	+50	+80	+130	+180	+258	+310	+385	+470	+575	+740	+960	+1 250
225	250	−13	−21		+4	0	+17	+31	+50	+84	+140	+196	+284	+340	+425	+520	+640	+820	+1 050	+1 350
250	280	−16	−26		+4	0	+20	+34	+56	+94	+158	+218	+315	+385	+475	+580	+710	+920	+1 200	+1 550
280	315	−16	−26		+4	0	+20	+34	+56	+98	+170	+240	+350	+425	+525	+650	+790	+1 000	+1 300	+1 700
315	355	−18	−28		+4	0	+21	+37	+62	+108	+190	+268	+390	+475	+590	+730	+900	+1 150	+1 500	+1 900
355	400	−18	−28		+4	0	+21	+37	+62	+114	+208	+294	+435	+530	+660	+820	+1 000	+1 300	+1 650	+2 100
400	450	−20	−32		+5	0	+23	+40	+68	+126	+232	+330	+490	+595	+740	+920	+1 100	+1 450	+1 850	+2 400
450	500	−20	−32		+5	0	+23	+40	+68	+132	+252	+360	+540	+660	+820	+1 000	+1 250	+1 600	+2 100	+2 600

附表 H-5　孔的基本偏差数值（GB/T 1800.1—2009）

μm

公称尺寸/mm 大于	至	下偏差 EI 所有标准公差等级 A	B	C	CD	D	E	EF	F	FG	G	H	JS	上偏差 ES J IT6	J IT7	J IT8	K ≤IT8	K >IT8	M ≤IT8	M >IT8	N ≤IT8	N >IT8
—	3	+270	+140	+60	+34	+20	+14	+10	+6	+4	+2	0	偏差 = ±ITn/2，式中 ITn 是 IT 值数	+2	+4	+6	0	0	−2	−2	−4	−4
3	6	+270	+140	+70	+46	+30	+20	+14	+10	+6	+4	0		+5	+6	+10	−1+Δ	—	−4+Δ	−4	−8+Δ	0
6	10	+280	+150	+80	+56	+40	+25	+18	+13	+8	+5	0		+5	+8	+12	−1+Δ	—	−6+Δ	−6	−10+Δ	0
10	14	+290	+150	+95	—	+50	+32	—	+16	—	+6	0		+6	+10	+15	−1+Δ	—	−7+Δ	−7	−12+Δ	0
14	18	+290	+150	+95	—																	
18	24	+300	+160	+110	—	+65	+40	—	+20	—	+7	0		+8	+12	+20	−2+Δ	—	−8+Δ	−8	−15+Δ	0
24	30	+300	+160	+110	—																	
30	40	+310	+170	+120	—	+80	+50	—	+25	—	+9	0		+10	+14	+24	−2+Δ	—	−9+Δ	−9	−17+Δ	0
40	50	+320	+180	+130	—																	
50	65	+340	+190	+140	—	+100	+60	—	+30	—	+10	0		+13	+18	+28	−2+Δ	—	−11+Δ	−11	−20+Δ	0
65	80	+360	+200	+150	—																	
80	100	+380	+220	+170	—	+120	+72	—	+36	—	+12	0		+16	+22	+34	−3+Δ	—	−13+Δ	−13	−23+Δ	0
100	120	+410	+240	+180	—																	
120	140	+460	+260	+200	—	+145	+85	—	+43	—	+14	0		+18	+26	+41	−3+Δ	—	−15+Δ	−15	−27+Δ	0
140	160	+520	+280	+210	—																	
160	180	+580	+310	+230	—																	
180	200	+660	+340	+240	—	+170	+100	—	+50	—	+15	0		+22	+30	+47	−4+Δ	—	−17+Δ	−17	−31+Δ	0
200	225	+740	+380	+260	—																	
225	250	+820	+420	+280	—																	
250	280	+920	+480	+300	—	+190	+110	—	+56	—	+17	0		+25	+36	+55	−4+Δ	—	−20+Δ	−20	−34+Δ	0
280	315	+1 050	+540	+330	—																	
315	355	+1 200	+600	+360	—	+210	+125	—	+62	—	+18	0		+29	+39	+60	−4+Δ	—	−21+Δ	−21	−37+Δ	0
355	400	+1 350	+680	+400	—																	
400	450	+1 500	+760	+440	—	+230	+135	—	+68	—	+20	0		+33	+43	+66	−5+Δ	—	−23+Δ	−23	−40+Δ	0
450	500	+1 650	+840	+480	—																	

续附表 H-5

基本偏差数值 / 上偏差 ES（单位 μm），Δ值

公称尺寸/mm 大于	至	P (≤IT7)	R	S	T	U	V	X	Y	Z	ZA	ZB	ZC	IT3	IT4	IT5	IT6	IT7	IT8
—	3	−6	−10	−14	—	−18	—	−20	—	−26	−32	−40	−60	0	0	0	0	0	0
3	6	−12	−15	−19	—	−23	—	−28	—	−35	−42	−50	−80	1	1.5	1	3	4	6
6	10	−15	−19	−23	—	−28	—	−34	—	−42	−52	−67	−97	1	1.5	2	3	6	7
10	14	−18	−23	−28	—	−33	—	−40	—	−50	−64	−90	−130	1	2	3	3	7	9
14	18	−18	−23	−28	—	−33	−39	−45	—	−60	−77	−108	−150	1	2	3	3	7	9
18	24	−22	−28	−35	—	−41	−47	−54	−63	−73	−98	−136	−188	1.5	2	3	4	8	12
24	30	−22	−28	−35	−41	−48	−55	−64	−75	−88	−118	−160	−218	1.5	2	3	4	8	12
30	40	−26	−34	−43	−48	−60	−68	−80	−94	−112	−148	−200	−274	1.5	3	4	5	9	14
40	50	−26	−34	−43	−54	−70	−81	−97	−114	−136	−180	−242	−325	1.5	3	4	5	9	14
50	65	−32	−41	−53	−66	−87	−102	−122	−144	−172	−226	−300	−405	2	3	5	6	11	16
65	80	−32	−43	−59	−75	−102	−120	−146	−174	−210	−274	−360	−480	2	3	5	6	11	16
80	100	−37	−51	−71	−91	−124	−146	−178	−214	−258	−335	−445	−585	2	4	5	7	13	19
100	120	−37	−54	−79	−104	−144	−172	−210	−254	−310	−400	−525	−690	2	4	5	7	13	19
120	140	−43	−63	−92	−122	−170	−202	−248	−300	−365	−470	−620	−800	3	4	6	7	15	23
140	160	−43	−65	−100	−134	−190	−228	−280	−340	−415	−535	−700	−900	3	4	6	7	15	23
160	180	−43	−68	−108	−146	−210	−252	−310	−380	−465	−600	−780	−1 000	3	4	6	7	15	23
180	200	−50	−77	−122	−166	−236	−284	−350	−425	−520	−670	−880	−1 150	3	4	6	9	17	26
200	225	−50	−80	−130	−180	−258	−310	−385	−470	−575	−740	−960	−1 250	3	4	6	9	17	26
225	250	−50	−84	−140	−196	−284	−340	−425	−520	−640	−820	−1 050	−1 350	3	4	6	9	17	26
250	280	−56	−94	−158	−218	−315	−385	−475	−580	−710	−920	−1 200	−1 550	4	4	7	9	20	29
280	315	−56	−98	−170	−240	−350	−425	−525	−650	−790	−1 000	−1 300	−1 700	4	4	7	9	20	29
315	355	−62	−108	−190	−268	−390	−475	−590	−730	−900	−1 150	−1 500	−1 900	4	5	7	11	21	32
355	400	−62	−114	−208	−294	−435	−530	−660	−820	−1 000	−1 300	−1 650	−2 100	4	5	7	11	21	32
400	450	−68	−126	−232	−330	−490	−595	−740	−920	−1 100	−1 450	−1 850	−2 400	5	5	7	13	23	34
450	500	−68	−132	−252	−360	−540	−660	−820	−1 000	−1 250	−1 600	−2 100	−2 600	5	5	7	13	23	34

P至ZC：在大于 IT7 的相应数值上增加一个 Δ 值。

（1）优选、常用和一般用途的轴公差带规定如下，相应的极限偏差见附表 H-1。圆圈中的轴公差带为优先的，方框中的轴公差带为常用的。

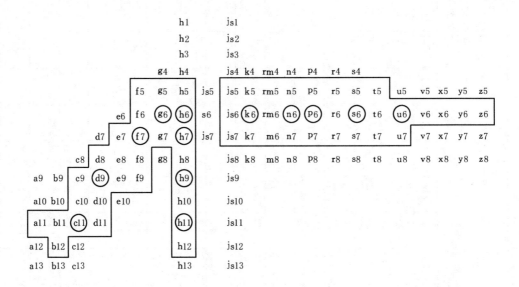

（2）优先、常用和一般用途的孔公差带规定如下，相应的极限偏差见附表 H-2。圆圈中的孔公差带为优先的，方框中的孔公差带为常用的。

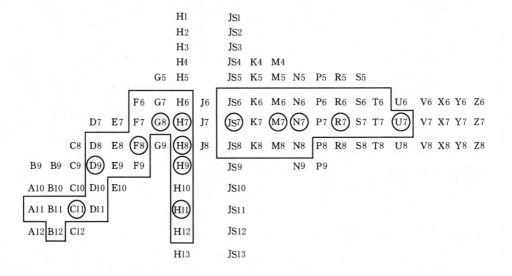

附表 H-7　尺寸至 500 mm 基孔制优先常用配合(GB/T 1801—2009)

基准孔	轴																				
	a	b	c	d	e	f	g	h	js	k	m	n	p	r	s	t	u	v	x	y	z
	间隙配合								过渡配合				过盈配合								
H6						$\frac{H6}{f5}$	$\frac{H6}{g5}$	$\frac{H6}{h5}$	$\frac{H6}{js5}$	$\frac{H6}{k5}$	$\frac{H6}{m5}$	$\frac{H6}{n5}$	$\frac{H6}{p5}$	$\frac{H6}{r5}$	$\frac{H6}{s5}$	$\frac{H6}{t5}$					
H7						$\frac{H7}{f6}$	$\frac{H7}{g6}$	$\frac{H7}{h6}$	$\frac{H7}{js6}$	$\frac{H7}{k6}$	$\frac{H7}{m6}$	$\frac{H7}{n6}$	$\frac{H7}{p6}$	$\frac{H7}{r6}$	$\frac{H7}{s6}$	$\frac{H7}{t6}$	$\frac{H7}{u6}$	$\frac{H7}{v6}$	$\frac{H7}{x6}$	$\frac{H7}{y6}$	$\frac{H7}{z6}$
H8					$\frac{H8}{e7}$	$\frac{H8}{f7}$	$\frac{H8}{g7}$	$\frac{H8}{h7}$	$\frac{H8}{js7}$	$\frac{H8}{k7}$	$\frac{H8}{m7}$	$\frac{H8}{n7}$	$\frac{H8}{p7}$	$\frac{H8}{r7}$	$\frac{H8}{s7}$	$\frac{H8}{t7}$	$\frac{H8}{u7}$				
				$\frac{H8}{d8}$	$\frac{H8}{e8}$	$\frac{H8}{f8}$		$\frac{H8}{h8}$													
H9			$\frac{H9}{c9}$	$\frac{H9}{d9}$	$\frac{H9}{e9}$	$\frac{H9}{f9}$		$\frac{H9}{h9}$													
H10			$\frac{H10}{c10}$	$\frac{H10}{d10}$				$\frac{H10}{h10}$													
H11	$\frac{H11}{a11}$	$\frac{H11}{b11}$	$\frac{H11}{c11}$	$\frac{H11}{d11}$				$\frac{H11}{h11}$													
H12		$\frac{H12}{b12}$						$\frac{H12}{h12}$													

注:1. $\frac{H6}{n5}$、$\frac{H7}{p6}$ 在公称尺寸小于或等于 3 mm 和 $\frac{H8}{r7}$ 在小于或等于 100 mm 时,为过渡配合。

　　2. 标注▼的配合为优先配合。

附表 H-8　尺寸至 500 mm 基轴制优先常用配合(GB/T 1801—2009)

基准轴	孔																				
	A	B	C	D	E	F	G	H	JS	K	M	N	P	R	S	T	U	V	X	Y	Z
	间隙配合								过渡配合				过盈配合								
h5						$\frac{F6}{h5}$	$\frac{G6}{h5}$	$\frac{H6}{h5}$	$\frac{Js6}{h5}$	$\frac{K6}{h5}$	$\frac{M6}{h5}$	$\frac{N6}{h5}$	$\frac{P6}{h5}$	$\frac{R6}{h5}$	$\frac{S6}{h5}$	$\frac{T6}{h5}$					
h6						$\frac{F7}{h6}$	$\frac{G7}{h6}$	$\frac{H7}{h6}$	$\frac{Js7}{h6}$	$\frac{K7}{h6}$	$\frac{M7}{h6}$	$\frac{N7}{h6}$	$\frac{P7}{h6}$	$\frac{R7}{h6}$	$\frac{S7}{h6}$	$\frac{T7}{h6}$	$\frac{U7}{h6}$				
h7					$\frac{E8}{h7}$	$\frac{F8}{h7}$		$\frac{H8}{h7}$	$\frac{JS8}{h7}$	$\frac{K8}{h7}$	$\frac{M8}{h7}$	$\frac{N8}{h7}$									
h8				$\frac{D8}{h8}$	$\frac{E8}{h8}$	$\frac{F8}{h8}$		$\frac{H8}{h8}$													
h9				$\frac{D9}{h9}$	$\frac{E9}{h9}$	$\frac{F9}{h9}$		$\frac{H9}{h9}$													
h10				$\frac{D10}{h10}$				$\frac{H10}{h10}$													
h11	$\frac{A11}{h11}$	$\frac{B11}{h11}$	$\frac{C11}{h11}$	$\frac{D11}{h11}$				$\frac{H11}{h11}$													
h12		$\frac{B12}{h12}$						$\frac{H12}{h12}$													

注:标注▼的配合为优先配合。

符号	公差带定义	标注和解释
	1. 直线度公差	
一	在给定平面内,公差带是距离为公差值 t 的两平行直线之间的区域 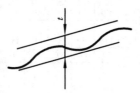	被测表面的素线必须位于平行于图样所示投影面且距离为公差值 0.1 的两平行直线内 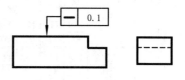
	在给定方向上公差带是距离为公差值 t 的两平行平面之间的区域 	被测圆柱面的任一素线必须位于距离为公差值 0.1 的两平行平面之内 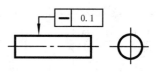
	如在公差值前加注 ϕ,则公差带是直径为 t 的圆柱面内的区域 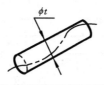	被测圆柱面的轴线必须位于直径为公差值 $\phi0.08$ 的圆柱面内 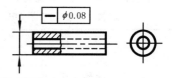
	2. 平面度公差	
	公差带是距离为公差值 t 的两平行平面之间的区域 	被测表面必须位于距离为公差值 0.08 的两平行平面内 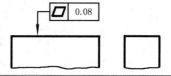
	3. 圆度公差	
○	公差带是在同一正截面上,半径差为公差值 t 的两同心圆之间的区域 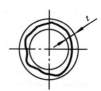	被测圆柱面任一正截面的圆周必须位于半径差为公差值 0.03 的两同心圆之间 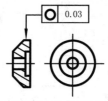

符号	公差带定义	标注和解释
○	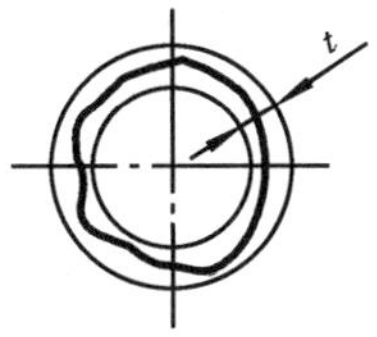	被测圆锥面任一正截面上的圆周必须位于半径差为公差值 0.1 的两同心圆之间 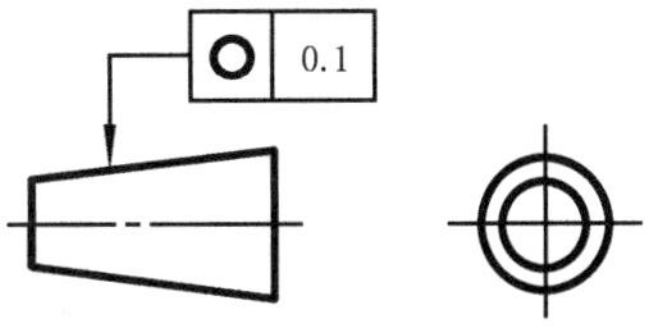

4. 圆柱度公差

符号	公差带定义	标注和解释
⌭	公差带是半径差为公差值 t 的两同轴圆柱面之间的区域 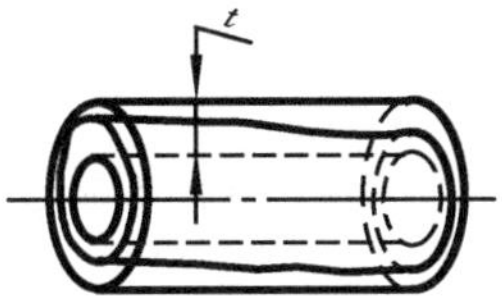 	被测圆柱面必须位于半径为公差值 0.1 的两同轴圆柱面之间 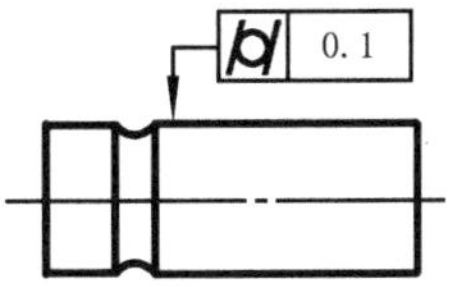

5. 垂直度公差　(1) 面对线垂直度公差

符号	公差带定义	标注和解释
⊥	公差带是距离为公差值 t 且垂直于基准线的两平行平面之间的区域 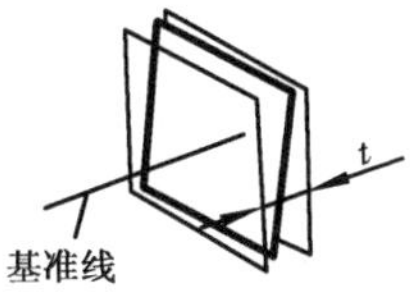 　基准线	被测面必须位于距离为公差值 0.08 且垂直于基准线 A(基准轴线)的两平行平面之间 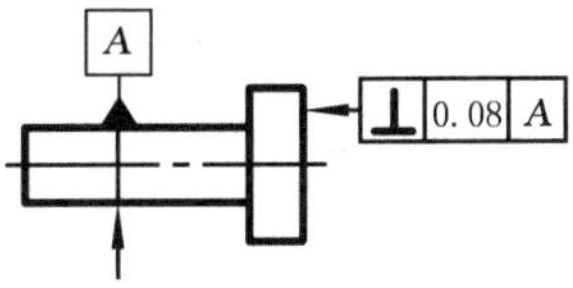

(2) 面对面垂直度公差

符号	公差带定义	标注和解释
⊥	公差带是距离为公差值 t 且垂直于基准面的两平行平面之间的区域 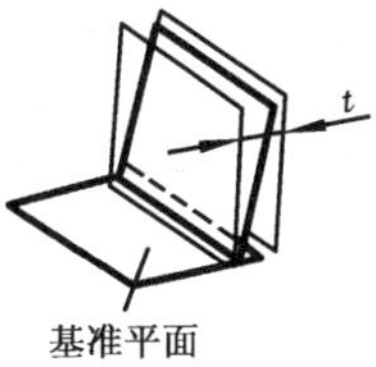 　基准平面	被测面必须位于距离为公差值 0.08 且垂直于基准平面 A 的两平行平面之间 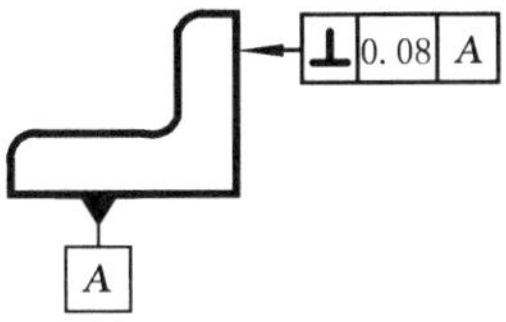

6. 平行度公差　(1) 线对线平行度公差

符号	公差带定义	标注和解释
∥	如在公差值前加注 ϕ,公差带是直径为公差值 t 且平行于基准线的圆柱面内的区域 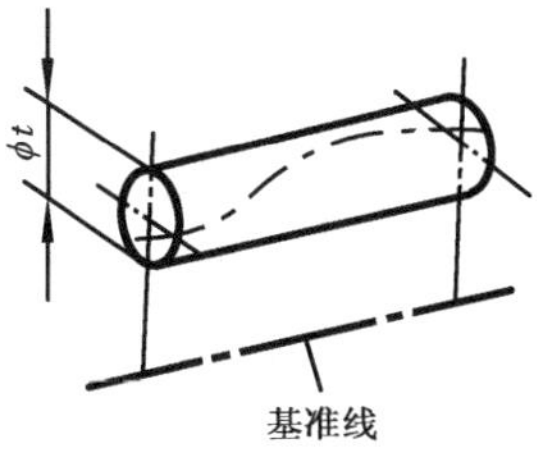 　基准线	被测轴线必须位于直径为公差值 0.03 且平行于基准轴线的圆柱面内 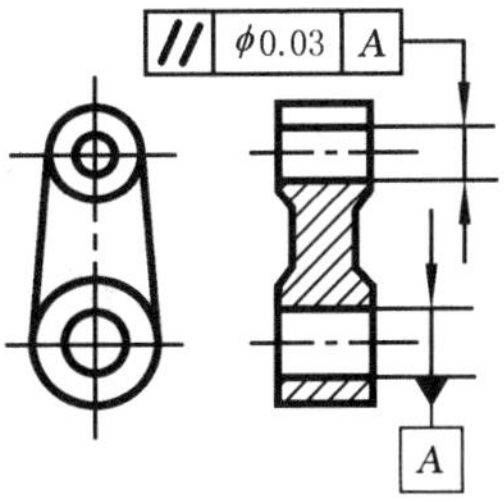

符号	公差带定义	标注和解释
	（2）面对面平行度公差	
∥	公差带是距离为公差值 t 且平行于基准面的两平行平面之间的区域 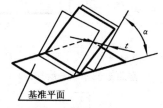	被测表面必须位于距离为公差值 0.01 且平行于基准表面 D（基准平面）的两平行平面之间 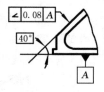
7. 倾斜度公差 面对面倾斜度公差		
∠	公差带是距离为公差值 t 且与基准面成一给定角度的两平行平面之间的区域 	被测表面必须位于距离为公差值 0.08 且与基准面 A（基准平面）呈理论正确角度 40°的两平行平面之间 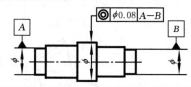
8. 同轴度 轴线的同轴度公差		
◎	公差带是直径为公差值 ϕt 的圆柱面内的区域，该圆柱面的轴线与基准轴线同轴 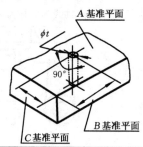	大圆柱面的轴线必须位于直径为公差值 $\phi 0.08$ 且与公共基准线 $A-B$（公共基准轴线）同轴的圆柱面内 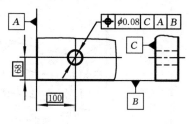
9. 线位置度公差		
⊕	如在公差值前加注 ϕ，则公差带是直径为 t 的圆柱面内的区域。公差带的轴线的位置由相对于三基面体系的理论正确尺寸确定	被测轴线必须位于直径为公差值 $\phi 0.08$ 且以相对于 C、A、B 基准表面（基准平面）的理论正确尺寸所确定的理想位置为轴线的圆柱面内

参 考 文 献

[1] 戴时超,张国珠.工程制图(第二版).北京:北京理工大学出版社,2008.

[2] 何铭新,钱可强,徐祖茂.机械制图 第6版.北京:高等教育出版社,2010.

[3] 大连理工大学工程图学教研室.画法几何学(第七版).北京:高等教育出版社,2011.

[4] 张大庆,田风奇,赵红英,等.画法几何基础与机械制图.北京:清华大学出版社,2012.

[5] 叶琳,程建文,邱龙辉.工程图学基础教程 第3版.北京:机械工业出版社,2013.

[6] 倪莉.画法几何及机械制图.北京:中国电力出版社,2015.

[7] 万静,陈平.机械工程制图基础 第3版.北京:机械工业出版社,2017.

[8] 孙京平,刘富凯.机械制图.北京:北京邮电大学出版社,2018.